国家级优质高等职业院校项目建设成果

高职高专公共基础课系列教材

大学信息技术

主　编　孙　杰　许　伟

副主编　牛志玲　李加彦　李云帆
　　　　王俊平　简　艳

科学出版社

北　京

内 容 简 介

本书介绍了计算机基础知识、Windows 10 操作系统、Office 2016 办公软件（Word 2016、Excel 2016、PowerPoint 2016）的功能及操作方法、计算机网络基础、大数据技术，并附有 Office 2016 办公软件的强化模拟题。本书采用项目式教学法，内容深入浅出、通俗易懂，注重培养学生对常用工具软件的实际操作能力。

本书可作为高职院校计算机公共基础课的教学用书，也可作为全国计算机等级考试的培训资料。

图书在版编目（CIP）数据

大学信息技术/孙杰，许伟主编. —北京：科学出版社，2022.2
（国家级优质高等职业院校项目建设成果·高职高专公共基础课系列教材）
ISBN 978-7-03-071059-8

Ⅰ. ①大… Ⅱ. ①孙… ②许… Ⅲ. ①电子计算机-高等职业教育-教材
Ⅳ. ①TP3

中国版本图书馆 CIP 数据核字（2021）第 268651 号

责任编辑：任锋娟　宫晓梅 / 责任校对：王　颖
责任印制：吕春珉 / 封面设计：东方人华平面设计部

科 学 出 版 社 出版
北京东黄城根北街 16 号
邮政编码：100717
http://www.sciencep.com

三河市骏杰印刷有限公司印刷

科学出版社发行　　各地新华书店经销
*
2022 年 2 月第 一 版　　开本：787×1092　1/16
2022 年 2 月第一次印刷　　印张：15 1/4
字数：407 000
定价：49.80 元
（如有印装质量问题，我社负责调换〈骏杰〉）
销售部电话 010-62136230　编辑部电话 010-62135120-2015

序

经过多年的努力，我院工学结合的立体化系列教材终于付梓。这是我院国家级优质高等职业院校建设的成果之一，也是我院专业建设和课程建设的重要组成部分。我院入选国家级优质高等职业院校立项建设单位以来，坚持"质量立校、全面提升、追求卓越、跨越发展"的总体工作思路，以内涵建设为中心，强化专业建设和产教融合，深入推进"教学质量提升工程、学生人文素养培育工程和创新创业教育引领工程"3 项工程，全面提升人才培养质量。在专业建设和课程改革的基础上，与行业企业、校内外专家共同组建专业团队，编著了涵盖我院智能制造、电子信息工程技术、汽车制造与服务、食品加工技术、计算机网络技术、音乐表演及物流管理等特色专业群的 25 门专业课程的立体化系列教材。

本批立体化系列教材满足我国高等职业技术教育教学的需要，立足区域经济社会的发展，突出了高职教育实践技能训练和动手操作能力培养的特色，反映了课程建设与相关专业发展的最新成果。该系列教材以专业知识为基础，配套案例分析、习题库、教案、课件、教学软件等多层次、立体化教学形式，内容紧密结合生产实际，突出信息化教学手段，注重科学性、适用性、先进性和技能性，能够为教师提供教学参考，为学生提供学习指导。

本批立体化系列教材的编写者大部分为多年从事职业教育的专业教师和生产管理一线的技术骨干，具有丰富的教学和实践经验。其中，既有享受国务院政府特殊津贴的专家、国家级教学名师、河南省教学名师、河南省学术技术带头人、河南省骨干教师、河南省教育厅学术技术带头人，又有行业企业专家及国家技能大赛的优胜者等。这些人员在理论方面有深厚的功底，熟悉教学方法和手段，能够把握教材的广度和深度，从而使教材能够更好地适应高等职业院校教学的需要。相信这批教材的出版，会为高职院校课程体系与教学内容的改革、教育教学质量的提升，以及推动我国优质高等职业院校的建设做出贡献。

李桂贞

河南职业技术学院院长

前　　言

　　掌握信息技术、学会利用信息资源是现代人必备的基本素质，而大学信息技术教育则是学习和掌握信息技术的平台。作为高等职业院校非计算机专业的公共基础课程，大学信息技术不仅是文化教育，也是素质教育，更是技术技能教育。为满足大学信息技术教学需求，我们组织长期从事大学信息技术教学的教师，从学生学习实际入手，精心编写了本书。

　　本书根据教育部高等学校大学计算机课程教学指导委员会提出的大学信息技术课程教学基本要求，兼顾全国计算机等级考试（二级）新大纲（2020 版）中对公共基础部分的要求编写而成。本书紧紧抓住信息技术发展趋势，充分展现计算机应用领域的最新技术。本书在内容安排上以基本理论为主体，以实践为重点，充分体现当前大学信息技术教育的新目标和新要求，切实做到为教学服务。

　　本书共包括7个项目。项目1为认识计算机，主要介绍计算机的发展和应用；项目2为Windows 10 操作系统，主要介绍 Windows 10 操作系统的基础知识；项目 3 为图文排版，主要介绍利用 Word 2016 软件进行文档编辑、表格制作、图文混排等的操作方法；项目 4 为制作电子表格，主要介绍利用 Excel 2016 软件进行数据输入、工作表格式化、数据处理等的操作方法；项目 5 为制作演示文稿，主要介绍利用 PowerPoint 2016 软件创建、编辑、美化演示文稿及设置演示文稿放映方式等的操作方法；项目 6 为计算机网络基础，主要介绍计算机网络、信息安全，病毒及其防范等网络知识；项目 7 为大数据技术，主要介绍大数据的发展历程及大数据的实现。

　　本书由孙杰、许伟担任主编，牛志玲、李加彦、李云帆、王俊平、简艳担任副主编。本书具体编写分工如下：项目 1 由孙杰编写，项目 2 由李云帆编写，项目 3 由许伟编写，项目 4 由王俊平编写，项目 5 由牛志玲编写，项目 6 由李加彦编写，项目 7 由简艳编写。

　　由于编者水平有限，书中难免存在不足之处，恳请读者批评指正。

目　录

认识计算机

随着现代科学技术的发展，计算机已经成为人们日常工作和生活中必不可少的辅助工具。可以说，掌握计算机应用技术已经成为 21 世纪人才必备的基本技能之一。

本项目将通过"认识与选配计算机""认识键盘并掌握正确的输入方法"两个任务来帮助读者掌握计算机的基础知识。

任务 1.1 认识与选配计算机

任务分析

计算机是工作中非常重要的辅助工具之一，在利用其完成各项任务之前，应该对计算机有初步的了解，特别是计算机的硬件，它是计算机最基本的组成元素。

任务目标

1）认识计算机。

2）了解计算机的硬件构成。

3）合理地选配计算机。

任务实施

步骤 1 认识计算机

目前使用的计算机主要分为台式计算机、笔记本式计算机和平板计算机三种类型，如图 1-1 和图 1-2 所示。

图 1-1 台式计算机   图 1-2 笔记本式计算机

步骤 2 了解计算机的硬件构成

除了显示器、键盘、鼠标等外部硬件之外，台式计算机主机机箱内还有许多内部硬件。各个厂家生产的主机机箱在外观上并不一定相同，但其功能大致相同。下面介绍构成计算机的主要硬件。

（1）中央处理器

中央处理器（central processing unit，CPU）是计算机的核心部件，它由运算器、控制器及用于临时存储的寄存器组成。CPU 的主要功能是负责运算和控制，其运算速度是计算机的主要性能指标。

CPU（图 1-3）的主要生产厂家有 Intel 和 AMD，这两家公司的产品各具特色，根据用途可选择多种型号。2002 年，中国科学院计算技术研究所研制成功我国第一款通用 CPU——"龙芯"芯片。

图 1-3　CPU

（2）内存

内存是存储程序及数据的地方，是相对于外存而言的。计算机工作时，数据由外存传输至内存，再由内存传输至 CPU 进行计算，计算完成后 CPU 将处理的结果放回内存中，再输出到外存。

内存包括随机存储器（random access memory，RAM）、只读存储器（read only memory，ROM）和高速缓冲存储器（cache）。

RAM 的特点是可读可写，但断电后数据会丢失。RAM 按其结构和工作特点又可分为动态随机存储器（dynamic RAM，DRAM）和静态随机存储器（static RAM，SRAM）。我们所说的内存条指的是同步动态随机存储器（synchronized DRAM，SDRAM），如图 1-4 所示。

ROM 通常直接焊装在主板上，只能读不能写，断电后数据不会丢失。

Cache 是介于 CPU 和 RAM 之间的一种可高速存取信息的芯片，负责 CPU 内部寄存器与 RAM 之间的缓冲。

图 1-4　内存条

（3）主板

主板又称为系统板，是计算机中连接各部件的多层印制电路板，如图 1-5 所示。

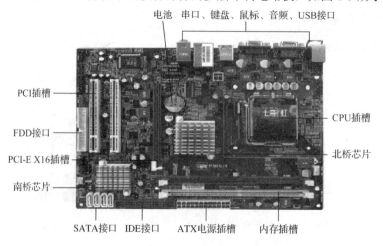

图 1-5　主板

（4）接口适配卡

接口适配卡用于主机与外部设备之间的连接。计算机的工作流程是由输入设备输入各类数据，经主机处理后，由输出设备输出。但是主机电路与输入/输出（input/output，I/O）设备之间往往在电路上并不匹配，必须通过接口适配卡才能进行连接。

接口适配卡种类繁多，有支持显示器的显卡，支持多媒体外部设备的声卡、视频卡等。其中，显卡是计算机中常见的接口适配卡。

（5）外存

外存是内存的扩充。通常外存只与内存交换数据，存取速度比较慢。外存一般具有存储容量大、信息存储性价比高等特点。

外存种类繁多，常见的外存有硬盘、光盘和移动存储器等。其中，硬盘是计算机硬件中必不可少的一部分。

（6）光盘驱动器

光盘驱动器也称光驱，它通过激光扫描光盘来读取盘片上的数据。目前的光盘驱动器主要有可擦写式 CD（CD-ROM/RW）驱动器、可擦写式 DVD（DVD-ROM/RW）驱动器。

（7）输入设备

输入设备用于接收用户输入的原始程序和数据，它是重要的人机接口，负责将输入的程序和数据转换成计算机能识别的二进制代码，并放入内存中。常见的输入设备有键盘、鼠标、扫描仪等。

1）键盘。键盘（图 1-6）是数字和字符的输入设备。通过键盘，可以将信息输入计算机的存储器中，从而向计算机发出命令。早期键盘有 83 键和 84 键两种，后来发展到 101 键、104 键和 108 键，一般的个人计算机（personal computer，PC）键盘是 104 键键盘。键盘的接口主要有 USB 接口。

一般能用鼠标控制的操作可以使用键盘来实现，只是大多数情况下需要多个组合键来完成。

2）鼠标。鼠标（图 1-7）是一种指点式输入设备，多用于 Windows 环境中，用来取代键盘的光标移动键，使定位更加方便和准确。鼠标按照工作原理可分为机械鼠标、光电鼠标和光电机械鼠标 3 种。

图 1-6　键盘　　　　　　　　　　　图 1-7　鼠标

3）扫描仪。扫描仪是一种光电一体化的设备，属于图形输入设备。人们通常通过扫描仪输入各种形式的图像、文稿，进而对这些信息进行处理、管理、使用、存储和输出。目前，扫描仪广泛应用于出版、广告制作、多媒体、图文通信等领域。

（8）输出设备

输出设备可以将计算机运算处理的结果以用户熟悉的信息形式反馈给用户。常见的输出形式有数字、字符、图形、视频、声音等。常见的输出设备有显示器、打印机等。

1）显示器。显示器是微型计算机不可缺少的设备，通过它，用户可以很方便地查看输入计算机的程序、数据和图形等信息，以及经过计算机处理的中间和最终结果。显示器是人机对话的主要工具。

按照显示器的工作原理，显示器可分为阴极射线管显示器（cathode-ray tube，CRT）（图 1-8）、液晶显示器（liquid crystal display，LCD，图 1-9）和等离子显示器（plasma display panel，PDP）等。

图 1-8　CRT 显示器　　　　　　　　　　图 1-9　LCD 显示器

2）打印机。打印机是计算机系统中常用的输出设备，可以把文字或图形在纸上输出，供用户阅读和长期保存。打印机按工作原理可分为击打式打印机和非击打式打印机两种。

击打式打印机的工作原理是将字模通过色带和纸张直接接触而打印。针式打印机（图 1-10）属于击打式打印机，其打印速度慢、噪声大。

非击打式打印机主要有激光打印机和喷墨打印机两种。激光打印机的打印效果清晰、质量高，而且速度快、噪声低，如图 1-11 所示。随着价格的降低和出色的打印效果，激光打印机被越来越多的人所喜爱。喷墨打印机具有打印质量较高、体积小、噪声低等特点，但是需要经常更换墨盒，如图 1-12 所示。

图 1-10　针式打印机　　　　图 1-11　激光打印机　　　　图 1-12　喷墨打印机

步骤 3　合理地选配计算机

PC 可以按照自己的需要进行合理的选配。在外观上可以选择台式计算机或笔记本式计算机。从品牌上可将台式计算机分为品牌机、兼容机，笔记本式计算机一般以品牌机为主。目前，学生用的计算机虽然在外观上有一定的差别，但在硬件配置上是相通的，这里以台式计算机的配置为例进行详细讲解。

台式计算机的主要配件有 CPU、主板、内存、显卡、硬盘、光驱、显示器、鼠标、键盘等，不同的计算机应用对象对计算机的配置有不同的要求。本例讨论基本的学生配机方案。

（1）选配 CPU

CPU 的性能主要从主频、字长和高速缓存容量 3 个方面来衡量。主频是 CPU 工作时的频率，单位是 MHz。主频越高，CPU 的运算速度越快。字长是 CPU 一次运算所能处理的二进制的位数，字长越长，CPU 的性能越高。高速缓存容量在 CPU 的指标中主要分为 L1 缓存和 L2 缓存。L1 缓存在 CPU 内部，受技术、工艺和集成度的限制，容量通常不会做得很大。L2 缓存在 CPU 芯片的表面，通常容量可以做得较大，所以 L2 缓存的大小也是 CPU 性能的一个重要指标。

目前，市场上主流的 CPU 为英特尔（Intel）和超威半导体（AMD）两家公司的产品。Intel 的产品相对来说稳定性较好，AMD 的产品相对来说性价比较高。Intel 目前主流的产品是 Intel 酷睿 i3、Intel 酷睿 i5、Intel 酷睿 i7；AMD 目前主流的产品是 AMD 速龙 II X2、AMD 速龙 II X4、AMD 羿龙 II X6。两家公司 CPU 性能对比如图 1-13 所示。

图 1-13 两家公司 CPU 性能对比

（2）选配主板

主板采用开放式结构。主板上有 6～15 个扩展插槽，供 PC 外围设备的控制卡（适配器）插接。通过更换这些插卡，可以对计算机的相应子系统进行局部升级，使厂家和用户在计算机的配置方面有更大的灵活性。

选配主板时需主要关注 CPU 平台、集成芯片、内存规格等几个方面。

针对 Intel 和 AMD 两个厂家生产的 CPU 的不同之处，主板在制作的时候也要适应自己的 CPU 平台，这一点在选配主板时是至关重要的，否则无法兼容，因为 AMD 和 Intel 各自生产的 CPU 的架构不同，CPU 上的针数也不同，所以必须清楚该主板所匹配的厂家的 CPU。

现在的主板生产厂家在生产主板时一般会制作集成芯片，如网卡芯片、声卡芯片和显卡芯片。集成芯片可以节省成本，但不能获得更好的性能。在选配主板时用户可以根据自己的需要选择主板是否需要集成芯片。

同时还需注意主板所对应的内存规格，包括内存的类型、内存插槽的数量、最大的内存容量等。

（3）选配内存

内存选配一般选配的是 RAM。计算机中所有程序的运行都是在内存中进行的，因此内存的性能对计算机的影响较大。内存用于暂时存放 CPU 中的运算数据，以及与硬盘等外存交换的数据。在计算机运行时，CPU 会把需要运算的数据调到内存中进行运算，当运算完成后 CPU 再将结果传送出来。内存是由内存芯片、电路板、金手指等部分组成的。

选配内存时需主要关注内存类型、内存主频、内存容量等几个方面。现在主流的内存为双数据速率（double date rate，DDR）第三代，即 DDR3，相对应的主频（指的是内存工作时的频率）为 1333MHz。内存直接向 CPU 供给数据，因此主频的快慢是计算机性能的一个重要参考依据。在内存容量上用户可以根据自己的需要进行选择，但一般不少于 2GB。如果对计算机性能的要求比较高，则推荐选配 4GB 的内存容量。

（4）选配显卡

显卡又称显示适配器，是 PC 基本的组成部分之一。显卡的用途是将计算机系统所需要的显示信息进行转换驱动，并向显示器提供扫描信号，控制显示器的正确显示。显卡是连接显示器和 PC 主板的重要元件，是人机对话的重要设备之一。显卡作为计算机主机中的一个重要组成部分，承担输出显示图形的任务，对于从事专业图形设计的人来说显卡非常重要。

显卡的生产厂家比较多，但显卡的核心——图形显示芯片主要来源于 AMD 和英伟达（NVIDIA）两家供应商。

选配显卡时需主要关注是否集成显示芯片、显存容量、显存位宽、显存速度等几个方面。显卡分为集成显卡与独立显卡，集成显卡在价格上要比独立显卡低些，一般将显示芯片、显存及其相关电路集成在主板上。而独立显卡在性能上要比集成显卡优越得多，特别是在支持 3D 画面方面，但价格也比较昂贵。台式计算机中即使已经有集成显卡，也可以继续插入独立显卡。在笔记本式计算机中不能进行显卡的升级，必须在选购时决定是选择独立显卡还是集成显卡。在性能方面，主要从显示芯片、显存容量等方面来判断。越高级的显示芯片其性能也就越优越，从 AMD 和英伟达两家供应商列示的显示芯片型号的名称上看，一般同一系列的芯片，数字越大效果越好。显存容量越大，显示的效果越流畅。总体来说，英伟达的芯片在速度上更加突出，AMD 的芯片在画面质量上更加突出。例如，英伟达显卡更适合打游戏，AMD 显卡更适合看高清电影。

（5）选配硬盘

硬盘是计算机主要的存储媒介之一，由一个或多个铝制或玻璃制的碟片组成。绝大多数硬盘是固定硬盘，被永久性地密封固定在硬盘驱动器中。

选配硬盘时，容量是要考虑的主要参数。在台式计算机中可以选择 1TB 的硬盘，笔记本式计算机中可以选择 500GB 的硬盘。硬盘的容量指标还包括硬盘的单碟容量。单碟容量是指硬盘单片盘片的容量，单碟容量越大，单位成本越低，平均访问时间也越短。一般情况下，硬盘容量越大，单位字节的价格越便宜（超出主流容量的硬盘除外）。

除容量以外，硬盘的转速也是重要参数之一。转速是硬盘内电机主轴的旋转速度，也就是硬盘盘片在 1min 内所能完成的最大转数。硬盘的转速越快，硬盘寻找文件的速度越快，相对的硬盘的传输速度也就越高。家用 PC 的普通硬盘的转速一般是 5400r/min 或 7200r/min，笔记本式计算机的转速一般是 4200r/min 或 5400r/min。

（6）选配光驱

光驱是计算机用来读写光碟内容的设备，也是在台式计算机和笔记本式计算机中比较常见的一个部件。光驱可分为 CD-ROM 光驱、CD-RW 光驱、DVD-ROM 光驱、DVD-RW 光驱等。

选配光驱时，主要以读取速度和容错能力为参考依据。光驱速度是用倍速来表示的，如现在的主流光驱读的速度一般为 16～24 倍速、写的速度为 6～8 倍速。因为光驱不如硬盘的使用率高，所以没有必要追求过高的速度，选择正常的速度即可。相对于读盘速度而言，光驱的容错能力显得更加重要。或者说，稳定的读盘性能是追求读盘速度的前提。其中，人工智能纠错是一项比较成熟的技术，在选购时可以将其作为一个参考依据。

（7）选配输入、输出设备

常用的输入设备以鼠标、键盘为主，常用的输出设备以显示器为主。

选配鼠标、键盘时，一般以套件的形式选购。鼠标、键盘套件的生产厂家有罗技、雷柏、双飞燕等，其类型包括游戏型、家用型、办公型等。

在显示器的选择上，主要考虑的参数是显示器的点距，点距越小，分辨率越高，显示器的画面越清晰。另外，显示器的尺寸大小对视觉效果也有很重要的影响，通常用屏幕对角线的长度来表示，目前主要有 17in（1in=2.54cm）、19in、21in、24in 等。笔记本式计算机自带的显示器相对来说较小。

相关知识

1. 计算机的发展与系统组成

（1）计算机的发展

世界上第一台电子计算机——电子数字积分计算机（electronic numerical integrator and computer，ENIAC[①]）于 1946 年 2 月诞生于美国宾夕法尼亚大学莫尔学院，如图 1-14 所示。1936 年，英国科学家艾伦·麦席森·图灵（图 1-15）发表的《论可计算数及其在判定问题中的应用》奠定了计算机的理论和模型基础。因此，一般认为，现代计算机的基本概念源于图灵，为纪念图灵对计算机的贡献，美国计算机协会于 1966 年设立了"图灵奖"。从第一台电子计算机诞生到现在，计算机技术以前所未有的速度迅猛发展，经历了大型计算机、微型计算机及网络阶段。对于传统的大型计算机，通常根据计算机所采用的电子元器件不同划分为电子管计算机、晶体管计算机、集成电路计算机，以及大规模、超大规模集成电路计算机 4 代。

图 1-14　ENIAC　　　　　　　　　　图 1-15　艾伦·麦席森·图灵

1）第一代：电子管计算机（1946～1957 年）。ENIAC 采用电子管作为基本电子元件。该电子计算机共使用了 18 800 多个电子管、1500 个继电器、70 000 只电阻器，耗电 150 千瓦，占地 170 平方米，重达 30 吨，每秒能做 5000 次加法运算。

与此同时，美籍匈牙利数学家冯·诺依曼提出了现代计算机的基本原理——存储程序和程序控制。1949 年，冯·诺依曼和莫尔根据存储程序控制原理制造的新计算机——电子延迟存储自动计算机（electronic delay storage automatic calculator，EDSAC）在英国剑桥大学投入运行。EDSAC 是世界上第一台存储程序计算机，是所有现代计算机的原型和范本。

---

① 1973 年，美国联邦地方法院注销了 ENIAC 的专利，并认定世界上第一台计算机为阿塔纳索夫-贝瑞计算机（Atanasoff-Berry computer，ABC）。

2）第二代：晶体管计算机（1958～1964 年）。第二代计算机采用晶体管作为电子元器件，其体积小、速度快、功耗低、性能稳定。这一时期出现了高级语言 Cobol 和 Fortran，以单词、语句和数学公式代替了二进制机器码，使计算机编程更加容易。

3）第三代：集成电路计算机（1965～1971 年）。虽然晶体管与电子管相比有了明显的进步，但晶体管会产生大量的热量，这会损害计算机内部的敏感元件。1958 年，美国工程师杰克·基尔比（Jack Kilby）发明了集成电路，将 3 种电子元器件集成到一块小小的硅片上。随后，科学家将更多的元器件集成到半导体芯片上，于是，计算机变得更小、功耗更低、速度更快。这一时期的发展还包括使用操作系统，使计算机在中心程序的控制协调下可以同时运行多个不同的程序。

4）第四代：大规模、超大规模集成电路计算机（1972 年至今）。大规模集成电路可以在一个芯片上容纳几百个元器件。到 20 世纪 80 年代，超大规模集成电路在芯片上可容纳几十万个元器件。可以在硬币大小的芯片上容纳如此数量的元器件使计算机的体积和价格不断下降，而功能和可靠性不断增强。

20 世纪 80 年代，IBM 推出的 PC 可用于家庭、办公室和学校。微型计算机的拥有量不断增加，计算机的体积继续缩小，从桌上到膝上，再到掌上。与 IBM PC 竞争的 Apple Macintosh 系列于 1984 年推出，Macintosh 操作系统提供了友好的图形界面，用户可以用鼠标方便地操作。

自 20 世纪 80 年代以来，日、美等国家一直在研究新一代智能计算机，即第五代计算机。智能计算机能理解人的语言、文字和图形，无须编写程序，通过讲话就能与计算机沟通并下达命令。

（2）计算机的特点

1）运算速度快。运算速度是指计算机每秒所能执行的指令条数。一般用百万条指令每秒（million instructions per second，MIPS）来表示。例如，主频为 2GHz 的 Pentium 4 微型计算机的运算速度为每秒 40 亿次，即 4000MIPS。

2）计算精度高。例如，Pentium 4 微型计算机内部数据位数为 32 位（二进制），可精确到 15 位有效数字（十进制）。有人曾利用计算机将圆周率 π 计算到小数点后 200 万位。

3）记忆能力强。计算机的存储器（内存和外存）类似于人的大脑，能够记忆大量的信息。它能存储数据和程序，进行数据处理和计算，并把结果保存起来。

4）逻辑判断能力强。逻辑判断是计算机的一个基本功能，在程序执行过程中，计算机能够进行各种基本的逻辑判断，并根据判断结果来决定下一步执行的指令。这种能力保证了计算机信息处理的高度自动化。

（3）计算机的应用

1）科学计算。科学计算是计算机最早的应用领域。同人工计算相比，计算机不但运算速度快，而且运算结果精度高，特别是对于大量的重复计算，计算机不会感到"疲劳"和"厌烦"。

2）信息处理。信息处理即数据处理，是指对各种原始数据进行采集、整理、转换、加工、存储、传播，以供检索、再生和利用。数据可以有不同的形式，包括数字、文字、图形、图像、视频、声音等。可以说，凡是能被计算机处理的对象都可以称为数据。

目前，计算机信息处理已经广泛应用于办公自动化、企业计算机辅助管理、文字处理、情报检索、电影电视动画设计、会计电算化、医疗诊断等各种领域。据统计，世界上 80% 以上的计算机主要用于信息处理。

3）计算机辅助设计与制造。计算机辅助设计（computer aided design，CAD）与计算机辅助制造（computer aided manufacturing，CAM）主要用于机械、电子、航天、建筑等产品的总体设计、造型设计、结构设计、数控加工等环节。应用 CAD/CAM 技术，可以缩短产品开发周期、提高设计质量、增加产品种类。

4）计算机辅助教学与管理教学。计算机辅助教学（computer aided instruction，CAI）系统能够使学生在轻松的教学环境中学到知识，减轻教师的教学负担。计算机管理教学（computer managed instruction，CMI）利用计算机实现各种教学管理，如教务管理、制订教学计划、课程安排等。

5）自动控制。用计算机控制机床，加工速度比普通机床快 10 倍以上。

6）多媒体应用。多媒体计算机的出现提高了计算机的应用水平，扩大了计算机技术的应用领域，计算机除了能够处理文字信息，还能处理声音、视频、图像等多媒体信息。

7）电子商务。电子商务利用计算机技术、网络技术和远程通信技术，可实现整个商务（买卖）过程中的电子化、数字化和网络化。现在人们更多的是通过网络浏览琳琅满目的商品信息，完善的物流配送系统和方便安全的资金结算系统加速了电子商务的发展。

（4）计算机的发展趋势

1）超级计算机（巨型机）被称为"大国重器"，属于国家战略技术领域。它主要用于需要大量运算的工作，比如数值天气预报、地震预测、天体物理、分子模型、仿真分析等许多领域。超级计算机速度以每秒浮点运算次数来当作量度单位。在国家"863 计划"和"核高基"重大专项支持下，"神威·太湖之光"由国家并行计算机工程技术研究中心研制，安装在国家超级计算无锡中心，其采用的申威众核处理器由国家高性能集成电路设计中心研制。通过自主研发高性能处理器、构建软件生态，"神威·太湖之光"打破了国外技术封锁，真正实现软硬件系统的完全自主可控，取得了突破性进展。

2）微型化。随着微电子技术和超大规模集成电路的发展，计算机的体积趋向微型化。目前，笔记本式计算机、掌上计算机、手表计算机、平板计算机等被广泛使用。

3）网络化。现代信息社会的发展趋势是实现资源共享，即利用计算机和通信技术将各个地区的计算机互联，形成一个规模巨大、功能强大的计算机网络，使信息能得到快速、高效地传递。

4）多功能化。现代计算机不仅能用来进行计算，还能对声音、图像、视频等多媒体信息进行综合处理。随着多媒体计算机的应用越来越广泛，其在办公自动化、计算机辅助工作、多媒体开发和教育宣传等领域发挥了重要作用。

5）智能化。智能化是让计算机理解人的语言、文字和图形，具有模拟人的感觉和思维过程的能力。

2．计算机系统的组成

一个完整的计算机系统由硬件系统和软件系统两部分组成，如图 1-16 所示。硬件系统是组成计算机系统的各种物理设备的总称，是计算机系统的物质基础。软件系统是为了运用、管理和维护计算机而编制的各种程序、数据和相关文档的总称。通常把不装备任何软件的计算机称为裸机。普通用户面对的一般不是裸机，而是在裸机上配置若干软件之后构成的计算机系统。计算机系统的各种功能是由硬件和软件共同完成的。

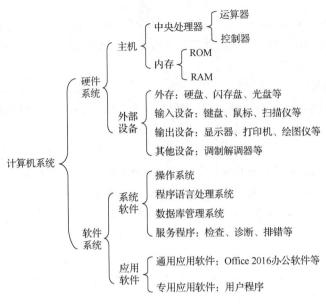

图 1-16　计算机系统的组成

3．计算机性能的评价

计算机的性能是一个综合性指标，由系统结构、指令系统、硬件、软件配置等多种因素综合评定。通常，可以从以下几个方面来衡量计算机的性能。

1）主频。主频即 CPU 的时钟频率，它在很大程度上决定了计算机的运行速度，主频的单位是 MHz。

2）字长。字长是指计算机的运算部件能同时处理的二进制数据的位数，它与计算机的功能和用途有很大的关系。字长决定了计算机的运算精度，字长越长，计算机的运算精度就越高。字长还决定了指令直接寻址的能力。

3）指令系统。CPU 依靠指令来计算和控制系统，每款 CPU 在设计时就规定了一系列与其硬件电路相匹配的指令系统，指令的强弱也是 CPU 的重要指标，指令系统越丰富，计算机数据信息的运算和处理能力越强。

4）内存容量。内存容量表示内存中能存储的信息的总字节数。内存的容量越大，存储的程序和数据越多，能运行的软件功能就越丰富，处理能力也就越强。

5）存取速度。把信息代码存入存储器，称为"写"，把信息代码从存储器中取出，称为"读"。存储器进行一次"读"或"写"操作所需的时间，称为存储器的访问时间（或读写时间），连续启动两次独立的"读"或"写"操作（如连续的两次"读"操作）所需的最短时间，称为存取周期（或存储周期）。存取周期越短，则存取速度越快。

6）I/O 速度。主机 I/O 的速度取决于 I/O 总线的设计。

注意：随着 CPU 主频的提升，存储器容量的扩大，I/O 速度越来越成为计算机系统性能提高的瓶颈。但 I/O 速度的提升，对慢速设备（如键盘、打印机）的影响不大。

实践训练

分别配置一台商用计算机、一台家庭娱乐计算机和一台游戏用计算机，要求价格在 3000～4000 元。

任务 1.2 认识键盘并掌握正确的输入方法

任务分析

完成准备工作后，就可以通过计算机来进行各项工作了。在使用计算机的过程中不可避免地要通过键盘控制计算机输入数字、符号、汉字等信息。我们需要认识键盘上各个按键的作用，掌握正确的键盘指法，养成良好的输入习惯，了解常用的汉字输入方法。

任务目标

1）认识键盘。

2）掌握正确的指法和打字姿势。

3）了解常用汉字的输入方法。

任务实施

步骤 1 认识键盘

键盘是把文字形式的控制信息输入计算机的通道，从英文打字机键盘演变而来，它最早是以一种叫作"电传打字机"的部件形象出现在计算机中的。

"电传打字机"是在键盘+显示器的 I/O 设备出现以前计算机主要的交互式 I/O 设备，可以把它想象成一个上盖带有键盘的打印机，用户输入的字和计算机输出的结果都会在键盘前方的打印输出口中打印出来。

（1）键位

一款键盘的键位设计包含两个概念：一是主体的英文和数字键位设计；二是各种附属键位设计。

通常的英文与数字键位设计方案就是俗称的柯蒂键盘，它是克里斯托夫·拉森·肖尔斯于1868 年发明的键位方案。

（2）键盘分区

现代键盘把不同功能的键位放在了键盘的不同部位，根据它们的作用，可以把键盘分为功能键区、状态指示区、主键盘区、控制键区、辅助键区（数字小键盘区），如图 1-17 所示。

图 1-17 键盘分区

步骤 2　掌握打字的指法

1）基本键位。准备打字时，除 2 个大拇指外其余的 8 个手指分别放在基本键上，大拇指放在 Space 键上，如图 1-18 所示。

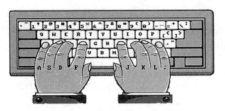

图 1-18　基本键位

2）范围键。每个手指除了指定的基本键外，还分有其他字键，称为它的范围键，如图 1-19 所示。

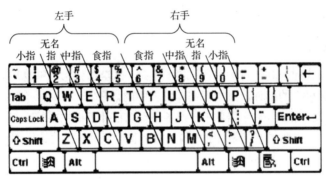

图 1-19　范围键

3）指法练习。左、右手指放在基本键上；击完键迅速返回原位；食指击键注意键位角度；小指击键力量保持均匀；数字键采用跳跃式击键。

步骤 3　掌握正确的打字姿势

打字之前一定要端正坐姿。坐姿不正确不但影响打字的速度，而且容易疲劳、出错。正确的坐姿如图 1-20 所示。

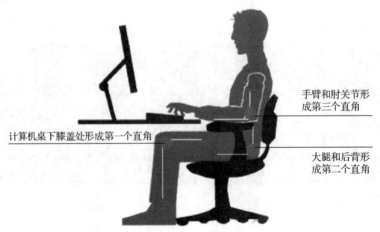

图 1-20　打字坐姿

1）两脚平放，腰部挺直，两臂自然下垂，两肘贴于腋边。

2）身体可略倾斜，离键盘的距离为 20～30 厘米。

3）打字文稿放在键盘左边，或者用专用夹夹在显示器旁边。

4）打字时眼观文稿，身体不要倾斜。

步骤 4　掌握汉字的输入方法

一般情况下，Windows 操作系统在系统安装时就已经安装了一些默认的汉字输入法，如微软拼音输入法、智能 ABC 输入法、全拼输入法等。当然，用户可以自己添加或删除输入法，通过 Windows 的控制面板便可实现该功能。

（1）热键

输入法切换：通过按 Ctrl+Shift 组合键可在已安装的输入法之间进行切换。

中英文切换：通过按 Ctrl+Space 组合键可以实现英文输入和中文输入法的切换。

全角/半角切换：通过按 Shift+Space 组合键可以实现全角和半角的切换。

（2）拼音输入法

拼音输入法除了用 v 键代替韵母 ü 外，其他的按照汉语拼音发音输入即可。

常用的拼音输入法：百度拼音输入法、搜狗拼音输入法、QQ 拼音输入法等。

（3）其他输入法

除了拼音输入法之外，还有很多其他的输入法。例如，按照字形进行编码的五笔字型输入法，这种输入法不存在拼音输入法不可避免的重音字问题，所以它的重码率很低，适合快速输入，但是记忆编码和熟练打字需要较长时间的练习。还有拼音和字形混合编码的输入法，如二笔输入法（阴阳码输入法）等，这种输入法集拼音和字形两种输入法的优点于一体，其字形编码相对于五笔字型编码要简单得多，只需稍加记忆便可掌握，同时重码率也很低。

实践训练

使用金山打字软件，进行指法和拼音打字训练。

项 目 检 测

1．计算机内部的信息均采用（　　）表示。

A．十进制　　　　　B．二进制　　　　　C．十六进制　　　　D．八进制

2．在计算机中，1 字节由（　　）个二进制位组成。

A．2　　　　　　　B．16　　　　　　　C．8　　　　　　　D．4

3．微型计算机中存储数据的最小单位是（　　）。

A．byte　　　　　　B．bit　　　　　　　C．word　　　　　　D．KB

4．显示器的尺寸具体指的是（　　）。

A．显示器屏幕的大小　　　　　　　　　　B．显像管屏幕的大小

C．显示器屏幕的对角线尺寸　　　　　　　D．显像管对角线尺寸

5．将十进制数 173 转换成二进制数，正确的是（　　）。

A．10101101　　　　B．10110101　　　　C．10011101　　　　D．10110110

6. 数字字符 4 的 ASCII 码为十进制数 52，数字字符 9 的 ASCII 码为十进制数（　　）。

    A. 57　　　　　　　　B. 58　　　　　　　　C. 59　　　　　　　　D. 60

7.《信息交换用汉字编码字符集　基本集》（GB 2312—1980）用（　　）位二进制数来表示一个汉字。

    A. 8　　　　　　　　B. 16　　　　　　　　C. 4　　　　　　　　D. 7

Windows 10 操作系统

操作系统是系统软件的核心，负责管理计算机的所有硬件和软件资源。本项目将通过"认识 Windows 10 操作系统的工作环境""设置系统用户环境""管理计算机资源""管理磁盘"4 个任务来帮助读者认识 Windows 10 操作系统的应用。

任务 2.1 认识 Windows 10 操作系统的工作环境

任务分析

Windows 10 操作系统因其友好的图形化界面和方便的操作方法，已经成为目前广泛使用的操作系统之一。对于每一个计算机用户来说，要想更好地利用计算机，就要熟悉 Windows 10 的操作环境，并掌握 Windows 10 的基本操作方法。

任务目标

1）掌握启动和退出 Windows 10 操作系统的方法。

2）掌握对 Windows 10 操作系统的桌面、任务栏、"开始"菜单进行个性化设置的操作方法。

3）掌握创建桌面快捷方式的操作方法。

任务实施

步骤 1 启动 Windows 10 操作系统

1）按下计算机主机电源开关，计算机进入自检阶段。

2）自检完毕，出现用户登录界面，在"密码"文本框中输入正确的密码，然后单击 按钮或按 Enter 键即可进入 Windows 10 操作系统。如果没有设置密码，如图 2-1 所示，可直接进入 Windows 10 操作系统。

图 2-1　用户登录界面

步骤 2 认识 Windows 10 操作系统的桌面

启动 Windows 10 操作系统，出现在屏幕上的整个区域叫作桌面，用户使用计算机的各种操作大多数是在桌面上进行的。桌面由桌面背景、桌面图标、任务栏和"开始"菜单组成。默认状态下，桌面上有"此电脑""网络""回收站"等图标，如图 2-2 所示。

图 2-2 Windows 10 桌面

1）此电脑：用于查看和管理计算机中的资源。

2）网络：可以通过该图标访问局域网内其他计算机中的共享资源。

3）回收站：暂时存放用户删除的文件和文件夹。只要还没有将回收站中的文件彻底删除，用户就可以从回收站中将文件还原至原来的位置。

步骤 3 快速添加桌面图标

在桌面空白区域右击，在弹出的快捷菜单中选择"个性化"选项，打开如图 2-3 所示的"个性化"窗口（默认主题为 Windows），选择"桌面图标设置"选项，打开"桌面图标设置"对话框，如图 2-4 所示，选择需要添加的图标，单击"确定"按钮即可。

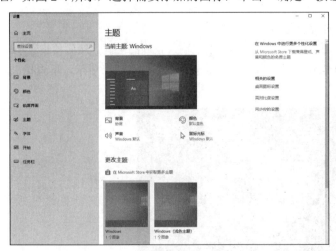

图 2-3 "个性化"窗口

图 2-4 "桌面图标设置"对话框

步骤 4　设置"开始"菜单

"开始"按钮在桌面的左下角，单击此按钮，弹出"开始"菜单，如图 2-5 所示。

右击"开始"按钮，在弹出的快捷菜单中选择"搜索"选项，打开搜索窗口，如图 2-6 所示，可以搜索你想要的内容。

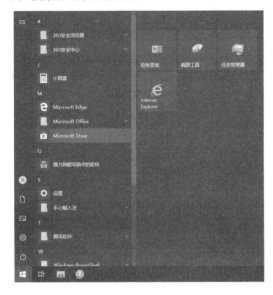

图 2-5　"开始"菜单

图 2-6　搜索窗口

步骤 5　设置任务栏

任务栏是位于桌面最下方的一个小长条，显示系统正在运行的程序、打开的窗口及当前的时间等内容。任务栏由快速启动区、程序按钮区、语言栏和通知区域 4 部分组成，如图 2-7 所示。

图 2-7　任务栏

右击任务栏空白区域，在弹出的快捷菜单中选择"任务管理器"选项，打开"任务管理器"窗口，如图 2-8 所示，然后选择想结束的任务，单击右下角"结束任务"按钮即可结束相应任务。

图 2-8　"任务管理器"窗口

步骤6　退出 Windows 10 操作系统

在计算机完成工作需要关闭时，应该先关闭所有程序，然后退出 Windows 10 操作系统，最

后关闭电源。退出 Windows 10 操作系统的方法很简单，只需单击任务栏中的"开始"按钮，然后在弹出的"开始"菜单中单击"电源"|"关机"按钮即可。

如果用户暂时不使用计算机，可以使计算机进入睡眠模式，如图 2-9 所示，此时显示器将关闭，若要唤醒计算机，可按下计算机机箱上的电源按钮，不必等待 Windows 10 操作系统启动即可恢复之前的工作。

图 2-9　睡眠模式选择

相关知识

1．常见操作系统介绍

操作系统是负责全面管理计算机系统中的硬件资源和软件资源，同时为用户提供各种功能和方便的服务界面的系统软件。目前，微型计算机上常见的操作系统有磁盘操作系统（disk operating system，DOS）、Windows、UNIX、Linux、Netware 等。

（1）DOS

DOS 是字符用户界面系统，用户通过键盘输入字符命令来控制计算机；它是单用户、单任务的操作系统，只能有一个用户使用计算机且不能多程序同时运行。DOS 目前在 PC 上已经很少使用，但它仍有重要的应用领域，在 Windows 操作系统遇到严重故障或查杀特殊病毒时需要使用 DOS。

（2）Windows 操作系统

Microsoft 公司开发的 Windows 操作系统是目前世界上用户最多、兼容性最强的操作系统，因其友好的图形化界面和方便的操作方法而被众多用户所青睐，且 Microsoft 公司在不断地推出新版的 Windows 操作系统。

（3）UNIX 操作系统

UNIX 操作系统是一个多用户、多任务的操作系统。该系统具有技术成熟、可靠性高、网络和数据库功能强大等特点，能满足各行各业的实际需求，通常被用于商业服务器中，如银行、保险公司、邮电等部门的网络服务器。

（4）Linux 操作系统

Linux 操作系统是一种与 UNIX 操作系统类似的多用户、多任务的操作系统，其运行方式与 UNIX 操作系统很像，但 Linux 操作系统的稳定性和网络功能是许多商业操作系统无法比拟的，Linux 操作系统还有一个特点是源代码完全公开，在符合通用公共许可证的原则下，任何人都可以自由取得、修改源代码。

2．Windows 10 操作系统简介

Windows 10 操作系统是 Microsoft 公司于 2015 年 7 月发布的操作系统。Microsoft 提供了 7 种不同版本的 Windows 10 操作系统，分别是 Windows 10 Home（家庭版）、Windows 10 Professional（专业版）、Windows 10 Enterprise（企业版）、Windows 10 Education（教育版）、Windows 10 Mobile

（移动版）、Windows 10 IoT Core（物联网版）、Windows 10 Mobile Enterprise（企业移动版）。与以往版本相比，Windows 10 操作系统有了较大的变化，做了很多改进。

1）Windows 10 操作系统提供了针对触控屏设备优化的功能，同时还提供了专门的平板电脑模式，开始菜单和应用都以全屏模式运行。系统可在平板电脑与桌面模式间切换。

2）如果用户没有多显示器配置，但依然需要对大量的窗口进行重新排列，那么就可以利用Windows 10 操作系统的虚拟桌面功能。在该功能的帮助下，用户可以将窗口放进不同的虚拟桌面当中，并在其中进行轻松切换，使原本杂乱无章的桌面变得整洁起来。

3）Windows 10 操作系统运行更加流畅。同时，还对固态硬盘、生物识别、高分辨率屏幕等硬件进行了优化支持与完善。

3．窗口

当用户打开程序、文件或文件夹时，屏幕上会显示一个窗口。虽然每个窗口的内容各不相同，但大多数窗口具有标题栏、"最大化/还原"按钮、"最小化"按钮、"关闭"按钮、菜单栏和滚动条等部分。窗口的基本操作如下。

1）关闭窗口：关闭窗口意味着终止程序的运行，通常有 3 种方法可以关闭窗口。

① 单击窗口右上角的"关闭"按钮。

② 按 Alt+F4 组合键。

③ 右击任务栏中对应的图标，在弹出的快捷菜单中选择"关闭窗口"选项。

2）移动窗口：将鼠标指针移动到窗口的标题栏，按住鼠标左键，拖动到适当位置即可。

3）改变窗口大小：除了直接使用"最小化"按钮、"最大化/还原"按钮以外，还可以将鼠标指针指向窗口的边或角，当鼠标指针变成双箭头"↔"或"↕"时按住鼠标左键，调整窗口大小。

4）排列窗口：要将多个窗口整齐地排列在桌面上，可以使用排列窗口命令。在任务栏的空白区域右击，弹出如图 2-10 所示的快捷菜单。该菜单中提供了层叠窗口、堆叠显示窗口、并排显示窗口 3 种排列方式，根据需要选择相应的排列方式即可。

5）切换窗口：在打开的多个窗口中，可以通过以下操作在不同的窗口间进行切换。

① 单击任务栏上对应的图标按钮以进行切换。

② 按 Alt+Tab 组合键。先按住 Alt 键，再按 Tab 键，弹出如图 2-11 所示的对话框，然后通过按 Tab 键选择要打开的窗口，选中后同时松开两个键即可。

图 2-10　排列窗口菜单　　　　　　　　　图 2-11　使用 Alt+Tab 组合键切换窗口

4. 菜单

菜单将命令用列表的形式组织起来，当用户需要执行某种操作时，只要从列表中选择相应的命令，即可完成相应的操作。

（1）菜单的类型

Windows 10 操作系统中有 3 种菜单类型："开始"菜单、下拉菜单和快捷菜单。

1）开始菜单，在默认状态下，开始菜单位于屏幕的左下方。它是视图操作系统中图形用户界面的基本部分，是操作系统的中央控制区域。

2）下拉菜单。位于应用程序窗口标题下方的菜单栏，均采用下拉菜单的方式，如图 2-12 所示。菜单中含有若干条命令，为了便于使用，命令按功能分组，分别放在不同的菜单项中。

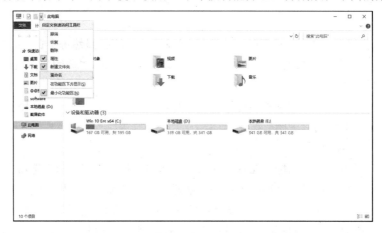

图 2-12　下拉菜单

3）快捷菜单。将鼠标指针指向某个选中的对象或屏幕中的某个位置，右击，即可弹出相应的快捷菜单，如图 2-13 所示。该菜单列出了与当前用户执行的操作直接相关的命令。当所指的对象和位置不同时，弹出的菜单命令内容也不同。

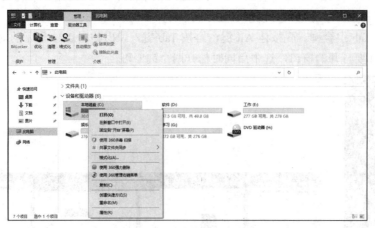

图 2-13　快捷菜单

（2）菜单的基本常识

1）灰色显示的命令：表示该命令目前不可使用。

2）菜单命令后有省略号：表示选中该菜单命令时将打开一个对话框。

3）菜单命令右端带有箭头：表示有下一级子菜单命令。

4）带"√"标记的命令：表示该命令正在起作用。

5）带"●"标记的命令：表示一组选项中只能单选。

6）带下画线字母的命令：即"访问键"。在键盘上按 Alt 键和带下画线的字母，表示执行相应的命令。

实践训练

1）将桌面上的图标按"项目类型"进行排列。

2）在桌面上给应用程序"notepad.exe"创建快捷方式，并将快捷方式命名为"我的记事本"。

3）查找应用程序"Winword.exe"，在"开始"菜单中添加其快捷方式，将快捷方式命名为"文字处理"。

任务 2.2　设置系统用户环境

任务分析

在 Windows 10 中，用户可以根据自己的需要进行设置，如创建自己的账户，更改桌面，安装、删除程序，设置输入法等，这些操作主要是通过控制面板来完成的。在控制面板中不仅可以设置系统的各种参数，而且可以实现人机交互的个性化设置。

任务目标

1）掌握打开控制面板的操作方法。

2）掌握创建和管理用户账户的操作方法。

3）掌握设置桌面主题、背景、屏保等的操作方法。

4）掌握更改日期、时间显示格式及设置其他区域选项的操作方法。

任务实施

步骤 1　打开控制面板

在"开始"菜单中选择"控制面板"选项，打开"控制面板"窗口，控制面板中的各项可以按类别、小图标、大图标 3 种方式显示。图 2-14 是以大图标方式显示的。

图 2-14　大图标方式显示各项

步骤 2　创建和管理用户账户

在 Windows 10 中，可以建立多个用户账户，允许不同的用户有自己的设置，包括自定义屏幕显示、"开始"菜单和 IE 收藏夹列表等设置。不同用户用不同身份进行设置，不会影响其他用户的设置。

在"控制面板"窗口中，选择"用户帐户"选项，打开"用户帐户"窗口，在该窗口中选择"管理其他帐户"选项，如图 2-15 所示。打开"管理帐户"窗口，如图 2-16 所示，选择"在电脑设置中添加新用户"选项，在打开的"新用户"窗口中输入新用户名称，如图 2-17 所示。单击"创建"按钮，返回"管理帐户"窗口，即可看到新创建的用户账户。

图 2-15　"用户帐户"窗口

图 2-16　"管理帐户"窗口

图 2-17 "新用户"窗口

步骤 3　外观和个性化设置

1）设置桌面主题。主题定义了桌面的总体外观，包括背景、屏幕保护程序、图标、窗口、鼠标指针和声音等。

2）更改桌面背景。在"个性化"窗口中，选择"背景"选项，打开"背景"窗口，如图 2-18 所示。单击"浏览"按钮，选择要用于桌面背景的图片。

图 2-18 "背景"窗口

步骤 4　更改日期和时间

在"控制面板"窗口中，选择"日期和时间"选项，打开"日期和时间"对话框，如图 2-19 所示。单击"更改日期和时间"按钮，打开"日期和时间设置"对话框，如图 2-20 所示。可以在"日期"列表框中设置系统的年份和月份,在"时间"文本框中更改系统的时间。

图 2-19 "日期和时间"对话框

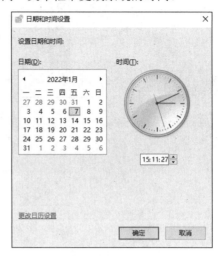

图 2-20 "日期和时间设置"对话框

步骤 5 更改日期和时间的格式

在图 2-20 所示的"日期和时间设置"对话框中,选择左下方的"更改日历设置"选项,在打开的"区域"对话框中即可设置日期和时间的格式,如图 2-21 所示。

在"区域"对话框中单击"其他设置"按钮,打开"自定义格式"对话框,如图 2-22 所示,可在其中更改日期和时间格式。

选择"日期"选项卡,设置长日期格式为"dddd,yyyy'年'M'月'd'日'",单击"应用"按钮后,将鼠标指针放在任务栏的时间栏上可看到日期显示格式发生了变化,显示出星期。

选择"时间"选项卡,设置时间格式为"tt hh:mm:ss","上午符号"为"AM","下午符号"为"PM",单击"应用"按钮后,可以看到任务栏的时间栏上显示出上、下午符号。

图 2-21 "区域"对话框　　　　　　图 2-22 "自定义格式"选项卡

相关知识

1. 用户账户

用户账户指的是 Windows 中的一个信息集合，用于配置用户可以访问的文件和文件夹、可对计算机进行的更改，而且存储了有关个人的一些信息。通过用户账户，可以与多人共享一台计算机。

在 Windows 10 操作系统中，用户账户有以下 3 种类型，不同的账户类型控制级别不同。

（1）标准账户

标准账户允许用户使用计算机的大多数功能，但是如果要进行的更改会影响其他用户的设置或安全，则需要得到管理员的允许。通过标准账户可以使用大多数已经安装的程序，但是无法安装或卸载软件和硬件，也无法删除计算机运行时所必需的文件。

（2）管理员账户

管理员账户对计算机拥有最高的控制权限，而且只有在必要时才启动该账户。管理员可以更改系统安全设置、安装软件和硬件及访问计算机上的所有文件，还可以对其他用户账户进行更改。安装并设置 Windows 时，会被要求创建用户账户，该账户类型就是拥有超级权限的管理员账户。

（3）来宾账户

来宾账户主要是提供给需要临时访问计算机的用户使用的，没有访问个人文件的权限。使用来宾账户的用户无法安装软件或硬件，也无法更改系统设置或创建账户密码。

注意： 在使用来宾账户之前，必须先启用来宾账户。

2. 安装软件

在安装了 Windows 10 操作系统后，可以发现系统内置了一些应用程序，如记事本、画图、计算器等。然而系统自带的应用程序往往不能满足用户的需要，可以通过以下方法安装应用程序。

1）一般情况下，对于商品化软件，只要插入并自动播放安装光盘，系统就会自动运行该程序的安装向导，按向导的提示完成安装即可。

2）对于从网络上下载的免费软件或共享软件，一般有一个可执行的安装文件（setup.exe 或 install.exe），运行该安装文件，按提示完成安装即可。

3. 卸载软件

计算机中如果安装了过多软件，不仅会占用大量的硬盘空间，还会影响系统的运行速度，因此对于一些不再使用的软件可将其卸载。可以通过以下方法卸载软件。

1）使用软件自带的卸载命令，一般为 "Uninstall.exe" 或 "卸载×××"，只要执行该命令即可按提示完成卸载。

2）在 Windows 10 操作系统的 "控制面板" 窗口中选择 "程序和功能" 选项，打开 "程序和功能" 窗口，如图 2-23 所示，选择需要卸载的程序，单击 "卸载" 按钮即可。

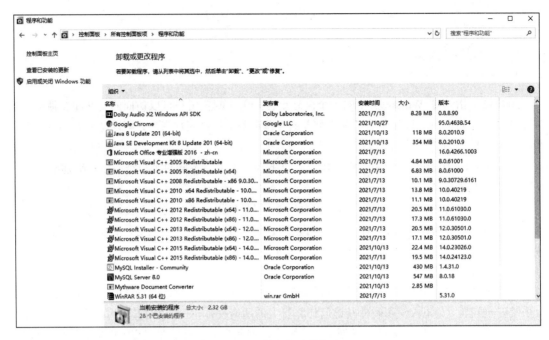

图 2-23　"程序和功能"窗口

4. 查看硬件资源并添加硬件驱动程序

(1) 了解计算机的基本配置

在桌面上右击"此电脑"图标，在弹出的快捷菜单中选择"属性"选项，打开"系统"窗口，在该窗口中可查看计算机的处理器、内存、系统类型及计算机名等信息，如图 2-24 所示。

图 2-24　"系统"窗口

（2）查看计算机的硬件设备属性

右击桌面"此电脑"图标，在弹出的快捷菜单中选择"属性"选项，可以查看计算机的基本信息；选择"设备管理器"选项，即可打开"设备管理器"窗口，如图 2-25 所示，可以查看和更改设备属性。

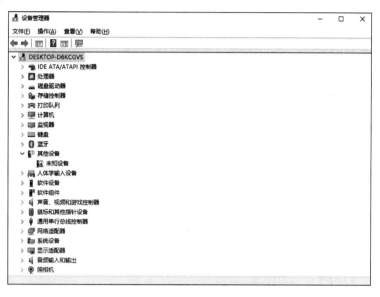

图 2-25　"设备管理器"窗口

在"设备管理器"窗口中展开需要查看的设备类型，然后右击需要查看的设备，在弹出的快捷菜单中选择"属性"选项，以声卡为例，如图 2-26 所示，打开相应的属性对话框，在"常规"选项卡中可以看到当前的设备类型、制造商、位置和设备状态等信息，如图 2-27 所示。

图 2-26　查看声卡属性

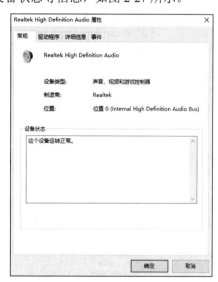

图 2-27　声卡属性对话框

（3）更新和卸载驱动程序

如果计算机中有硬件设备不能正常工作，则可能需要更新驱动程序，同时硬件制造商为了增强硬件的兼容性和性能，也会不断地为硬件推出新的驱动程序。因此在安装了硬件设备之后，可以将其驱动程序更新到最新版本以使设备获得更好的性能。而对于长时间不用的设备，建议用户卸载其驱动程序，这样可以节省磁盘空间。

在"设备管理器"窗口中右击要卸载的硬件设备，在弹出的快捷菜单中选择"卸载设备"选项即可，如图 2-28 所示。

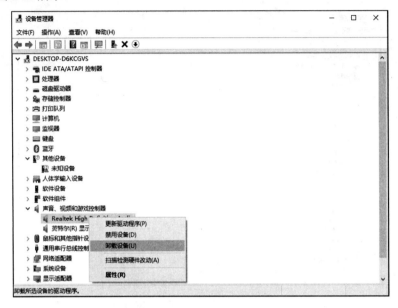

图 2-28　卸载驱动程序

在"设备管理器"窗口中选择"扫描检测硬件改动"选项，如图 2-29 所示，扫描完成后右击需要更新驱动程序的硬件，在弹出的快捷菜单中选择"更新驱动程序"选项，如图 2-30 所示，然后按照操作提示进行安装即可。

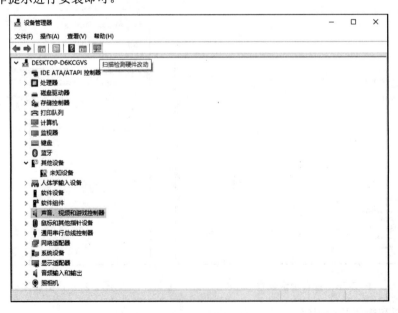

图 2-29　"扫描检测硬件改动"选项

图 2-30 "更新驱动程序"选项

5. 安装打印机

将打印机与计算机正确地连接起来，Windows 会提示找到打印机，此时可用打印机配套的驱动光盘来安装驱动程序。

在"控制面板"窗口中选择"设备和打印机"选项，在打开的"设备和打印机"窗口中单击"添加打印机"按钮，打开"添加打印机"对话框，如图 2-31 所示，按向导的提示完成打印机驱动程序的安装。

图 2-31 "添加打印机"对话框

在 Windows 10 操作系统中，用户不仅可以在本地计算机上安装打印机，如果连入网络，还可以安装网络打印机，使用网络中的共享打印机来完成打印作业。

实践训练

1）设置日期分隔符为"/"，长日期格式为"dddd yyyy MM dd"。

2）设置时间格式为"tt h:mm:ss"，"上午符号"为"AM"，"下午符号"为"PM"。

任务 2.3 管理计算机资源

任务分析

在 Windows 10 操作系统中，任何程序和数据都是以文件的形式存在的，文件管理是计算机应用的基本内容之一。为了方便以后查找，一般将文件进行分类存放，如建立多个文件夹来分别存放学习、娱乐等不同类型的文件。本任务首先在 D 盘创建一个名为"MyFile"的文件夹，然后在此文件夹下，通过新建、移动、复制文件及文件夹等操作，对用户资源进行管理。

任务目标

1）掌握新建、移动、复制、删除、重命名文件和文件夹的操作方法。

2）掌握设置文件或文件夹属性的操作方法。

任务实施

步骤 1 新建文件夹

1）在桌面上双击"此电脑"图标，然后双击打开 D 盘。

2）在 D 盘空白处右击，在弹出的快捷菜单中选择"新建"|"文件夹"选项，即可新建文件夹。此时，"新建文件夹"这几个字呈蓝底白字显示，说明它处于修改状态，输入"MyFile"，将该文件夹命名为"MyFile"，如图 2-32 所示。

图 2-32　新建文件夹

3）双击打开"MyFile"文件夹，在该文件夹中再新建两个子文件夹，分别命名为"图片"

和"文档",如图2-33所示。

图2-33　新建子文件夹

步骤2　新建文本文件

在"MyFile"文件夹的空白处右击,在弹出的快捷菜单中选择"新建"|"文本文档"选项,并将其命名为"会议记录",如图2-34所示。

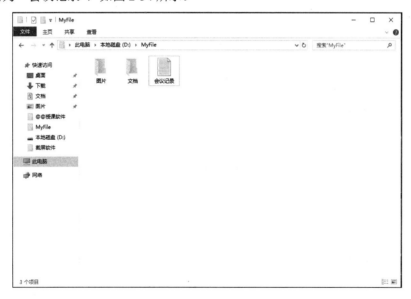

图2-34　新建文本文件

步骤3　复制文件

右击"会议记录"文本文档,在弹出的快捷菜单中选择"复制"选项,文件被复制到剪贴板上。打开目标文件夹"文档",在文件夹中任意位置处右击,在弹出的快捷菜单中选择"粘贴"选项,即可将文件复制到目标文件夹中。

步骤 4 删除文件

选中"MyFile"文件夹中的"会议记录"文本文档，右击，在弹出的快捷菜单中选择"删除"选项，即可将文档放入回收站中。

图 2-35 "会议文档 属性"对话框

步骤 5 重命名文件夹

选中"文档"文件夹，右击，在弹出的快捷菜单中选择"重命名"选项，将文件夹重命名为"会议文档"。

步骤 6 设置文件和文件夹属性

打开"MyFile"文件夹，选中"会议文档"子文件夹，右击，在弹出的快捷菜单中选择"属性"选项，打开"会议文档 属性"对话框。选择"常规"选项卡，在"属性"选项组中选中"隐藏"复选框，如图 2-35 所示。单击"确定"按钮。

如果希望看到隐藏的文件或文件夹，则在文件所在窗口中选择"查看"选项卡，在"显示/隐藏"选项组中选中"隐藏的项目"复选框，如图 2-36 所示。

图 2-36 显示隐藏的项目

🖱️ 相关知识

1. 文件与文件夹

文件是具有某种相关信息的数据的集合，文件可以是应用程序，也可以是应用程序创建的文档。文件的基本属性包括文件名、文件的大小、文件的类型和创建时间等。文件是通过文件名和文件类型进行区别的。

文件夹是系统组织和管理文件的一种形式。在计算机的磁盘上存放了大量的文件，为了查找、存储和管理文件,用户可以将文件分门别类地存放在不同的文件夹中。文件夹中可以存放文件,也可以存放文件夹。文件夹也是通过名称进行标识的,其命名规则与文件命名规则相同。

2.文件与文件夹的命名规则

1)文件的名称由文件名和扩展名组成,中间用字符"."分隔,通常扩展名用来说明文件的类型,如表 2-1 所示。

表 2-1 常用扩展名

扩展名	说明	扩展名	说明
.exe	可执行文件	.sys	系统文件
.com	命令文件	.rar	压缩文件
.htm	网页文件	.doc	Word 文档
.txt	文本文件	.c	C 语言源程序
.bmp	图像文件	.pdf	Adobe Acrobat 文档
.swf	Flash 文件	.wav	声音文件

2)在 Windows 10 操作系统中,文件名最多可以有 255 个字符。文件名可以包含字母、汉字、数字和部分符号,不能包含?、*、"、/、|、\、<、>、:等字符。

3)文件名不区分字母的大小写。

4)在同一存储位置,不能有文件名(包括扩展名)完全相同的文件。

3.文件及文件夹的基本操作

(1)新建文件或文件夹

一般情况下,用户可通过应用程序新建文件。此外,只要在需要创建文件或文件夹的窗口空白处右击,在弹出的快捷菜单中选择"新建"选项,然后在其子菜单中选择任意一种文件类型,即可新建相应的文件或文件夹。

(2)选中文件或文件夹

找到要选中的文件或文件夹,直接单击即可选中对象。如果希望同时选中多个文件或文件夹,可以使用以下方法实现。

1)选中连续多个对象。单击第一个要选中的文件或文件夹,然后按 Shift 键的同时单击最后一个文件或文件夹即可。也可直接按住鼠标左键拖动鼠标来选中多个对象。

2)选取不连续多个对象。单击第一个要选中的文件或文件夹,然后按 Ctrl 键的同时单击其他要选中的文件或文件夹即可。

3)全部选中。在"主页"选项卡中选择"全部选择"选项,或按 Ctrl+A 组合键选中全部文件或文件夹。

(3)复制、移动文件或文件夹

1)使用菜单命令。

① 复制文件或文件夹。首先选中要复制的文件或文件夹,然后选择"主页"选项卡中的"复制"选项,或按 Ctrl+C 组合键。选定目标位置后选择"主页"选项卡中的"粘贴"选项,或按 Ctrl+V 组合键,即可将选中的文件或文件夹复制到目标位置。

② 移动文件或文件夹。首先选中要移动的文件或文件夹,然后选择"主页"选项卡中的"剪切"选项,或按 Ctrl+X 组合键。选定目标位置后选择"主页"选项卡中的"粘贴"选项,或按

Ctrl+V 组合键，即可将选中的文件或文件夹移动到目标位置。

2）使用鼠标拖动。

① 复制文件或文件夹。若被复制的文件或文件夹与目标位置不在同一个驱动器上，则用鼠标直接拖动文件或文件夹到目标位置即可。若在同一个驱动器上，则按住 Ctrl 键的同时再拖动文件或文件夹到目标位置。

② 移动文件或文件夹。若被移动的文件或文件夹与目标位置在同一个驱动器上，则用鼠标直接拖动文件或文件夹到目标位置即可。否则，按住 Shift 键的同时再拖动文件或文件夹到目标位置。

（4）重命名文件或文件夹

重命名文件或文件夹的方法有以下几种。

1）选中文件或文件夹，右击，在弹出的快捷菜单中选择"重命名"选项。

2）选中文件或文件夹，按 F2 键即可对文件或文件夹的名称进行编辑。

（5）删除文件或文件夹

常用的删除文件或文件夹的方法有以下几种。

1）选中文件或文件夹，用鼠标直接拖动到"回收站"即可。

2）选中文件或文件夹，按 Delete 键，在打开的确认文件删除对话框中单击"是"按钮，即可将文件或文件夹放入回收站。

3）选中文件或文件夹，按 Shift+Delete 组合键可以彻底删除文件或文件夹，而不放入回收站中，这种方法不能还原删除的文件或文件夹。

4．回收站

回收站是一个特殊的文件夹，占用一部分的硬盘空间，回收站中保存了用户删除的文件、文件夹、图片、快捷方式和 Web 页等。这些项目将一直保留在回收站中，直到用户清空回收站，许多误删除的文件可以从回收站中找到并还原。

（1）彻底删除项目

双击桌面上的"回收站"图标，打开"回收站"窗口，如图 2-37 所示，右击要彻底删除的项目，在弹出的快捷菜单中选择"删除"选项，即可彻底删除项目。

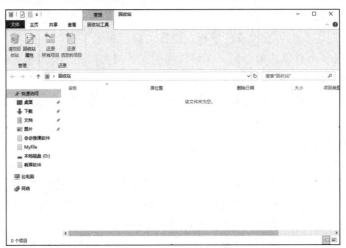

图 2-37　"回收站"窗口

（2）清空回收站

如果要删除回收站中的所有项目，则可以在桌面上的"回收站"图标上右击，在弹出的快捷菜单中选择"清空回收站"选项。也可以在"回收站"窗口中，单击"清空回收站"按钮。

（3）还原

如果有用的项目被误删除了，可以在"回收站"窗口中右击要还原的项目，在弹出的快捷菜单中选择"还原"选项，即可将项目还原到原来的位置。

5．剪贴板

剪贴板是 Windows 中一个非常实用的工具，它是一个在应用程序之间互相传递信息的临时内存区。在 Windows 10 操作系统中，剪贴板上总是保留最近一次用户存入的信息。这些信息可以是文本、图像、声音等内容。

（1）将信息复制或移动到剪贴板

1）按 Print Screen 键，把整个屏幕信息复制到剪贴板上。

2）按 Alt+Print Screen 组合键，把当前窗口信息复制到剪贴板上。

3）编辑文档时，对选定的内容执行"复制"或"剪切"命令。

4）在资源管理器或计算机中，对选定的文件或文件夹执行"复制"或"剪切"命令。

（2）将剪贴板信息粘贴到文档或文件夹中

1）当剪贴板信息为文件或文件夹路径信息时，在资源管理器或计算机中执行"粘贴"命令，操作系统会把这些文件或文件夹复制或移动到当前文件夹。

2）当剪贴板信息为其他内容时，在应用程序中执行"粘贴"命令，剪贴板的信息就会复制到当前位置。

实践训练

在提供的文件夹（FileTest）中完成以下操作。

1）在当前文件夹中新建文件夹"USER1"；在当前文件夹中的"A"文件夹中新建文件夹"USER2"。

2）将当前文件夹中的"BUG.doc"文件复制到当前文件夹中的"B"文件夹中；将当前文件夹中的"B"文件夹里的"BFILE.doc"文件分别复制到当前文件夹和当前文件夹里的"A"文件夹中。

3）删除当前文件夹中的"BUG.doc"文件；删除当前文件夹中的"C"文件夹里的"CAT.doc"文件；删除"C"文件夹中的"CCC"文件夹里的"DOG.doc"文件。

4）将当前文件夹中的"OLD1.doc"文件重命名为"NEW1.doc"；将当前文件夹中的"A"文件夹里的"OLD2.doc"文件重命名为"NEW2.doc"。

5）将当前文件夹中的"B"文件夹复制到当前文件夹中的"A"文件夹中；将"B"文件夹中的"BBB"文件夹复制到当前文件夹中。

6）将当前文件夹中的"B"文件夹重命名为"BOX"；将当前文件夹中的"A"文件夹里的"SEE"文件夹重命名为"SUN"。

7）删除当前文件夹中的"C"文件夹；删除当前文件夹中的"A"文件夹里的"CCC"文件夹。

8）将当前文件夹中的"TOM.doc"文件的文件属性改为"只读"；将当前文件夹中的"A"文件夹里的"JERRY.doc"文件的文件属性改为"只读"和"隐藏"。

9）设置"文件夹选项"，显示所有文件和文件夹。

10）设置"文件夹选项"，显示已知文件类型的扩展名。

11）设置"文件夹选项"，在地址栏中显示全路径。

任务 2.4 管 理 磁 盘

任务分析

计算机在使用一段时间后，磁盘中会出现许多临时文件及磁盘碎片，这些都会影响计算机的运行速度，因此需要对计算机进行磁盘清理、碎片整理等磁盘管理工作。

任务目标

1）掌握查看磁盘空间大小及占用情况等磁盘属性的操作方法。

2）掌握对磁盘进行格式化的操作方法。

3）掌握对磁盘中的临时文件等进行清理的操作方法。

4）掌握磁盘碎片整理工具的使用方法。

任务实施

步骤 1 查看磁盘属性

双击"此电脑"图标，打开"此电脑"窗口，选择需要查看属性的驱动器图标，右击，在弹出的快捷菜单中选择"属性"选项，即可在打开的属性对话框中查看磁盘空间占用情况等信息，如图 2-38 所示。

步骤 2 格式化磁盘

磁盘格式化是在磁盘上建立可以存放文件或数据信息的磁道和扇区，磁盘格式化后将删除磁盘上的所有信息。双击"此电脑"图标，打开"此电脑"窗口，选择需要格式化的盘符，右击，在弹出的快捷菜单中选择"格式化"选项，打开相应的磁盘格式化对话框，如图 2-39 所示。在该对话框中进行相应的设置后，单击"开始"按钮进行格式化操作。

图 2-38 查看磁盘属性

图 2-39 格式化磁盘

步骤 3　清理磁盘

使用 Windows 10 操作系统中的磁盘清理程序可以对计算机磁盘进行清理，释放磁盘空间，具体步骤如下。

1）单击图 2-38 中的"磁盘清理"按钮。

2）弹出相应的磁盘清理对话框，如图 2-40 所示。

3）在"要删除的文件"列表框中选中要删除文件前的复选框，单击"确定"按钮即可进行磁盘清理。

步骤 4　整理磁盘碎片

使用 Windows 10 操作系统中的磁盘碎片整理程序可以清除磁盘碎片，具体步骤如下。

1）选择"开始"|"所有程序"|"Windows 管理工具"|"碎片整理和优化驱动器"选项，如图 2-41 所示。

2）打开"优化驱动器"窗口，选择一个盘符，即可进行磁盘碎片整理操作。

图 2-40　磁盘清理

图 2-41　"开始"菜单

相关知识

1. 备份

为了防止系统因故障导致数据丢失，有必要在系统出现故障之前，先采取一些安全和备份措施，做到防患于未然。

备份分为系统备份和数据备份。

1）系统备份：为避免因磁盘损伤或损坏、计算机病毒或人为误删除等原因造成系统文件丢失，导致计算机操作系统不能正常运行，常将系统进行备份。

2）数据备份：指的是用户将数据（包括文件、数据库、应用程序等）提前储存起来，用于数据恢复。

2．磁盘清理

系统在工作一段时间后，就会产生许多垃圾文件，有程序安装时产生的临时文件、上网时留下的缓冲文件、删除软件时剩下的 DLL 文件或强行关机时产生的错误文件等。使用磁盘时应该注意数据量占容量的比例，因系统默认的回收站大小为磁盘空间的 10%，当系统盘使用的剩余空间接近 10%时可能出现如下情况：有些文件打不开；假死机；机器不能启动；系统提示磁盘容量不足等现象。因此，建议经常对磁盘进行清理，主要清理以下类型的文件：已下载的程序文件、Internet 的临时文件、Office 的安装文件、回收站中的文件、临时文件等。

3．磁盘碎片

在使用磁盘的过程中，由于不断地添加、删除文件，磁盘中会形成一些存储位置不连续的文件，这就是磁盘碎片。这样在读写文件时需要花费大量的时间，从而影响计算机的运行速度。实际上磁盘碎片应称为文件碎片，这是因为文件被分散保存到整个磁盘的不同地方，而不是集中地保存在磁盘连续的簇中。当应用程序所需的物理内存不足时，一般操作系统会在硬盘中产生临时交换文件，将该文件所占用的硬盘空间虚拟成内存。虚拟内存管理程序会对硬盘进行频繁的读写，产生大量的碎片，这是产生硬盘碎片的主要原因。其他如 IE 浏览器浏览信息时生成的临时文件或临时文件目录的设置也会造成系统中形成大量的碎片。文件碎片过多会使系统在读文件时反复寻找，导致系统性能下降，严重的还会缩短硬盘的使用寿命。

实践训练

1）进行磁盘清理，删除计算机上的临时文件。

2）整理碎片，保证数据的读取速度。

项 目 检 测

1．启动 Windows 10 操作系统，最确切的说法是（　　　）。

　　A．让硬盘中的 Windows 10 操作系统处于工作状态

　　B．将 U 盘中的 Windows 10 操作系统自动装入 C 盘

　　C．将硬盘中的 Windows 10 操作系统装入内存的指定区域

　　D．给计算机接通电源

2．在 Windows 10 操作系统中，将文件拖到回收站后，则（　　　）。

　　A．复制该文件到回收站　　　　　　　　B．删除该文件，且不能恢复

　　C．删除该文件，但可以恢复　　　　　　D．回收站自动删除该文件

3．根据文件的命名规则，下列文件名合法的是（　　　）。

　　A．ADC*.fnt　　　　B．#ASK%.sbc　　　　C．CON.bat　　　　D．SAQ/.txt

4．下列文件格式中，（　　　）表示图像文件。

　　A．*.doc　　　　　　B．*.xls　　　　　　C．*.bmp　　　　　D．*.txt

5．在同一个 U 盘上，Windows 10（　　　）。

　　A．允许同一文件夹中的文件同名，也允许不同文件夹中的文件同名

　　B．不允许同一文件夹中的文件及不同文件夹中的文件同名

　　C．允许同一文件夹中的文件同名，不允许不同文件夹中的文件同名

　　D．不允许同一文件夹中的文件同名，允许不同文件夹中的文件同名

项目 3

图 文 排 版

Word 是 Microsoft Office 软件中的文字处理软件，是 Office 办公软件之一，已经成为广大用户常用的文字处理软件。Office 办公软件历经 97 版、2000 版、XP（2002）版、2003 版、2007 版、2010 版、2013 版、2016 版等多个版本。本项目将通过任务练习，帮助读者尽快熟悉 Word 2016 主界面的组成及各功能区的使用等，并掌握在 Word 中输入文字的方法，以及格式化文字、图文混排等方面的知识。

任务 3.1　制作"寻梦船约稿"通知

任务分析

文档排版是文档编辑处理中不可或缺的重要环节。无论是一篇文章、一份报告，还是会议通知、经济合同等，在格式上均有一些要求，如标题和正文的字体、字号，文本的字间距和行间距等。作为即将踏入社会的大学生，应具备文档的基本编排能力并掌握打印的技巧。

为了丰富师生的校园生活，共建和谐校园，特组织创建《寻梦船》期刊，前期的约稿通知要尽快发出。下面具体介绍制作约稿通知的方法。

任务目标

1）能熟练启动 Word 应用程序，并掌握创建、保存和打开文档的操作方法。

2）能熟练进行文档的输入、选定、复制、移动、撤销、恢复、查找及替换等的编辑操作。

3）能熟练进行文字格式、段落格式、边框和底纹、项目符号和编号、中文版式等的编辑操作。

4）能熟练进行页面设置和打印的编辑操作。

任务实施

步骤 1　启动 Word 2016 应用程序，新建空白文档

选择"开始"|"Microsoft Word 2016"选项，启动 Word 2016 应用程序。启动 Word 2016 应用程序后，系统将自动新建一个空白文档"文档 1"。

步骤 2　保存新文档

1）使用"另存为"对话框保存文档。

① 选择"文件"选项卡中的"另存为"选项，然后选择"浏览"选项，打开如图 3-1 所示的"另存为"对话框。

② 对话框的左侧窗格中列出文档可保存的位置，本任务选择的保存位置是 D 盘。

③ 在"文件名"文本框中输入文档名称"寻梦船约稿"。

④ 在"保存类型"下拉列表中选择合适的类型，如"Word 文档(*.docx)"。

⑤ 单击"保存"按钮，保存文档后，Word 窗口标题栏上的文件名称会随之更改。

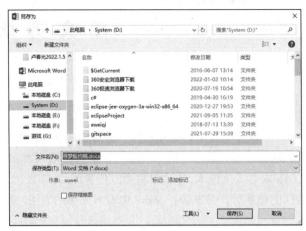

图 3-1　"另存为"对话框

2）设置自动间隔保存时间为 10min。

单击窗口上方的自定义快速访问工具栏右侧的下拉按钮，在弹出的下拉列表中选择"其他命令"选项，在打开的"Word 选项"对话框中选择"保存"选项卡，并在右侧窗格中设置"保存自动恢复信息时间间隔"为 10min，如图 3-2 所示，单击"确定"按钮。

图 3-2　"Word 选项"对话框

步骤 3　在空白文档中输入文字

将素材文件中的文字内容复制到 Word 文档中，并保存在原位置。

步骤 4　将文档中的"?"（英文状态）替换成"寻梦船"

1）选中全文档，单击"开始"选项卡"编辑"选项组中的"替换"按钮，打开"查找和替换"对话框。

2）在"查找内容"文本框中输入英文状态的"?"。

3）在"替换为"文本框中输入"寻梦船"，如图3-3所示。

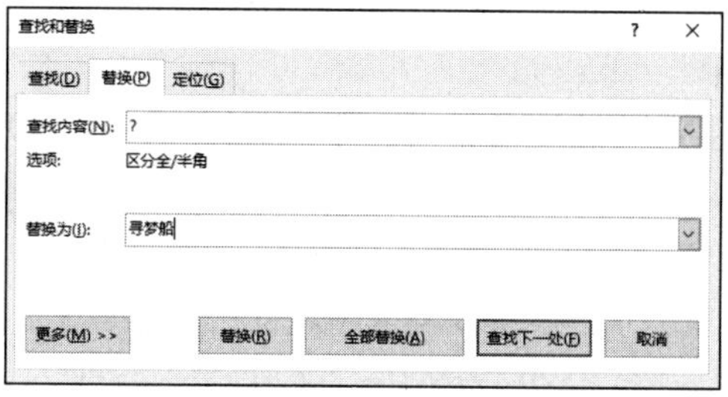

图3-3 "查找和替换"对话框

4）单击"全部替换"按钮进行替换，然后保存文档。

步骤5 设置字体格式

1）标题字体格式：隶书、加粗、二号；主题颜色为深蓝色；字符间距加宽4磅；"梦"字的主题颜色为绿色。

① 选中标题，单击"开始"选项卡"字体"选项组右下角的"字体"按钮，打开"字体"对话框，如图3-4所示。在"字体"选项卡中设置字体为隶书、加粗、二号，主题颜色为深蓝色；在"高级"选项卡中设置字符间距为加宽4磅，单击"确定"按钮。

② 选中标题中的"梦"字，用同样的方法设置"梦"字的主题颜色为绿色。

2）正文第1段字体格式：楷体、加粗、五号。

选中正文第1段，使用"开始"选项卡"字体"选项组中的相应按钮进行设置即可。

3）使用查找和替换功能，将正文中所有的数字设置为红色、加粗、倾斜。

① 单击"开始"选项卡"编辑"选项组中的"替换"按钮，打开"查找和替换"对话框。将光标定位到"查找内容"文本框中，单击"更多"按钮，使对话框展开，如图3-5所示。单击"特殊格式"下拉按钮，在弹出的下拉列表中选择"任意数字"选项。将光标定位到"替换为"文本框中，单击"格式"下拉按钮，在弹出的下拉列表中选择"字体"选项，在打开的"替换字体"对话框中设置字体为红色、加粗、倾斜。

图3-4 "字体"对话框

图3-5 "替换"选项卡

② 单击"全部替换"按钮，使所有数字变为红色、加粗、倾斜的格式。保存编辑后的文档。

步骤 6　设置段落格式

1）标题段落格式：居中。

单击"开始"选项卡"段落"选项组右下角的"段落"按钮，打开"段落"对话框，在"缩进和间距"选项卡的"常规"选项组中设置对齐方式为"居中"，如图 3-6 所示，单击"确定"按钮。

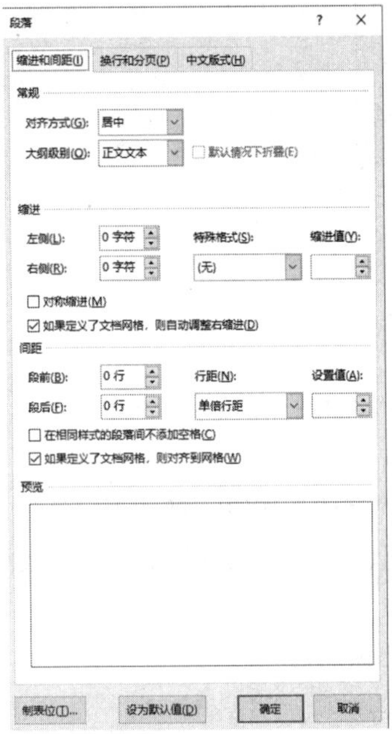

2）正文第 1 段格式：首行缩进 2 字符，行距为 1.5 倍。正文第 2～9 段格式：首行缩进 2 字符，段前、段后间距均为 1 行。正文第 10～13 段格式：行距为固定值、20 磅。

① 选中正文第 1 段，打开"段落"对话框，在"缩进和间距"选项卡的"缩进"选项组中设置"特殊格式"为"首行缩进"、"缩进值"为"2 字符"，在"间距"选项卡中设置行距为"1.5 倍行距"，单击"确定"按钮。

② 选中正文第 2～9 段，打开"段落"对话框，在"缩进和间距"选项卡的"缩进"选项组中设置"特殊格式"为"首行缩进"、"缩进值"为"2 字符"，在"间距"选项卡中设置"段前""段后"间距均为"1 行"，单击"确定"按钮。

③ 选中正文第 10～13 段，打开"段落"对话框，在"缩进和间距"选项卡的"间距"选项组中设置"行距"为"固定值"、"设置值"为"20 磅"，单击"确定"按钮。

图 3-6　"段落"对话框

3）最后的落款格式：楷体、五号，文本右对齐。

选中落款文字，使用"开始"选项卡"字体"选项组中的相应按钮设置字体为楷体、字号为五号，在"段落"选项组中设置对齐方式为"右对齐"。

步骤 7　设置项目符号

给正文第 10～13 段的文字添加实心菱形的项目符号。

选中正文第 10～13 段的文字，单击"开始"选项卡"段落"选项组中的"项目符号"下拉按钮，在弹出的下拉列表中选择实心菱形。

步骤 8　设置边框和底纹

1）给正文第 2～9 段的文字添加边框：宽度为 1.5 磅、橙色、双线的方框。

选中正文第 2～9 段的文字，单击"开始"选项卡"段落"选项组中的"边框"下拉按钮，在弹出的下拉列表中选择"边框和底纹"选项，打开"边框和底纹"对话框，在"边框"选项卡的"设置"选项组中选择"方框"选项，在"样式"列表框中选择双线，在"颜色"下拉列表中选择橙色，并设置"宽度"为 1.5 磅，单击"确定"按钮，如图 3-7 所示。

2）给"卷首语""苹果花开之季""E 时代天使""心语心愿""青春橄榄树""那年那月""千言万语""灵境奇缘"等文字添加底纹，设置底纹填充色为主题颜色橙色，个性色 2，图案样式为 20%，颜色为主题颜色深蓝。

按住 Ctrl 键的同时，按住鼠标左键拖动选中正文第 2～9 段中相应的文字，打开"边框和底纹"对话框，在"底纹"选项卡的"填充"下拉列表中设置颜色为主题颜色橙色，个性色 2；在

"图案"选项组的"样式"下拉列表中设置样式为"20%",在"颜色"下拉列表中设置颜色为主题颜色深蓝,如图 3-8 所示,单击"确定"按钮。

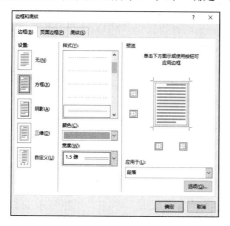

图 3-7 "边框"选项卡   图 3-8 "底纹"选项卡

3)给整个文档添加页面边框:艺术型中的心形。

打开"边框和底纹"对话框,在"页面边框"选项卡的"艺术型"下拉列表中选择心形,单击"确定"按钮。

步骤 9 设置分栏

正文第 1 段分成等宽的两栏,添加分隔线。

选中正文第 1 段,单击"布局"选项卡"页面设置"选项组中的"栏"下拉按钮,在弹出的下拉列表中选择"更多栏"选项,打开"栏"对话框,设置"预设"为两栏,并选中"分隔线"复选框,其余选项不变,如图 3-9 所示,单击"确定"按钮。

步骤 10 设置首字下沉

正文第 1 段首字下沉两行,字体颜色为蓝色。

选中正文第 1 段,单击"插入"选项卡"文本"选项组中的"首字下沉"下拉按钮,在弹出的下拉列表中选择"首字下沉选项"选项,打开"首字下沉"对话框,如图 3-10 所示。设置"位置"为"下沉",在"选项"选项组中设置"下沉行数"为"2",单击"确定"按钮,并将正文第 1 段首字下沉的字的字体颜色设置为蓝色。

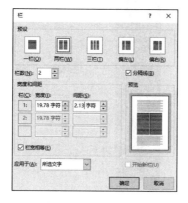

图 3-9 "栏"对话框   图 3-10 "首字下沉"对话框

步骤 11 设置中文版式

为标题添加拼音，字号为 10 磅。

选中标题，单击"开始"选项卡"字体"选项组中的"拼音指南"按钮，在打开的"拼音指南"对话框中设置"字号"为 10 磅，然后单击"确定"按钮。

步骤 12 设置页眉和页脚

为文档添加页眉"学院团委文学社"，在页面底端采用加粗显示的数字显示页码，页眉和页脚均要求居中显示。

1）单击"插入"选项卡"页眉和页脚"选项组中的"页眉"下拉按钮，在弹出的下拉列表中选择"编辑页眉"选项，在文档中添加页眉内容"学院团委文学社"，并使文字居中显示。

2）将光标定位到页面底端的页脚位置，单击"页眉和页脚工具-设计"选项卡"页眉和页脚"选项组中的"页码"下拉按钮，在弹出的下拉列表中选择"页面底端"中的"加粗显示的数字"选项，即可显示页码，并使页码居中显示。

3）单击"页眉和页脚工具-设计"选项卡"关闭"选项组中的"关闭页眉和页脚"按钮，使文档恢复到正文编辑状态。

步骤 13 设置页面格式

要求设置为 A4 纸张，页面页边距上下均为 2.5 厘米、左右均为 2.8 厘米，纸张方向为纵向。

1）单击"布局"选项卡"页面设置"选项组右下角的"页面设置"按钮，打开"页面设置"对话框并选择"纸张"选项卡，设置"纸张大小"为 A4。

2）选择"页边距"选项卡，设置"页边距"选项组中的上下边距均为 2.5 厘米、左右边距均为 2.8 厘米，设置"纸张方向"为纵向，如图 3-11 所示，然后单击"确定"按钮。

步骤 14 打印

选择"文件"选项卡中的"打印"选项，如图 3-12 所示。确认无误后单击"打印"按钮即可。

图 3-11 "页面设置"对话框　　　　图 3-12 打印窗口

相关知识

1．启动和退出 Word 2016

（1）启动 Word 2016

1）通过"开始"菜单启动：在"开始"菜单中选择"Word 2016"。

2）通过桌面快捷方式启动：双击桌面上的 Word 快捷图标可启动 Word 2016。

（2）退出 Word 2016

1）通过"关闭"选项退出：选择"文件"选项卡中的"关闭"选项。

2）单击窗口右上角的"关闭"按钮。

2．Word 2016 的主界面

Word 2016 的主界面由标题栏、快速访问工具栏、功能区、文本编辑区、状态栏等部分组成，如图 3-13 所示。

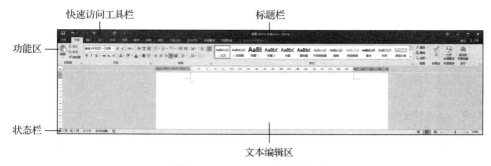

图 3-13　Word 2016 的主界面

3．创建文档

Word 2016 启动后系统会自动创建一个空白文档，在标题栏上文档的默认名称是"文档 1 -Word"，用户可在空白文档中输入文本内容，在保存时可重新命名。用户也可以根据需要创建一个空白文档，方法如下。

选择"文件"选项卡中的"新建"选项，如图 3-14 所示，选择"空白文档"或其他模板来创建新文档。

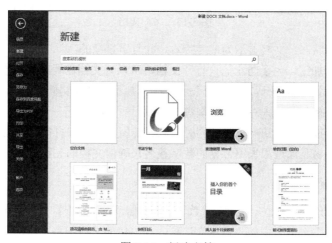

图 3-14　新建文档

4．保存文档

在编辑文档时应养成经常保存文档的好习惯，以避免发生因死机或断电造成的突然关机而使内存中的数据丢失的情况。文档的保存方式分为手动保存新文档、手动保存已有文档和自动保存文档 3 种。其中，手动保存已有文档是指若用户想修改文件名或保存路径，可选择"文件"选项卡中的"另存为"选项进行设置，然后保存。

5．打开和关闭文档

在对文档进行编辑时，需要打开和关闭 Word 文档。打开和关闭文档的具体方法：选择"文件"选项卡中的"打开"选项和"关闭"选项。打开文档时，在打开的"打开"窗口中选择要打开的文档，然后单击即可打开文档。

6．保护文档

可以对某些重要文档进行保护，保护的方式有多种，如标记为最终状态、用密码进行加密、限制编辑等。保护文档的方法：选择"文件"选项卡中的"信息"选项，单击"保护文档"下拉按钮，即可在弹出的下拉列表中选择所需要的保护操作，如图 3-15 所示。

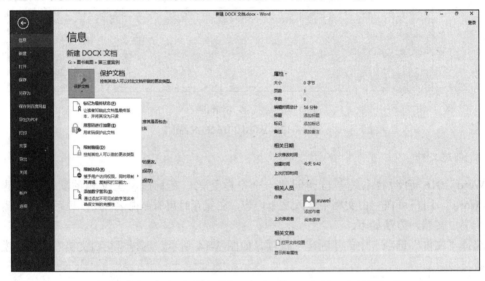

图 3-15　保护文档

1）标记为最终状态。文档显示为最终版本，并且是只读的。

2）用密码进行加密。为了防止他人打开文档，可以为文档设置密码。设置密码后再打开文档时，系统会提示用户输入密码。如果密码不正确，则不能打开文档。

3）限制编辑。控制其他人对文档类型进行更改。

4）限制访问。授予用户访问权限，同时限制其编辑、复制和打印的权力。

5）添加数字签名。通过添加不可见的数字签名来确保文档的完整性。

7．查看文档属性

要想了解文档的作者、单位、页数、行数、字数等信息，可以查看文档的属性。具体操作如下。

1）选择"文件"选项卡中的"信息"选项，在窗口的右侧窗格中单击"属性"下拉按钮，在弹出的下拉列表中选择"高级属性"选项，打开相应文档的属性对话框。

2）选择"摘要"选项卡，如图 3-16 所示，可以查看作者的信息，或修改作者、单位等信息。

3）选择"统计"选项卡，可以查看文档的统计信息。

8．输入文本

1）输入文本时，光标不断右移，当到达文档的右边界时，光标会自动移到下一行，不需要按 Enter 键换行。

2）只有在一个段落结束时，才按 Enter 键。每按一次 Enter 键，系统就会插入一个段落标识符 ↵。它用于标记段落的结尾，并记录该段落的格式信息。

3）当用户需要另起一行，又不想增加新段落时，可按 Shift+Enter 组合键。此时行尾将显示 ↓ 符号（也称"软回车"），则该行成为无段落标记的新行。

图 3-16 查看文档属性

4）输入内容时，所有段落前不要有空格，这样做便于后面的排版设置。

5）按 Insert 键可实现插入状态与改写状态的切换。启动 Word 2016 后，默认为插入状态，即在光标处输入内容。若切换到改写状态，则输入的内容将覆盖光标右侧的字符。

6）按 Backspace 键删除光标左侧的字符，按 Delete 键删除光标右侧的字符。

7）单击"插入"选项卡"符号"选项组中的"符号"下拉按钮，在弹出的下拉列表中选择"其他符号"选项，在打开的"符号"对话框中可插入特殊符号。

8）在文档编辑过程中，若遇到在一行快要结束时出现某个英文单词，在已有行中放不下该单词，且希望该单词在两行显示时，可选中段落，打开"段落"对话框，如图 3-17 所示，选择"中文版式"选项卡，选中"换行"选项组中的"允许西文在单词中间换行"复选框。

9）在文档编辑过程中，若遇到在一行快要结束时，需要输入由多个英文单词所组成的词组，这时词组会被分隔在两行中。若希望词组保持在一行中，可将光标定位到需要输入词组的位置处，在输入词组的每个单词后（除最后一个单词）按 Ctrl+Shift+Backspace 组合键，再输入下一个单词，以此类推即可。

9．选定文本

1）选取较短的连续文本。从文本开头处按住鼠标左键并拖动光标到结尾释放鼠标左键即可。

2）选取较长的连续文本。先单击文本开头处，然后按 Shift 键同时单击结尾处。

图 3-17 "中文版式"选项卡

3）选取一行。将鼠标指针移动到某行的左侧（文本选择区），此时鼠标指针变成一个斜向右上方的箭头 ⌐，单击，即可选中该行。

4）选取段落。用鼠标在该段落的文本选择区双击。

5）选取矩形区域文本。按 Alt 键，同时按住鼠标左键在文档中形成矩形区域。

6）选取全文。在文本选择区快速单击 3 次，或按 Ctrl+A 组合键选取全文。

7）扩展选取。按 F8 键，表示进入扩展状态；再按 F8 键，则选择光标所在处的一个词；继续按 F8 键，则选区扩展到整句然后扩展到整段，最后扩展到全文。按 Esc 键可退出扩展状态。

10. 复制、移动和删除文本

（1）复制文本

利用剪贴板复制文本的操作步骤如下。

1）选中需要复制的文本，单击"开始"选项卡"剪贴板"选项组中的"复制"按钮，或按 Ctrl+C 组合键。

2）将光标定位到目标位置，单击"开始"选项卡"剪贴板"选项组中的"粘贴"下拉按钮，或按 Ctrl+V 组合键。

其中，"粘贴"下拉列表中有 3 个选项：保留源格式、合并格式和只保留文本。用户可根据

图 3-18　"选择性粘贴"对话框

实际情况进行选择。另外，还有一个"选择性粘贴"选项，可以帮助用户有选择地粘贴剪贴板中的内容，"选择性粘贴"对话框如图 3-18 所示。

（2）移动文本

如果需要将文本移动到另一个位置，其方法和复制类似，具体操作步骤如下。

1）单击"开始"选项卡"剪贴板"选项组中的"剪切"按钮，或按 Ctrl+X 组合键。

2）将光标定位到目标位置，单击"开始"选项卡"剪贴板"选项组中的"粘贴"下拉按钮或按 Ctrl+V 组合键。

另外，也可以用拖动鼠标的方法实现文本的移动和复制。先选中要移动的文字，然后按住鼠标左键拖动光标到目标处松开，这样选中的文字就会被移动到新的位置。如果拖动鼠标的同时按 Ctrl 键，即可实现文本的复制。

（3）删除文本

删除一段文本时，先选中要删除的内容，然后按 Delete 键即可。

11. 撤销和恢复文本

（1）撤销文本

单击快速访问工具栏中的"撤消"按钮，或按 Ctrl+Z 组合键，即可撤销上一步操作。

（2）恢复文本

单击快速访问工具栏中的"恢复"按钮，可恢复上一步撤销的操作，连续使用可进行多次恢复。

12. 查找和替换

Word 2016 的查找与替换功能不仅可以查找、替换普通的文本，还可以查找、替换通过键盘无法输入的特殊字符及某些格式或样式。

（1）查找

查找是用来在文档中查找指定的文本内容，分为查找、高级查找和转到 3 部分内容，用户可根据实际情况进行选择。

（2）替换

替换与查找的方法类似。在"查找和替换"对话框中，选择"替换"选项卡，在"查找内容"文本框中输入要查找的内容，在"替换为"文本框中输入要替换的内容，然后多次单击"查找下一处"按钮和"替换"按钮，逐一查找内容并确定是否替换。若直接单击"全部替换"按钮，则将所有查找到的匹配内容全部替换。

（3）查找和替换特殊的内容

在"查找和替换"对话框中，单击"更多"按钮，可展开对话框，单击"格式"下拉按钮，可查找或替换带有格式的内容；单击"特殊格式"下拉按钮，可查找或替换段落标记、分栏符等通过键盘无法输入的内容；如果选中"使用通配符"复选框，即可利用通配符"？"（？表示任意一个字符）进行模式匹配查找。

13．插入日期和时间

单击"插入"选项卡"文本"选项组中的"日期和时间"按钮，打开如图 3-19 所示的"日期和时间"对话框，选择相应的格式，并选中"自动更新"复选框，即可设置时间随系统日期和时间的变化而变化，单击"确定"按钮即可在文档中插入日期和时间。

14．格式化字体

选中要格式化的文字，单击"开始"选项卡"字体"选项组右下角的"字体"按钮，打开"字体"对话框，在"字体"或"高级"选项卡中可以对所选文字的字体、字形、字号、颜色、效果、字符间距及位置等进行设置。

字号有汉字和数字两种表示方法。汉字表示如"五号""小四"等，序号越大字符越小，"初号"最大；数字表示如"7.5""8"等，单位是磅，磅值越大字符越大。列表框中列出的最大磅值是 72，当需要使用更大的磅值时，可以直接在"字号"文本框中输入相应的磅值，如输入 100。

Word 2016 中有个非常有特色的选项工具栏，可以快速设置字体格式。当选中需要设置的内容时，在文字右上角会出现选项工具栏，单击选项工具栏中的相应按钮即可进行设置，如图 3-20 所示。

图 3-19　"日期和时间"对话框

图 3-20　选项工具栏

15．格式化段落

通常，一个段落结束后，按 Enter 键会在下一行生成一个新的段落。同时在前一个段落后面产生一个段落标记符"↵"。

当段落标记符没有出现时，单击"开始"选项卡"段落"选项组中的"显示/隐藏编辑标记"按钮，使该按钮处于选中状态，即可看到段落标记符，再次单击该按钮，又可以将段落标记符隐藏。

格式化段落的方法：选中要格式化的段落，单击"开始"选项卡"段落"选项组中的相应按钮进行设置，或单击右下角的"段落设置"按钮，在打开的"段落"对话框中对该段落的段间距、行间距、对齐方式、缩进方式等进行设置。

1）行距各选项的作用如下。

① 单倍行距：行距为该行最大字符或最高图像的高度再加一点额外间距，额外间距的值取决于所用的字号。

② 1.5 倍行距：行距为单倍行距的 1.5 倍。

③ 2 倍行距：行距为单倍行距的 2 倍。

④ 最小值：行距取决于"设置值"，并且不能省略度量单位。"设置值"文本框中的值是每一行允许的最小行距。和"单倍行距"的不同之处是，行距不能小于"设置值"文本框中的值。若某一行中最大字符或最高图像的高度比"设置值"文本框中的值小，则以"设置值"文本框中的值作为行距。

⑤ 固定值：行距取决于"设置值"，并且不能省略度量单位。"设置值"文本框中的值是每一行的固定行距。Word 2016 不会调整固定的行距，若有文字或图像的高度大于此固定值，则会被裁剪。

⑥ 多倍行距：行距取决于"设置值"，但不能设置度量单位。"设置值"文本框中的值是"单倍行距"的倍数。系统默认的多倍行距为 3。如果在"设置值"文本框中输入"1.2"，表示行距设置为单倍行距的 1.2 倍。

2）设置段落缩进方式时，一般有以下几种类型。

① 首行缩进：控制段落中第一行的起始位置。通常情况下，中文首行缩进两个汉字。

② 悬挂缩进：表示除第一行以外的各行都缩进，通常用于创建项目符号和编号。

③ 左缩进和右缩进：表示段落中的所有行都缩进，通常为了表现段落间不同的层次。

某些段落格式也可以在选项工具栏中快速设置。

16．边框和底纹

添加边框和底纹的方法：选中需要添加边框或底纹的内容，单击"开始"选项卡"段落"选项组中的"边框"下拉按钮，在弹出的下拉列表中选择"边框和底纹"选项，打开"边框和底纹"对话框。在"边框"选项卡中可以设置线型、颜色、宽度等；在"页面边框"选项卡中可以设置样式、颜色、宽度、艺术型等；在"底纹"选项卡中可以设置填充颜色和图案。需要注意的是，在"应用于"下拉列表中选择不同的选项可以为不同的对象添加边框或底纹，如文字、段落等。

17．项目符号和编号

添加项目符号和编号可以使分类和要点更加突出。对于有顺序的项目使用项目编号，而对于并列关系的项目则使用项目符号。为段落创建项目符号和编号，是 Word 2016 提供的自动输入功能之一。

（1）添加项目符号和编号

1）在对已存在的文本设置项目符号和编号时，应先选定这些文本；对于尚不存在的文本，可先将光标定在要输入文本的位置。可通过单击"开始"选项卡"段落"选项组中的"项目符号"按钮和"编号"按钮来添加项目符号和编号。

2）单击"项目符号"下拉按钮，在弹出的下拉列表中选择"定义新项目符号"选项，在打开的"定义新项目符号"对话框中设置项目符号，如图 3-21 所示，然后单击"确定"按钮。

3）单击"编号"下拉按钮，在弹出的下拉列表中选择"定义新编号格式"选项，在打开的"定义新编号格式"对话框中设置"编号样式"和"编号格式"，如图 3-22 所示，单击"确定"按钮。

图 3-21 "定义新项目符号"对话框 图 3-22 "定义新编号格式"对话框

（2）自动创建编号

与设置项目符号和编号的方法类似，用户可以创建编号，具体操作步骤如下。

1）在文档中输入一个编号，如"1、""（1）""A、"等。

2）在编号后输入文档内容。

3）按 Enter 键结束该段落，此时 Word 2016 将自动创建编号。

（3）添加多级列表

1）选中文本，单击"开始"选项卡"段落"选项组中的"多级列表"下拉按钮，在弹出的下拉列表中选择"定义新的多级列表"选项，打开"定义新多级列表"对话框，如图 3-23 所示。

2）设置级别、编号格式和位置后，单击"确定"按钮即可。

18．分栏

选中要分栏的段落，单击"布局"选项卡"页面设置"选项组中的"栏"下拉按钮，在弹出的下拉列表中选择相应的选项即可。

19．首字下沉

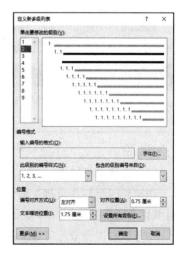

图 3-23 "定义新多级列表"对话框

选中要首字下沉的段落，单击"插入"选项卡"文本"选项组中的"首字下沉"下拉按钮，在弹出的下拉列表中选择相应选项即可。

20. 中文版式

选中需要设置中文版式的文字，单击"开始"选项卡"段落"选项组中的"中文版式"下拉按钮，弹出的下拉列表中有"纵横混排"、"合并字符"、"双行合一"、"字符缩放"和"调整宽度"等选项。

21. 格式刷

格式刷是一种快速复制格式的工具。如果在文档中频繁使用某种格式，则可以将这种格式复制，从而简化操作。

1）利用格式刷对文字格式进行复制，具体方法如下。

① 选中需要被复制格式的文本。

② 单击"开始"选项卡"剪贴板"选项组中的"格式刷"按钮，此时鼠标指针变成刷子形状。

③ 按住鼠标左键选择要进行格式化的文本，然后释放鼠标左键，该格式将自动应用到选择的文本上，鼠标指针也还原为原来的形状。

④ 双击"开始"选项卡"剪贴板"选项组中的"格式刷"按钮，可进行多次格式复制操作。格式复制完成后，再单击"格式刷"按钮，鼠标指针的形状即可还原。

2）利用格式刷对段落格式进行复制，具体方法如下。

① 选中需要被复制格式的段落。

② 单击或双击"格式刷"按钮，此时鼠标指针变成刷子形状。

③ 按住鼠标左键选择要进行格式化的段落，即可将复制的格式应用于选择的段落。

④ 单击"格式刷"按钮，鼠标指针的形状即可还原。

22. 页眉和页脚

页眉和页脚的基本设置已在任务实施中做了说明，但在实际应用中，文档中用到的页眉和页脚的设置会有多种情况。

（1）首页不同

切换到"页眉和页脚"编辑区，选中"页眉和页脚工具-设计"选项卡"选项"选项组中的"首页不同"复选框，即可设置首页不同，如图 3-24 所示。

图 3-24 "页眉和页脚工具-设计"选项卡

（2）奇偶页不同

切换到"页眉和页脚"编辑区，选中"页眉和页脚工具-设计"选项卡"选项"选项组中的"奇偶页不同"复选框，即可设置奇偶页不同。

还可以利用分节符将连续的页面断开，分成不同的节数，这样可以实现文档中多个不同的页眉和页脚的设置。

23．文档视图

（1）页面视图

页面视图主要包括页眉、页脚、图形对象、分栏设置、页面边距等元素，是最接近打印效果的一种视图。

（2）阅读视图

阅读视图以图书的分栏样式显示文档，功能区内的元素被隐藏起来，在阅读视图中，用户可以单击"工具"下拉按钮，在弹出的下拉列表中选择各种阅读工具。文档中的文本为了适应屏幕会自动换行，在该视图中没有页的概念，也不显示页眉和页脚，在屏幕的顶部显示文档当前的屏数和总屏数。

（3）Web 版式视图

Web 版式视图以网页的形式显示文档，显示文档在 Web 浏览器中的效果。例如，文档将显示为一个不带分页符的长页，并且文本和表格将自动换行以适应窗口的大小。Web 版式视图适用于发送电子邮件和创建网页。

（4）大纲

大纲主要用于设置文档和显示层级结构，并可以方便地折叠和展开各种层级的文档。对于一个具有多重标题的文档而言，往往需要按照文档中标题的层次来查看文档，此时不适宜采用前述几种视图方式，而大纲则可解决这一问题。大纲按照文档中标题的层级来显示文档，用户可以折叠文档，只通过主标题或扩展文档查看整个文档的内容，还可以通过拖动标题来移动、复制或重新组织正文。大纲可广泛用于长文档的快速浏览和设置。

（5）草稿

草稿取消了页面边距、分栏、页眉、页脚等元素，仅显示标题和正文，是最节省计算机系统硬件资源的视图形式。

24．页面设置

页面设置主要是设置文档的页面方向、纸张大小、页边距、装订线、页眉和页脚等。页面设置的具体步骤如下。

单击"布局"选项卡"页面设置"选项组右下角的"页面设置"按钮，打开"页面设置"对话框。

1）选择"页边距"选项卡，在"上""下""左""右"文本框中设置顶端、底端、左端、右端与文本的距离，在"纸张方向"选项组中设置纸张方向。

2）选择"布局"选项卡，设置页眉和页脚的格式，在"节的起始位置"下拉列表中可以改变分节符类型；在"垂直对齐方式"下拉列表中可以选择文本在垂直方向的对齐方式。此外，还可以单击"行号"按钮和"边框"按钮进行行号和边框的设置。

3）选择"文档网格"选项卡，可以设置文档每页的行数、每行的字数、正文字体、字号、栏数及字符间距和行距等。

4）选择"纸张"选项卡，在"纸张大小"下拉列表中将纸张的大小设置成 A4、A5、B5、16 开和 32 开等标准，Word 2016 默认的纸张型号是 A4，也可以通过输入纸张的宽度和高度来自定义纸张大小。

25．文件格式及其兼容性

在 Word 2016 中，默认文件格式没有发生更改，将继续使用基于 XML 的文件格式。文件扩展名为.doc 和.docx。

在 Word 2016 中打开某文档时，该文档将以 3 种模式之一打开：Word 2016、Word 2007 兼容模式、Word 97-2003 兼容模式。

若要确定文档处于哪种模式，则可检查文档的标题栏。如果在文件名后面显示"（兼容模式）"，则表示该文档处于 Word 2007 兼容模式或 Word 97-2003 兼容模式。可以继续在兼容模式下工作，也可以将文档转换为 Word 2016 文件格式。注意：低版本软件不能打开高版本的文档。

若要在 Word 2016 模式下创建新的文档副本，则选择"文件"选项卡中的"另存为"选项，在打开的"另存为"对话框的"文件名"文本框中输入文档的新名称，然后在"保存类型"下拉列表中选择"Word 文档"选项。

实践训练

1）在给出的"房屋出租合同-素材"文档中按要求制作如图 3-25 所示的效果。具体要求如下。

图 3-25　房屋出租合同效果

① 标题：黑体、小二，居中；紫色、3 磅、阴影边框，红色底纹，应用于文字；字符间距加宽 3 磅；"屋"字位置提升 8 磅，"租"字位置降低 8 磅。

② 第 1、2 段：方正舒体、四号、蓝色下画线，文字效果可以自定义。

③ 第 3 段：华文细黑、三号、加着重号，红色；"甲乙"两个文字双行合一；"共同协商" 4 个字加粗、缩放 150%；"同"和"意"两个字分别加带圈字符、增大圈号。

④ 第 4 段：A_1 和 A_2 中的数字为下标。

⑤ 第 5 段："三年"加绿色方框、橙色底纹；租期的起止日期字符间距加宽 4 磅。

⑥ 第 6 段：居中对齐；"140m^2"加红色双下画线，其中的"2"为上标；"月二十日前"加蓝色粗波浪下画线。

⑦ 第 7 段："贰仟元"的字体为红色、粗体、斜体。

⑧ 第 8 段：蓝色字体；"赁"加拼音；左、右各缩进 4 字符。

⑨ 第 9 段：底纹为"图案"效果，图案的"样式"为 20%，"颜色"为红色，应用于段落。

⑩ 第 10 段：行距为固定值 16 磅；红色、双波浪线边框、浅绿色底纹，应用于段落。

⑪ 第 11 段：段前空 2 行。

2）新建文档，自行制作如图 3-26 所示的日历。

图 3-26　日历

任务 3.2　制作"寻梦船信息统计表"

任务分析

寻梦船约稿通知发出后，广大高校学生积极踊跃地投稿。采用表格更好、更方便地整理这些信息，并对所制作的表格进行适当的装饰和美化。

任务目标

1）能熟练创建表格。

2）能熟练对表格进行数据输入，增加或删除表格、行、列和单元格等操作。

3）能熟练对表格中的数据及表格进行格式化设置。

4）能熟练制作斜线表头。

任务实施

步骤 1　新建并保存文档"寻梦船信息统计表"

1）启动 Word 2016 应用程序，新建空白文档"文档 1"。

2）将创建的新文档以"寻梦船信息统计表"为名称，保存到 D 盘中。

步骤 2　输入表格标题"寻梦船信息统计表"

在文档开始位置输入表格标题文字"寻梦船信息统计表"即可。

步骤 3　创建 5 行 5 列的表格

1）单击"插入"选项卡"表格"选项组中的"表格"下拉按钮，在弹出的下拉列表中可直接

图 3-27 "插入表格"对话框

选择行数、列数，也可选择"插入表格"选项，打开如图 3-27 所示的"插入表格"对话框。

2）在"插入表格"对话框中设置表格的"列数"和"行数"均为"5"。

3）单击"确定"按钮，即可插入一个 5 行 5 列的表格。

步骤 4　编辑表格

1）制作表头。在表格第 1 行第 1 列单元格中，制作表头的斜线。

① 将光标定位到表格第 1 行第 1 列的单元格中，单击"表格工具-设计"选项卡"边框"选项组中的"边框"下拉按钮，如图 3-28 所示，在弹出的下拉列表中选择"绘制表格"选项，同时设置笔的颜色。

图 3-28　"表格工具-设计"选项卡

② 此时光标变成笔的形状，拖动鼠标在第一个单元格中绘制一条斜线。输入文字"信息"，换行输入文字"序号"，如图 3-29 所示。

信息 序号				

图 3-29　表的斜线表头

2）输入如图 3-30 所示的单元格内容，并保存文件。

信息 序号	班级	姓名	题目	字数
1	20 电气 1 班	傅琳	《三月》	475
2	20 电气 3 班	杨帆	《漂泊的帆》	610
3	20 电气 2 班	金晓雯	《感悟》	1022
4	20 电气 1 班	王玲	《深思》	222

图 3-30　表格中的文字内容

步骤 5　设置表格字体格式

1）标题格式：隶书、二号，居中，段后间距 0.5 行。

① 选中标题文字"寻梦船信息统计表"。

② 单击"开始"选项卡"字体"选项组中的相应按钮，将"字体"设置为隶书，"字号"设置为二号。

③ 单击"开始"选项卡"段落"选项组中的"居中"按钮，将标题的对齐方式设置为居中。

④ 单击"开始"选项卡"段落"选项组中的"段落设置"按钮，在打开的"段落"对话框中将其段后间距设置为 0.5 行。

2）表格内文本的格式：宋体、小四，水平居中，第 1 行文字加粗。

① 选中整个表格。将鼠标指针移到表格上时，表格左上角出现田图标，单击该图标，即可选中整个表格。

② 单击"开始"选项卡"字体"选项组中的相应按钮，将"字体"设置为宋体，"字号"设置为小四。

③ 选中整个表格，单击"表格工具-布局"选项卡"对齐方式"选项组中的"水平居中"按钮，如图 3-31 所示，即可将表格中的文字在单元格内水平居中。

④ 选中表格第 1 行，单击"开始"选项卡"字体"选项组中的"加粗"按钮，将该行文字加粗。

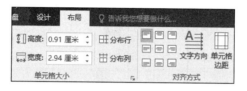

图 3-31　"表格工具-布局"选项卡

步骤 6　设置表格行高、列宽

1）表格行高均为 1.8 厘米。

① 选中整张表格。

② 在"表格工具-布局"选项卡"单元格大小"选项组中的"高度"文本框中设置高度值为 1.8 厘米，如图 3-32 所示。

2）第 4 列列宽设置为 3.87 厘米。

① 将鼠标指针移至表格第 4 列上方，当鼠标指针变成向下箭头↓时，单击即可选中第 4 列。

② 在"表格工具-布局"选项卡"单元格大小"选项组的"宽度"文本框中设置宽度值为 3.87 厘米，如图 3-33 所示。

图 3-32　设置行的高度

图 3-33　设置列的宽度

步骤 7　设置表格边框和底纹

1）表格边框要求：外部边框为橙色、3 磅的实线；内部边框为黑色、0.25 磅的双线。

① 选中整张表格。

② 单击"表格工具-布局"选项卡"表"选项组中的"属性"按钮，打开"表格属性"对话框，选择"表格"选项卡，如图 3-34 所示。

③ 单击"边框和底纹"按钮，打开"边框和底纹"对话框，选择"边框"选项卡，如图 3-35 所示，并选择"设置"为自定义框线、"样式"为实线、"颜色"为橙色、"宽度"为 3 磅，然后

在右侧的"预览"列表框中选择表格的外部边框线（4 条）。继续设置内部边框线，选择"样式"为双线、"颜色"为黑色、"宽度"为 0.25 磅，然后在右侧的"预览"列表框中选择表格的内部边框线（2 条），单击"确定"按钮。

图 3-34 "表格属性"对话框

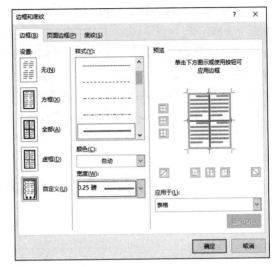

图 3-35 设置表格内外边框线

2）底纹要求：第 1 行底纹为主题颜色，白色，背景 1，深色 50%；第 3 行和第 5 行底纹均为黄色。

选中表格第 1 行。在如图 3-36 所示的"边框和底纹"对话框中选择"底纹"选项卡，设置"填充"颜色为主题颜色，白色，背景 1，深色 50%；底纹"样式"为清除，单击"确定"按钮。用同样的方法将第 3 行和第 5 行的底纹设置为黄色。

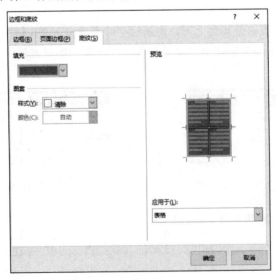

图 3-36 设置表格底纹

相关知识

1. 插入表格

Word 2016 的表格由水平的"行"和垂直的"列"组成。行和列交叉形成的矩形部分称为单元格。表格的绘制方法有以下几种。

（1）快速插入

表格行、列数较少的情况下可以采用此方法。单击"插入"选项卡"表格"选项组中的"表格"下拉按钮，在弹出的下拉列表中选择表格的行数和列数即可。

（2）利用"插入表格"对话框

单击"插入"选项卡"表格"选项组中的"表格"下拉按钮，在弹出的下拉列表中选择"插入表格"选项，在打开的"插入表格"对话框中输入行数和列数，然后单击"确定"按钮即可。

（3）手动绘制表格

单击"插入"选项卡"表格"选项组中的"表格"下拉按钮，在弹出的下拉列表中选择"绘制表格"选项，鼠标指针变为∂形状，然后在文档中绘制需要的表格即可。

（4）利用"文本转换成表格"命令

使用此方法时，被转换的文本之间的间隔需要有一定的规律。选中要转换的文本，单击"插入"选项卡"表格"选项组中的"表格"下拉按钮，在弹出的下拉列表中选择"文本转换成表格"选项，在打开的"将文字转换成表格"对话框中设置"文字分隔位置"，单击"确定"按钮，如图 3-37 所示。

（5）利用内置的"快速表格"命令

此方法主要是利用内置好的表格，进行表格自动套用即可。单击"插入"选项卡"表格"选项组中的"表格"下拉按钮，在弹出的下拉列表中选择"快速表格"中的一种即可。

图 3-37　"将文字转换成表格"对话框

2. 选中表格、行、列、单元格

（1）选中整个表格

单击表格左上角的⊞图标，即可选中整个表格。将光标定位到表格的任意一个单元格内，单击"表格工具-布局"选项卡"表"选项组中的"选择"下拉按钮，在弹出的下拉列表中选择"选择表格"选项，也可选中整个表格。

（2）选中一行

将鼠标指针移至该行的左边，鼠标指针变成一个空心斜向上的箭头，然后单击即可选中该行。将光标定位到要选中的行的任意一个单元格中，单击"表格工具-布局"选项卡"表"选项组中的"选择"下拉按钮，在弹出的下拉列表中选择"选择行"选项，也可选中一行。

（3）选中一列

将鼠标指针移至该列顶部的上边框上，鼠标指针变成一个实心竖直朝下的箭头，单击即可选中该列。将光标定位到要选择的列的任意一个单元格中，单击"表格工具-布局"选项卡"表"选项组中的"选择"下拉按钮，在弹出的下拉列表中选择"选择列"选项，也可选中一列。

（4）选中一个单元格

将鼠标指针移至该单元格的左下角，鼠标指针变成一个实心斜向上的箭头，单击即可选中该单元格。将光标定位到要选择的单元格中，单击"表格工具-布局"选项卡"表"选项组中的"选择"下拉按钮，在弹出的下拉列表中选择"选择单元格"选项，也可选中一个单元格。

（5）选中连续的单元格区域

在区域的左上角单击后，按住鼠标左键拖动鼠标到区域的右下角后释放鼠标左键即可选中连续的单元格区域。

（6）选中分散的多个单元格

先选中第 1 个单元格或单元格区域，按 Ctrl 键再选中其他单元格或单元格区域。

需要注意的是，单击某单元格只能将光标定位到该单元格，并不能选中该单元格。

3. 编辑表格、行、列、单元格

（1）删除表格、行、列和单元格

选择需要删除的表格、行、列和单元格，单击"表格工具-布局"选项卡"行和列"选项组中的"删除"下拉按钮，在弹出的下拉列表中选择相应的选项即可。

需要注意的是，选中表格后，按 Delete 键只能删除表格中的内容，并不能删除表格本身。

（2）插入行、列和单元格

① 先将光标定位到需要插入行和列的位置，单击"表格工具-布局"选项卡"行和列"选项组中的"在上方插入"按钮和"在下方插入"按钮可插入行；单击"在左侧插入"按钮和"在右侧插入"按钮可插入列。

② 单击"表格工具-布局"选项卡"行和列"选项组右下角的"表格插入单元格"按钮，在打开的"插入单元格"对话框中按实际需要进行选择插入，如图 3-38 所示。

（3）设置表格、行、列、单元格大小

可以通过单击"表格工具-布局"选项卡"单元格大小"选项组右下角的"表格属性"按钮，在打开的"表格属性"对话框中进行设置。

（4）合并和拆分单元格

① 选择要合并的单元格，单击"表格工具-布局"选项卡"合并"选项组中的"合并单元格"按钮，即可实现单元格的合并。

② 将光标定位到要拆分的单元格中，单击"表格工具-布局"选项卡"合并"选项组中的"拆分单元格"按钮，打开"拆分单元格"对话框，如图 3-39 所示，然后输入拆分的行数和列数，单击"确定"按钮即可。

图 3-38　"插入单元格"对话框　　　图 3-39　"拆分单元格"对话框

（5）拆分表格

将光标定位到要拆分的表格的首行，单击"表格工具-布局"选项卡"合并"选项组中的"拆分表格"按钮，即可实现表格的拆分。

4．设置单元格的对齐方式

1）在"表格工具-布局"选项卡"对齐方式"选项组中有9种不同的对齐方式按钮，即"靠上左对齐""靠上居中对齐""靠上右对齐""中部左对齐""水平居中""中部右对齐""靠下左对齐""靠下居中对齐""靠下右对齐"。

2）单击"表格工具-布局"选项卡"对齐方式"选项组中的"文字方向"按钮，可以设置表格中文字的方向。

3）单击"表格工具-布局"选项卡"对齐方式"选项组中的"单元格边距"按钮，在打开的"表格选项"对话框中可以设置表格中单元格的边距和间距，如图3-40所示。

5．处理表格的数据

选中表格，单击"表格工具-布局"选项卡"数据"选项组中的相应按钮，可以对表格中的数据进行处理。

（1）排序

① 将光标定位到需要进行数据排序的表格中的任意单元格，单击"表格工具-布局"选项卡"数据"选项组中的"排序"按钮，打开"排序"对话框，如图3-41所示。

图3-40　"表格选项"对话框　　　　　图3-41　"排序"对话框

② 在"列表"选项组中选中"有标题行"单选按钮，如果选中"无标题行"单选按钮，则表格中的标题也会参与排序。

③ 在"主要关键字"下拉列表中选择排序依据的主要关键字。

④ "类型"下拉列表中有"笔画""数字""日期""拼音"4个选项。如果参与排序的数据是文字，则可以选择"笔画""拼音"选项；如果参与排序的数据是日期类型，则可以选择"日期"选项；如果参与排序的只是数字，则可以选择"数字"选项。选中"升序"或"降序"单选按钮设置排序的顺序类型。

⑤ 在"次要关键字"和"第三关键字"选项组中进行相关的设置，并单击"确定"按钮对表格数据进行排序。

（2）重复表格的标题行

如果一个表格需要在多页中跨页显示，则需设置标题行重复显示。设置标题行重复的方法：

选中标题行，单击"表格工具-布局"选项卡"数据"选项组中的"重复标题行"按钮来设置跨页表格标题行重复显示。

（3）将表格转换成文本

选中要转换的表格，单击"表格工具-布局"选项卡"数据"选项组中的"转换为文本"按钮，打开"表格转换成文本"对话框，如图 3-42 所示，选择准确的"文字分隔符"即可。

（4）公式计算

在文档中，可以借助 Word 2016 提供的数学公式运算功能对表格中的数据进行数学运算，包括加、减、乘、除及求和、求平均值等运算。也可以使用运算符号和 Word 2016 提供的函数进行上述运算。具体步骤如下。

① 将光标定位到结果单元格中，单击"表格工具-布局"选项卡"数据"选项组中的"公式"按钮，打开"公式"对话框，如图 3-43 所示。

图 3-42　"表格转换成文本"对话框

图 3-43　"公式"对话框

② 在"公式"对话框中，系统会根据表格中的数据和当前单元格所在的位置自动推荐一个公式，如"=SUM(LEFT)"是指计算当前单元格左侧单元格的数据之和。用户可以选择"粘贴函数"下拉列表中的函数，如平均数函数（AVERAGE）、计数函数（COUNT）等。其中，公式中括号内的参数包括 4 个，分别是左侧（LEFT）、右侧（RIGHT）、上面（ABOVE）和下面（BELOW），完成公式的编辑后单击"确定"按钮即可得到计算结果。

实践训练

1）新建文档，制作如图 3-44 所示的表格。要求如下。

① 外框线为 2.5 磅单线，内框线为 0.5 磅单线。

② 第 1 行四周均为 2.5 磅单线边框，底纹为茶色。

③ 第 2、4、5 行底部及第 1 列右边设置为 0.5 磅双线边框。

课　程　表					
星期 节次	星期一	星期二	星期三	星期四	星期五
第一、二节					
第三、四节					
中　午					
第五、六节					
第七、八节					

图 3-44　课程表

2）新建文档，制作如图 3-45 所示的表格，要求用 A4 纸，且 A4 的纸张横向放置，表格要基本布满整张纸。

3）结合自己的实际情况，利用 Word 2016 文档制作一份有特色的个人简历。

《电脑报》读者俱乐部会员申请表							
姓　　名		性　　别		年　　龄		民　　族	
籍　　贯		学　　历		专　　业		职　　业	
身份证号				工作单位			
家庭住址					邮政编码		
通信地址			E-mail				
特长爱好							
对计算机最感兴趣的方面：		□硬件		□软件包		□游戏　　□其他	
希望在读者俱乐部得到：		□解答疑难		□购买软件		□配置硬件　　□其他	
意见和建议：							
编号：				填表时间：			

图 3-45　会员申请表

任务 3.3　制作《寻梦船》简报

任务分析

《寻梦船》快要出刊了，为了让大家对《寻梦船》更加了解和熟悉，需要制作一份宣传简报。为了让简报图文并茂，更有吸引力和表现力，需要加入一些文本框、图片、艺术字、表格和图表等。

任务目标

1）能对报纸杂志的版面进行规划。

2）能熟练插入图片，并设置图片格式。

3）能熟练插入艺术字并设置艺术字格式。

4）能熟练绘制各种形状并设置其格式。

5）能熟悉 SmartArt 图形，并进行插入编辑操作。

6）能熟练使用文本框进行排版布局并设置文本框的格式。

7）能实现图文混排。

任务实施

步骤 1　新建并保存"寻梦船简报"文档

启动 Word 2016 应用程序，新建空白文档"文档 1"，并将"文档 1"保存在 D 盘下，命名为"寻梦船简报"。

将该文档的页边距设为"普通"样式。具体操作如下。

单击"布局"选项卡"页面设置"选项组中的"页边距"下拉按钮，在弹出的下拉列表中选择"常规"样式。

步骤2 编辑简报头部

1）在简报头部插入图片"极光"，调整图片大小为高 5.35 厘米、宽 14.68 厘米。

① 将光标定位到相应的位置，单击"插入"选项卡"插图"选项组中的"图片"按钮，在打开的"插入图片"对话框中选择图片所在的路径，找到并插入图片，如图 3-46 所示。

图 3-46　插入图片

② 选中图片，在"图片工具-格式"选项卡"大小"选项组的"高度"文本框和"宽度"文本框中，设置高度为 5.35 厘米、宽度为 14.68 厘米，如图 3-47 所示。

图 3-47　设置图片大小

默认状态下图片的纵横比是锁定的，单击"图片工具-格式"选项卡"大小"选项组右下角的"高级版式：大小"按钮，打开"布局"对话框，如图 3-48 所示，取消选中对话框中的"锁定纵横比"复选框，然后才可以自由设置图片的高度和宽度。

图 3-48　设置纵横比

2）在图片上方插入艺术字"寻梦船简报"，艺术字样式为第二行第三列，字号为 50。

① 单击"插入"选项卡"文本"选项组中的"艺术字"下拉按钮，如图3-49所示，在弹出的下拉列表中选择样式为第二行第三列，在出现的矩形框中输入"寻梦船简报"，并设置字号为50。

图3-49 插入艺术字

② 选中艺术字，将艺术字移动到图片上方。

3）在图片右下角插入文本框"第1期"，字体格式为宋体、四号、紫色；文本框格式为无填充色、边框为无轮廓。

① 单击"插入"选项卡"文本"选项组中的"文本框"下拉按钮，在弹出的下拉列表中选择"绘制横排文本框"选项，此时，鼠标指针变成十字形状，按住鼠标左键并拖动鼠标在图片上绘制一个文本框。

② 在文本框中添加文字"第1期"，并设置字体为宋体、四号、紫色。

③ 选中文本框，单击"绘图工具-格式"选项卡"形状样式"选项组中的"形状填充"下拉按钮，如图3-50所示，在弹出的下拉列表中选择"无填充"选项，在"形状轮廓"下拉列表中选择"无轮廓"选项。

图3-50 "形状样式"选项组

步骤3 编辑简报中部

1）在图片下方插入艺术字"寻梦往昔"，艺术字样式为第二行第三列，艺术字阴影为向下偏移。

① 单击"插入"选项卡"文本"选项组中的"艺术字"下拉按钮，在弹出的下拉列表中选择第二行第三列样式，在出现的矩形框中输入"寻梦往昔"，字体、字号为默认。

② 选中艺术字，单击"绘图工具-格式"选项卡"形状样式"选项组中的"形状效果"下拉按钮，在弹出的下拉列表中选择"阴影"中的"偏移：下"选项。

2）在艺术字下方复制两段文字素材，第1段文字设置分为等宽的两栏，首字下沉2行，首字字体颜色为紫色，其他保持默认。

① 将光标定位到艺术字下方左对齐的位置，复制两段文字素材，在文字末尾按Enter键换行。

② 选中两段文字，单击"布局"选项卡"页面设置"选项组中的"栏"下拉按钮，在弹出的下拉列表中选择"更多栏"选项，在打开的"栏"对话框中选择"两栏"选项，并选中"栏宽相等"复选框，单击"确定"按钮。

③ 选中两段文字，单击"插入"选项卡"文本"选项组中的"首字下沉"下拉按钮，在弹出的下拉列表中选择"首字下沉选项"选项，在打开的"首字下沉"对话框中设置"位置"为下沉、"下沉行数"为2，并设置"字体颜色"为紫色。

3）在第2段文字中插入图片闪光的五角星，设置图片大小为高3厘米，锁定纵横比，图片环绕方式为四周型。

图 3-51 "手和闪光的五角星"图片

① 将光标定位到文字中,单击"插入"选项卡"插图"选项组中的"图片"按钮,找到"手和闪光的五角星"图片(图 3-51)并插入即可。

② 选中插入的图片,在"图片工具-格式"选项卡"大小"选项组中的"高度"文本框中输入 3 厘米。

③ 选中图片,单击"图片工具-格式"选项卡"排列"选项组中的"环绕文字"下拉按钮,在弹出的下拉列表中选择"四周型"选项,如图 3-52 所示。

图 3-52 设置图片环绕方式

4)在第 2 段文字下方插入图片"图 1",设置图片高为 0.63 厘米,宽为 14.68 厘米。

① 将光标定位到第 2 段文字下方,单击"插入"选项卡"插图"选项组中的"图片"按钮,在打开的"插入图片"对话框中找到"图 1"图片,单击"插入"按钮。

② 选中图片"图 1",在"图片工具-格式"选项卡"大小"选项组中的"高度"文本框和"宽度"文本框中分别输入相应的数值即可。

步骤 4 编辑简报尾部

1)在图片"图 1"下方插入艺术字"寻梦今朝",艺术字样式为第二行第三列,艺术字阴影为向下偏移。

① 单击"插入"选项卡"文本"选项组中的"艺术字"下拉按钮,在弹出的下拉列表中选择第二行第三列艺术字,在出现的矩形框中输入"寻梦今朝",字体、字号为默认。

② 选中艺术字,单击"绘图工具-格式"选项卡"形状样式"选项组中的"形状效果"下拉按钮,在弹出的下拉列表中选择"阴影"中的"向下偏移"选项。

2)在艺术字下方插入竖排文本框,文本框格式:形状填充为渐变色"顶部聚光灯-个性色 1",类型为线性,方向为左上到右下,其他为默认设置;形状轮廓采用短画线,粗细为 1 磅;文本框大小为高 6.35 厘米、宽 8.89 厘米。

① 单击"插入"选项卡"文本"选项组中的"文本框"下拉按钮,在弹出的下拉列表中选择"绘制竖排文本框"选项,此时,鼠标指针变成十字形状,按住鼠标左键并拖动鼠标绘制一个竖排文本框。

② 选中文本框,单击"绘图工具-格式"选项卡"形状样式"选项组中的"形状填充"下拉按钮,在弹出的下拉列表中选择"渐变"中的"其他渐变"选项,打开"设置形状格式"对话框,在"填充"选项卡中选中"渐变填充"单选按钮,"预设渐变"设为"顶部聚光灯-个性色 1","类型"设为线性,"方向"设为左上到右下,其他设置不变,如图 3-53 所示。

③ 选择"线条"选项卡,在"线条"选项卡中设置"宽度"为 1 磅、"短划线类型"为短画线,单击"关闭"按钮,如图 3-54 所示。

④ 选中文本框,在"绘图工具-格式"选项卡"大小"选项组中设置"形状高度"为 6.35 厘米、"形状宽度"为 8.89 厘米。

3）输入文本框中的文字，并添加实心方形的项目符号。

选中文本框，在文本框中输入图 3-55 所示的内容，字体、字号为默认。选中输入的文字，单击"开始"选项卡"段落"选项组中的"项目符号"下拉按钮，在弹出的下拉列表中选择实心方形项目符号即可。

图 3-53　设置文本框填充　　　图 3-54　设置文本框线型　　　图 3-55　竖排文本框中的文字内容

4）在文本框左侧添加艺术字"励志人生"，艺术字样式选择第四行第二列，字体、字号为默认，文字方向为垂直，形状效果为"三维旋转"下"平行"中的"等轴右上"选项。

① 单击"插入"选项卡"文本"选项组中的"艺术字"下拉按钮，在弹出的下拉列表中选择第四行第二列样式，在出现的文本框中输入"励志人生"，字体、字号为默认。

② 选中艺术字，单击"绘图工具-格式"选项卡"文本"选项组中的"文字方向"下拉按钮，在弹出的下拉列表中选择"垂直"选项，使艺术字变成纵向。

③ 选中艺术字，单击"绘图工具-格式"选项卡"形状样式"选项组中的"形状效果"下拉按钮，在弹出的下拉列表中选择"三维旋转"下"平行"中的"等轴右上"选项，并将艺术字移动到文本框上。

5）在文本框的右侧绘制弧形，并调整弧形的大小及弯曲程度，与文本框组合成一个封闭的图形，其形状填充为纹理水滴、形状轮廓粗细为 1 磅、虚线为短画线。

① 单击"插入"选项卡"插图"选项组中的"形状"下拉按钮，在弹出的下拉列表中选择"基本形状"中的"弧形"选项，绘制弧形，单击弧形中的黄色菱形，拖动鼠标并改变弧形大小，使之与文本框高度相同，并移动弧形与文本框放在一起。

② 选中弧形，单击"绘图工具-格式"选项卡"形状样式"选项组中的"形状填充"下拉按钮，在弹出的下拉列表中选择"纹理"中的"水滴"选项；在"形状轮廓"下拉列表中选择"粗细"中的"1 磅"选项，并选择"虚线"中的"短划线"选项。

6）在弧形内插入星与旗帜中的波形，形状填充为图案深色上对角线，线条颜色为蓝色，添加文字内容为"制作人"和"制作日期"。

图 3-56　设置图案填充

① 单击"插入"选项卡"插图"选项组中的"形状"下拉按钮，在弹出的下拉列表中选择"星与旗帜"中的"波形"选项，拖动鼠标在弧形内画出波形。

② 选中波形，单击"绘图工具-格式"选项卡"形状样式"选项组中的"形状填充"下拉按钮，在弹出的下拉列表中选择"纹理"中的"其他纹理"选项，打开"设置形状格式"窗格，在"填充"选项卡中选中"图案填充"单选按钮，并在其列表框中选择"深色上对角线"选项，如图 3-56 所示；在"线条"选项卡中设置"颜色"为蓝色，单击"关闭"按钮。

③ 选中波形，右击，在弹出的快捷菜单中选择"添加文字"选项，在波形中输入"制作人"和"制作日期"（分行输入）。

7）将文本框、弧形和波形组合成一个对象。

按 Ctrl 键，同时选中设置好的文本框、弧线和波形，单击"绘图工具-格式"选项卡"排列"选项组中的"组合"按钮，将多个对象组合成一个对象。

8）在页面最下方短画线处插入图片"图 2"，并设置图片为透明色，位于短画线上方。

① 单击"插入"选项卡"插图"选项组中的"图片"按钮，在打开的"插入图片"对话框中选择"图 2"插入。

② 选中"图 2"，单击"图片工具-格式"选项卡"调整"选项组中的"颜色"下拉按钮，如图 3-57 所示，在弹出的下拉列表中选择"设置透明色"选项，当鼠标指针变成🖋形状时，单击图片空白处，即可使图片变成透明。

③ 单击"排列"选项组中的"环绕文字"下拉按钮，在弹出的下拉列表中选择"浮于文字上方"选项，以确保"图 2"在短画线上方。设置完成后保存文档即可。

图 3-57　设置图片的透明色

相关知识

1．图片

（1）插入来自文件中的图片

单击"插入"选项卡"插入"选项组中的"图片"按钮，在打开的"插入图片"对话框中插入图片即可。

（2）设置图片格式

选中剪贴画或图片，选择"图片工具-格式"选项卡中的相应选项，即可对图片格式进行设置。

2．艺术字

（1）插入艺术字

将光标定位到相应的位置，单击"插入"选项卡"文本"选项组中的"艺术字"下拉按钮，在弹出的下拉列表中选择合适的艺术字样式并在出现的矩形框中输入艺术字内容即可。

（2）设置艺术字格式

选中艺术字，选择"绘图工具-格式"选项卡中的相应选项即可对艺术字格式进行设置，如图 3-58 所示，在该选项卡中可具体设置文本填充、文本效果、文本样式等。

图 3-58　设置艺术字文本格式

3．SmartArt 图形

（1）插入 SmartArt 图形

1）将光标定位到需要插入 SmartArt 图形的位置，单击"插入"选项卡"插图"选项组中的"SmartArt"按钮。

2）在打开的"选择 SmartArt 图形"对话框中选择一种类型，如选择"循环"中的"文本循环"图形，单击"确定"按钮即可，如图 3-59 所示。

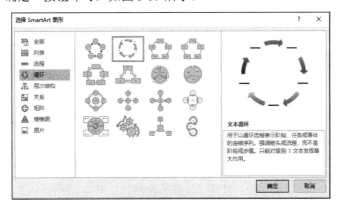

图 3-59　"选择 SmartArt 图形"对话框

3）出现一个初始的 SmartArt 图形，如图 3-60 所示，在每个小方框或左侧的列表中输入并编辑文字。

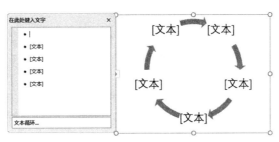

图 3-60　初始 SmartArt 图形

（2）设置 SmartArt 图形的格式

1）选中 SmartArt 图形，单击"SmartArt 工具-设计"选项卡中的相关按钮可以设置 SmartArt 图形，如图 3-61 所示。

图 3-61 "SmartArt 工具-设计"选项卡

2）选中 SmartArt 图形，单击"SmartArt 工具-格式"选项卡中的相关按钮即可设置其形状、形状样式、艺术字样式、排列和大小等，如图 3-62 所示。

图 3-62 "SmartArt 工具-格式"选项卡

4．形状图形

（1）插入形状图形

将光标定位到需要插入形状图形的位置，单击"插入"选项卡"插图"选项组中的"形状"下拉按钮，在弹出的下拉列表中选择一种形状（线条、基本形状、箭头汇总、流程图、标注、星与旗帜等），当鼠标指针变成十字形时，在空白处拖动鼠标画出形状图形即可。

注意：在插入形状图形前，可以添加画布，方法如下：单击"插入"选项卡"插图"选项组中的"形状"下拉按钮，在弹出的下拉列表中选择"新建画布"选项，即可添加画布。

图 3-63 "设置形状格式"窗口

（2）设置形状图形格式

1）选中插入的图形，单击"绘图工具-格式"选项卡中的相应按钮即可设置图形格式。

2）单击"形状样式"选项组右下角的"设置形状格式"按钮，打开"设置形状格式"窗口，如图 3-63 所示。在该对话框中可具体设置填充、线条颜色、线型、阴影、映像、发光和柔化边缘、三维格式、三维旋转、图片更正、图片颜色、艺术效果、裁剪、文本框和可选文字等。

5．文本框

文本框可以很方便地将文本、图片等对象放置在指定位置，而不必受段落格式、页面设置等因素的限制。

（1）插入文本框

单击"插入"选项卡"文本"选项组中的"文本框"下拉按钮，在弹出的下拉列表中可以选择内置文本框样式中的一种，也可以选择"绘制横排文本框"或"绘制竖排文本框"选项，当鼠标指针变成十字形时，在空白处拖动鼠标即可绘制文本框。所绘制的文本框处于编辑状态，可以直接输入文本内容。

（2）设置文本框格式

选中文本框，单击"绘图工具-格式"选项卡中的相应按钮即可设置文本框格式。

6．编辑公式

单击"插入"选项卡"符号"选项组中的"公式"下拉按钮，在弹出的下拉列表中可以选择"墨迹公式"、"Office.com 中的其他公式"和"插入新公式"选项。若选择"插入新公式"选项，则可出现"公式工具-设计"选项卡，如图 3-64 所示，在文档出现的矩形框中输入公式即可。

图 3-64 "公式工具-设计"选项卡

实践训练

在提供的"陪伴你一生的亲情"文档中按要求完成图 3-65 所示的图文混排操作。要求如下。

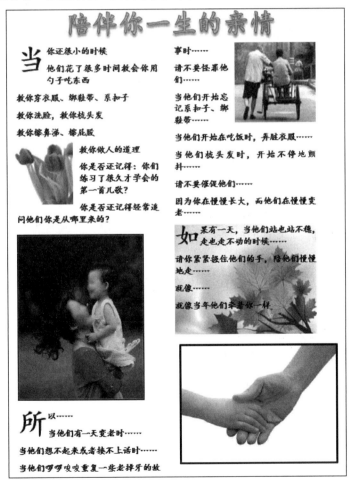

图 3-65 效果图

1）字符段落格式。

① 全文：楷体、小四、加粗、1.5 倍行距。

② 正文：两端对齐。

③ 标题：居中对齐、段后 1.5 行。

④ 页面边框：橙色。

⑤ 将正文分成两栏。

2）图文混排。

① 正文第 1 段、第 9 段和第 19 段设置首字下沉 2 行。

② 按效果图插入图片。具体设置如下。

图 1：紧密型环绕，大小为高 3.1 厘米、宽 2.95 厘米。

图 2：嵌入型，设置所在段落格式为段后 1 行。

图 3：四周型，左边裁剪 2 厘米，大小为高 3.78 厘米、宽 3.98 厘米。

图 4：衬于文字下方。

图 5：上下型环绕，大小为高 5.5 厘米、宽 7.6 厘米，图片设置线条粗细为 3 磅。

3）标题为艺术字：楷体、36 号，样式为第一行第三列，版式为上下型环绕，带向右偏移的外部阴影效果。

任务 3.4　设置排版的高级应用

任务分析

《寻梦船》正式出刊了，现将各稿件的录用通知书写好发出去，并告知可支付的稿费，望能及时领取。但是面对这么多稿件作者，录用通知书需要一份一份地写吗？这样的话一是太繁重了，二是这么多的稿件作者，一不小心还可能写错呢！有没有什么捷径呢？这个时候就可以借助 Word 2016 中的一些高级应用来实现，在本任务中用到的是邮件合并功能。

任务目标

1）能熟练掌握 Word 2016 应用程序中域的使用方法。

2）能熟练掌握邮件合并功能的使用方法。

3）能熟悉多级编号的使用方法。

4）能熟悉各类引用（如脚注、尾注、题注及目录）及其应用方法。

5）能熟悉分节符在文字排版中的作用及其应用方法。

任务实施

步骤 1　新建空白文档，制作数据源表格

新建一个空白文档，制作如图 3-66 所示的表格，将文件保存为"《寻梦船》稿件数据表格"。

步骤 2　新建空白文档，制作稿件录用通知的母版

1）新建一个空白文档，输入通知内容，如图 3-67 所示。

作者	投稿题目	年份	期数	字数	稿费	领取地址
傅琳	三月	2021	1	475	190	河南省郑州市火星邮局 001 号
杨帆	漂泊 de 帆	2021	2	610	244	河南省开封市火星邮局 001 号
金晓雯	感悟	2021	3	805	322	河南省洛阳市火星邮局 001 号
王凌	独坐爱情之外	2021	4	101	40.4	河南省郑州市火星邮局 001 号
王开林	十万个为什么	2021	7	203	81.2	河南省郑州市火星邮局 001 号
苏童	祖母的季节	2021	10	365	146	河南省开封市火星邮局 001 号
夏正正	给兔小白的情书	2021	9	204	81.6	河南省洛阳市火星邮局 001 号
刘心武	免费午餐	2021	12	408	163.2	河南省郑州市火星邮局 001 号
梁晓声	爱缘动人	2021	13	718	287.2	河南省郑州市火星邮局 001 号
吴念真	情书	2021	5	496	198.4	河南省郑州市火星邮局 001 号

图 3-66　数据源表格

图 3-67　主文档样式

2）设置文字格式。标题为宋体、二号、居中；正文为宋体、三号；尾部落款为宋体、三号、右对齐。

3）将文件保存在 D 盘下，并将文件命名为"《寻梦船》稿件录用通知书"。

步骤 3　合并邮件

1）单击"邮件"选项卡"开始邮件合并"选项组中的"选择收件人"下拉按钮，在弹出的下拉列表中选择"使用现有列表"选项，打开"选取数据源"对话框，如图 3-68 所示。

2）在"选取数据源"对话框中选择"《寻梦船》稿件数据表格"文件，单击"打开"按钮。将光标定位到插入域的位置，单击"邮件"选项卡"编写和插入域"选项组中的"插入合并域"选项，在弹出的下拉列表中依次选择各个域进行插入，结果如图 3-69 所示。

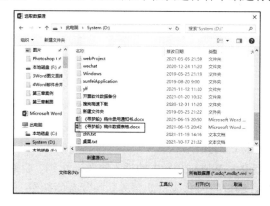

图 3-68　"选取数据源"对话框

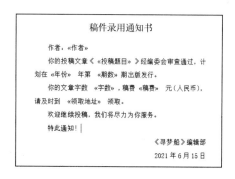

图 3-69　插入域后的主文档

3）调整插入域之后多余的文字内容或空格，并设置字体、字号格式，使其与原文字协调，并将主文档"《寻梦船》稿件录用通知书"保存。

注意：在图 3-69 中，为了让大家能看清楚域插入的位置，特意使用了"邮件"选项卡"编写和插入域"选项组中的"突出显示合并域"命令。

4）单击"邮件"选项卡"预览结果"选项组中的"预览结果"按钮，可以查看一位作者的稿件录用通知书的效果。

5）单击"邮件"选项卡"完成"选项组中的"完成并合并"下拉按钮，在弹出的下拉列表中选择"编辑单个文档"选项，打开"合并到新文档"对话框，如图 3-70 所示。

6）选中"全部"单选按钮，单击"确定"按钮得到名为

图 3-70　"合并到新文档"对话框

“信函 1”的文档，将其切换到阅读视图，如图 3-71 所示。

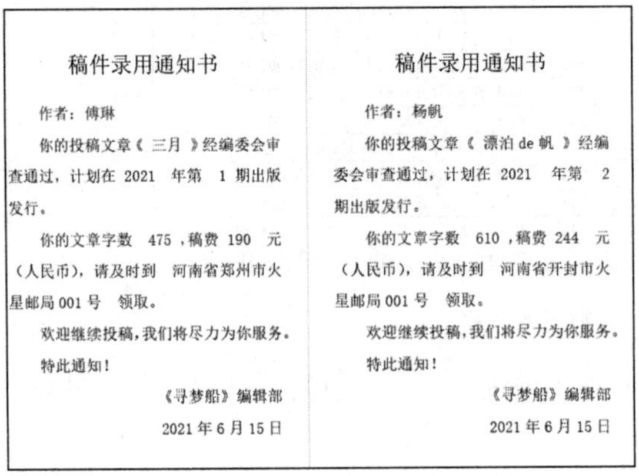

稿件录用通知书

作者：傅琳

你的投稿文章《三月》经编委会审查通过，计划在 2021 年第 1 期出版发行。

你的文章字数 475，稿费 190 元（人民币），请及时到 河南省郑州市火星邮局 001 号 领取。

欢迎继续投稿，我们将尽力为你服务。

特此通知！

《寻梦船》编辑部

2021 年 6 月 15 日

稿件录用通知书

作者：杨帆

你的投稿文章《漂泊 de 帆》经编委会审查通过，计划在 2021 年第 2 期出版发行。

你的文章字数 610，稿费 244 元（人民币），请及时到 河南省开封市火星邮局 001 号 领取。

欢迎继续投稿，我们将尽力为你服务。

特此通知！

《寻梦船》编辑部

2021 年 6 月 15 日

图 3-71　合并新文档后的阅读视图

7）将文档“信函 1”保存为“《寻梦船》稿件录取通知书——邮件合并”，检查无误后即可打印该文档。

带有合并域的文档“《寻梦船》稿件录取通知书——邮件合并”中包含数据源信息，所以在下次打开时一定要保证数据源信息文件“《寻梦船》稿件数据表格”仍然存在，否则无法修改合并域的内容；同时数据源信息文件“《寻梦船》稿件数据表格”中的数据信息发生改变时，可以在主文档“《寻梦船》稿件录用通知书”中执行“更新域”命令，进行数据更新。新文档“《寻梦船》稿件录用通知书——邮件合并”属于合并后的最终结果，已不包含域的内容，不再随数据源数据的变化而改变。

相关知识

1．域

域是一种特殊的命令，它由花括号{}、域名及域开关构成。域代码类似于公式，选项开关是 Word 2016 中的一种特殊格式指令，在域中可触发特定的操作。

域是 Word 2016 的精髓，它的应用是非常广泛的，Word 2016 中的插入对象、页码、目录、索引、求和、排序等都使用了域，它可以插入某些特定的内容或自动完成某些复杂的操作。

2．数据源

数据源是一个以表格形式来存储的数据信息，一行为一个完整信息，也称为一条记录。

创建数据源的方法很多，Office 组件中的 Word、Excel 和 Access 都具备表格功能。如果用户事先没有准备数据源，也可以在主文档创建后，使用“邮件”选项卡“开始邮件合并”选项组中的“邮件合并分步向导”功能，利用内置的 Office 通信簿来建立数据源。

3．主文档

主文档是指包含有合并文档中保持不变的文字和图形的文档，可以在空白文档中输入文字进行排版制作；也可以单击“邮件”选项卡“开始邮件合并”选项组中的“开始邮件合并”下拉按钮，在弹出的下拉列表中建立 5 种不同的主文档：信函、电子邮件、信封、标签和目录。

4．邮件合并

邮件合并是指将文件（主文档）和数据库（数据源）进行合并，快速批量地生成 Word 2016 文档，用于解决批量分发文件或邮寄相似内容信件时的大量重复性问题。

使用邮件合并功能，可以高效率地批量制作成绩单、准考证、录用通知书或给企业的众多客户发送会议信函、新年贺卡等。

5．样式

样式是指系统或用户定义并保存的一系列排版格式，包括字体、段落的对齐方式和边距等。重复地设置各个段落的格式不仅烦琐，还很难保证格式统一。使用样式可以轻松地编排具有统一格式的段落。样式实际上是一组排版格式命令，在编写文档时，可以先将文档中用到的各种样式分别定义，使其应用于各个段落。

（1）设置样式

单击"开始"选项卡"样式"选项组右下角的"样式"按钮，打开"样式"窗格。在"样式"窗格中可以看到所有的样式，如图 3-72 所示。选择其中的某一种样式，可将该样式应用于当前光标所在的段或选定的多个段落。

（2）创建新样式

用户可以自定义样式，具体操作如下。

1）打开"样式"窗格，单击"新建样式"按钮，打开"根据格式设置创建新样式"对话框，如图 3-73 所示。

图 3-72 "样式"窗格

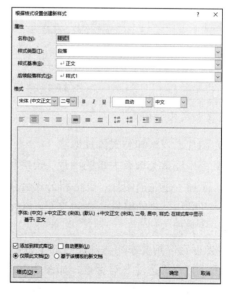

图 3-73 "根据格式设置创建新样式"对话框

2）在"名称"文本框中输入样式名称，在"样式类型"下拉列表中选择需要的类型。

3）在"样式基准"下拉列表中选择"正文"选项，使该样式具备正文样式的所有特性。

4）在"格式"选项组中设置字体和段落等的格式。

5）设置完成后单击"确定"按钮即可。

（3）修改样式

如果对已设计的样式不满意，可以随时更改样式。具体操作如下。

1）打开"样式"窗格，将鼠标指针移动到要修改的样式名上，单击右侧的下拉按钮。

2）在弹出的下拉列表中选择"修改"选项，打开"修改样式"对话框，如图 3-74 所示。

3）修改样式的方法与创建样式的方法完全相同，设置完成后，单击"确定"按钮即可。

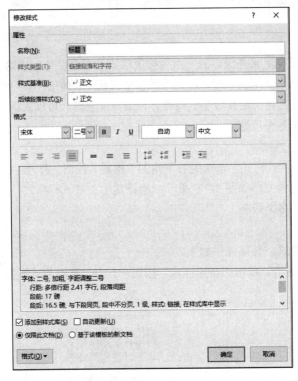

图 3-74　"修改样式"对话框

6．题注和交叉引用

（1）为图片、表格和公式添加题注

一般文档中经常会含有大量的图片、表格和公式，为了能更好地管理这些对象，可以为它们添加题注。添加了题注的图片、表格和公式会获得一个编号，并且在删除或添加其他对象时，所有的图片、表格和公式的编号会自动改变，以保持编号的连续性。下面以图片添加题注为例进行介绍，具体步骤如下。

1）将光标定位到要添加题注图片的下方，单击"引用"选项卡"题注"选项组中的"插入题注"按钮，打开"题注"对话框，如图 3-75 所示。

2）在"题注"对话框中，题注的"标签"可以选择默认的；也可以不包含标签，直接选中"题注中不包含标签"复选框；还可以新建标签。单击"新建标签"按钮，在打开的"新建标签"对话框中创建自定义标签，如图 3-76 所示，单击"确定"按钮即可。

3）设置好标签后，在"题注"对话框中单击"编号"按钮，打开"题注编号"对话框，如图 3-77 所示。单击"格式"下拉按钮，在弹出的下拉列表中选择合适的编号格式。若选中"包含章节号"复选框，则在题注中包含文档章节号。设置完成后单击"确定"按钮。

图 3-75 "题注"对话框　　图 3-76 "新建标签"对话框　　图 3-77 "题注编号"对话框

（2）创建交叉引用

图片和表格在文档中经常会被引用，直接手动输入题注不是一个好办法，因为在文档中内容会时刻发生变化，当然题注也在发生变化，此时交叉引用就会起到重要作用。创建交叉引用的具体步骤如下。

1）选中需创建引用的内容，单击"引用"选项卡"题注"选项组中的"交叉引用"按钮，打开"交叉引用"对话框，如图 3-78 所示。

2）在"交叉引用"对话框中，选择"引用类型"为"图"，"引用内容"为"整项题注"，在"引用哪一个题注"列表框中选择所需的题注，然后单击"插入"按钮即可。

7．脚注和尾注

脚注和尾注用于对文档中的文字做解释、说明或补充。脚注是指在页面底端进行补充说明，尾注是指在文档的结尾进行补充说明。具体方法如下。

将光标定位到要做解释说明的文字后面，单击"引用"选项卡"脚注"选项组中的"插入脚注"或"插入尾注"按钮，直接在出现的页面底端或文档结尾处输入要补充的内容即可；或单击"引用"选项卡"脚注"选项组右下角的"脚注和尾注"按钮，打开"脚注和尾注"对话框，如图 3-79 所示。在"位置"选项组中选中"脚注"或"尾注"单选按钮，在"格式"选项组的"编号格式"下拉列表中选择"1，2，3"选项（如果一篇文章中既有脚注又有尾注，则要采用不同格式编号来区分），单击"插入"按钮后输入解释和说明即可。

图 3-78 "交叉引用"对话框　　　　图 3-79 "脚注和尾注"对话框

8．目录和索引

（1）文档目录

目录是文档中不可或缺的部分，有了目录，就能很容易地了解文档的结构内容，并快速定位到需要查询的内容。创建目录前应对文档中各级标题实现样式的应用。

创建文档目录的具体操作如下。

1）将光标定位到第 1 章前，输入"目录"两个字，并设置相应的格式。

2）将光标定位到下一行，单击"引用"选项卡"目录"选项组中的"目录"下拉按钮，在弹出的下拉列表中选择"插入目录"选项，打开"目录"对话框，选择"目录"选项卡，如图 3-80 所示。

3）按要求设置"制表符前导符""显示级别"等内容，然后单击"确定"按钮。

自动生成目录后，如果文档内容被修改，那么页码或标题有可能随之发生变化，此时自动生成的目录需要进行更新。在目录区中右击，在弹出的快捷菜单中选择"更新域"选项，在打开的"更新目录"对话框中更新目录。将鼠标指针移到目录处，按 Ctrl 键的同时单击某个标题，即可迅速定位到文中相应的位置。

（2）图索引和表索引

1）将光标定位到要插入图索引的位置，输入"图索引"3 个字，并设置相应的格式。

2）将光标定位到下一行，单击"引用"选项卡"题注"选项组中的"插入表目录"按钮，打开"图表目录"对话框，如图 3-81 所示。在该对话框中按要求进行设置，然后单击"确定"按钮，自动生成图索引项。

图 3-80　"目录"对话框

图 3-81　"图表目录"对话框

表索引操作与图索引操作类似，这里不再赘述。

9．分隔符

文档中的分隔符有分页符和分节符两大类。

（1）分页符

1）分页符：标记一页终止并开始下一页的点。

2）分栏符：指示分栏符后面的文字将从下一栏开始。

3）自动换行符：分隔网页上的对象周围的文字，如分隔题注文字与正文。

（2）分节符

整个 Word 2016 文档可分隔成一个节或多个节，也可把同一页分成两个节，用"连续"分节符分隔。节是 Word 2016 文档设计中页面设置的基本单位。

分节符主要包含以下几种。

1）下一页：插入分节符，并在下一页上开始新的一节。可在不同的页面采用不同的页码样式、页眉和页脚或页面的纸张方向等。

2）连续：插入分节符，并在同一页上开始新的一节。

3）偶数页：插入分节符，并在下一偶数页上开始新的一节。

4）奇数页：插入分节符，并在下一奇数页上开始新的一节。

实践训练

请在"毕业设计说明书"文字素材中按要求进行排版。

毕业设计说明书的构成：前置部分（封面、中文摘要）、主体部分（引言、正文、结论、参考文献）。

编写要求如下。

1）页面要求：页边距上边距为 3.00 厘米，下边距为 2.5 厘米，左边距和右边距均为 2.5 厘米，装订线为 1.0 厘米，页眉为 1.6 厘米，页脚为 1.5 厘米。

2）页眉：从摘要部分开始，内容为"河南职业技术学院毕业设计说明书"，文字居中，5 号、宋体，页眉之下有一条下画线。

3）页脚：从主体部分引言开始，页码编写方式为第 X 页共 Y 页，居中，5 号、宋体。

4）字体：小四号、宋体。

5）封面：具体内容如下。

河南职业技术学院 ××××专业毕业设计说明书（小一号、黑体，居中）

设计题目：×××××××（二号、黑体，居中）

学生姓名：×××××××（三号、黑体，居中）

学号：×××××××（三号、黑体，居中）

指导教师：×××××××（三号、黑体，居中）

专业：×××××××（三号、黑体，居中）

年级：×××××××（三号、黑体，居中）

6）目录：利用样式自动生成（一般在目录中体现三级标题）。

1××××（三号、黑体，居中）

1.1××××（小三号、黑体，居左）

1.1.1××××（四号、黑体，居左）

①××××（用与内容同样大小的宋体）

a.××××（用与内容同样大小的宋体）

7）设计说明书中的图、表、公式、算式等，一律用阿拉伯数字分别依次编排序号。序号分章依序编码，其标注形式应便于互相区别，可分别为图 2.1、表 3.2、式（3.5）等。

项 目 检 测

某学校的学生社团要发布一个招新宣传页，请根据图 3-82 所示图文混排样张的格式进行编辑排版，制作一份"IT 俱乐部邀请书"。

图 3-82　图文混排样张

文字素材如下。

IT 俱乐部经过精心准备，现在闪亮登场！

IT 俱乐部只欢迎持认真交友态度的用户，我们将采用比较严格的程序，对所有加入的用户进行资料审核、身份验证，以保证社区的纯净。全力打造一个高素质人群的时尚交友社区！IT 俱乐部诚招共创人！IT 俱乐部，一个阳光部落！

服务宗旨：普及计算机知识，提高全校同学计算机操作水平。

会员须知：遵守 IT 俱乐部的章程。

专题活动：

程序进阶

动漫天地

办公一族

数码时尚

硬件点滴

加入流程：

联系我们：139×××0520

IT 学生社团

2021.06.28

具体要求如下。

1）新建"学号姓名.docx"文件，将上面文字输入到"学号姓名.docx"文件中，之后的所有操作均基于此文件。

2）页面布局设计要求如下。

① 设置页面填充效果为"羊皮纸"。

② 添加页眉，文字为"信息时代任我行"，隶书、五号、右对齐。

③ 添加页脚，文字为"诚邀加盟 共享快乐"，宋体、五号。

④ 为页脚另起一行，右对齐，添加文字"制作者：姓名（注：学生本人姓名）"。

3）字体和段落设计要求如下。

① 设置所有文本为宋体、小四号。

② 设置首行缩进 2 字符，段落行距为多倍行距，值为 1.25。

③ 设置第 2～4 段落和"加入流程"及以后段落为黑体、加粗，段前段后间距为 0.5 行，行距为 1.5。

④ 设置文字"服务宗旨"、"会员须知"、"专题活动"、"加入流程"和"联系我们"为小三字号、加灰色底纹。

⑤ 为"程序进阶"到"硬件点滴"这 5 个段落添加项目符号。

⑥ 最后两段设置为右对齐。

4）艺术字和图形设计要求（参照"图文混排样张"的样式）。

① 插入标题艺术字"IT 俱乐部邀请书"，设置为隶书、初号；文本填充主题颜色为"深蓝，背景（文字）2，淡色 40%"；文本效果设置为"桥型"的；自动换行设置为"上下型环绕"方式。

② 在文档左上角插入一个"爆炸型 1"的形状，并添加文字"快来报名！"；设置文字为黑体、四号，白色；"形状填充"设置为标准色紫色；"形状轮廓"设置为"紫色，着色 4（强调文字颜色），深色 50%"；"形状效果"设置为"紫色，11pt 发光，着色（强调文字颜色）4"。

5）在文档中插入标题文本框。

在文本框中添加文字"IT 俱乐部经过精心准备，现在闪亮登场！"；设置为华文琥珀、小三，深红色；"形状填充"设置为"无填充颜色"；"形状轮廓"设置为"无轮廓"。

6）在文档中插入 SmartArt 图形（流程图）。

在流程图中输入样张所示的文字，宋体、12 号；流程图的颜色为彩色中的第 1 个；图形的环绕方式为"衬于文字下方"。

项目 4

制作电子表格

Excel 2016 是目前使用率较高的电子表格处理软件，它拥有强大的数据计算和分析能力，能利用公式或函数进行算术运算和逻辑运算，分析汇总各单元格中的数据信息，并把相关数据用统计图表的形式表示出来。由于电子表格具有操作简单、函数类型丰富、数据更新及时等特点，在财务、统计、经济分析等领域得到了广泛的应用。本项目将通过 3 个任务来帮助读者学习 Excel 2016 的使用方法。

任务 4.1　制作班级学生基本信息表

任务分析

为统计和查看班级学生的基本信息情况，制作班级学生基本信息表，效果如图 4-1 所示。通过某班学生基本信息表的制作，掌握在 Excel 2016 中新建工作簿、工作表，设置单元格格式，快速输入数据，并对其进行美化、修饰，完成行、列的添加和删除等操作方法。

序号	学号	姓名	性别	出生日期	身份证号	联系电话	入学成绩	保险	体重/身高	德育分
					XX班学生基本信息表					
1	001	曹佳旗	男	1991年3月3日	330381199103036012 4	0579-86661234	325	¥60.00	4/5	3
2	002	陈佩佩	女	1991年11月3日	331082199111030815	0579-86661235	330	¥60.00	4/5	-2
3	003	陈清梁	男	1991年1月3日	330381199101030113	0579-86661236	335	¥60.00	4/5	4
4	004	陈童	男	1990年5月24日	330381199005242255	0579-86663456	340	¥60.00	4/5	-3
5	005	陈先斌	男	1991年2月2日	330326199102020051	0579-86667789	345	¥60.00	4/5	1
6	006	陈永杨	男	1991年12月18日	331081199112010817	0579-86667655	350	¥60.00	4/5	3
7	007	陈泽威	男	1990年6月9日	330381199006090935	0579-86664578	355	¥60.00	4/5	3
8	008	池仲法	男	1991年7月29日	330327199107296213	0579-86669876	360	¥60.00	4/5	3
9	009	杜慧	男	1990年12月14日	330184199012144117	0579-86664567	365	¥60.00	4/5	6
10	010	范其凯	男	1991年5月26日	330184199105265532	0579-86668765	370	¥60.00	4/5	4

图 4-1　班级学生基本信息表效果图

任务目标

1）能掌握新建、打开、保存工作簿文件的操作方法。

2）能熟练进行工作表的新建、复制、移动和删除等操作。

3）能熟练地对数据进行修改。

4）能熟练地对工作表进行格式化操作。

5）掌握增加或删除行、列和单元格的方法。

任务实施

步骤 1 启动 Excel 2016 应用程序，创建一个新工作簿

在"开始"菜单中选择"Microsoft Excel 2016"选项，启动 Excel 2016 应用程序。系统自动创建一个名为"工作簿 1"的空白工作簿，如图 4-2 所示。

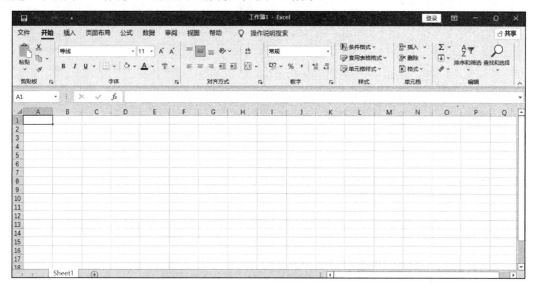

图 4-2 启动 Excel 2016

步骤 2 打开指定工作簿文件

选择"文件"选项卡中的"打开"选项，在打开的"打开"对话框中，打开"班级基本信息管理-素材.xlsx"文件，如图 4-3 所示。

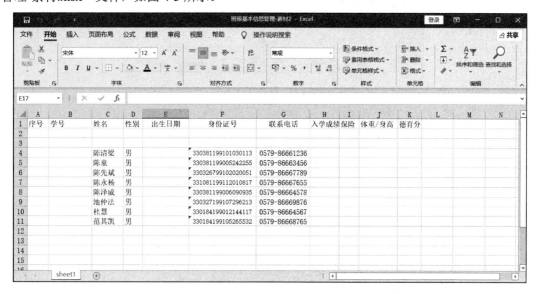

图 4-3 素材文件

步骤 3　设置工作表

（1）插入工作表

在打开的新工作簿的 Sheet1 表上右击，在弹出的快捷菜单中选择"插入"选项，在打开的"插入"对话框中选择"工作表"选项，单击"确定"按钮，即可在 Sheet1 左侧新建工作表 Sheet2，如图 4-4 所示。

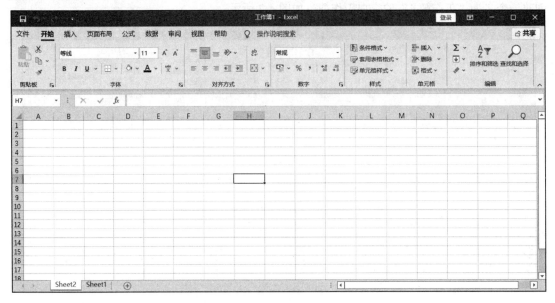

图 4-4　插入工作表 Sheet2

（2）移动工作表

在新建的 Sheet2 工作表上单击并按住鼠标左键，拖动鼠标至 Sheet1 工作表右侧后释放鼠标左键，即可将 Sheet2 工作表移动至 Sheet1 工作表右侧，如图 4-5 所示。

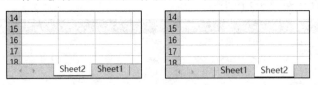

图 4-5　移动工作表

（3）重命名工作表

直接双击工作表标签中的 Sheet2 工作表；或者在 Sheet2 工作表上右击，在弹出的快捷菜单中选择"重命名"选项，使其黑底白字反向显示，然后输入"学生基本信息表"即可。

（4）复制工作表

将工作表 Sheet1 的内容完全复制到工作表"学生基本信息表"中。右击 Sheet1 工作表的全选按钮，在弹出的快捷菜单中选择"复制"选项，再选择"学生基本信息表"工作表，右击"学生基本信息表"工作表的 A1 单元格，在弹出的快捷菜单中选择"粘贴选项"中的"粘贴"选项即可，效果如图 4-6 所示。

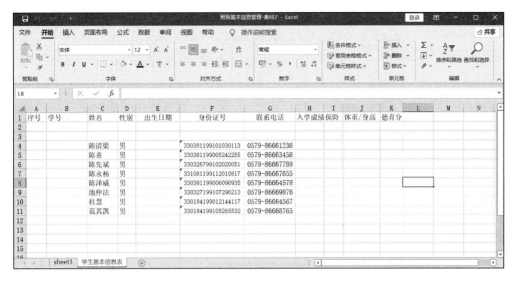

图 4-6 复制工作表

步骤 4 输入信息

1）在"学生基本信息表"中，对照图 4-1，输入缺少的姓名、性别等信息。

2）使用填充柄输入序号、入学成绩和保险。

① 单击 A2 单元格，在 A2 单元格中输入第一个同学的序号 1，将鼠标指针放在 A2 单元格右下角的填充柄处，这时鼠标指针变成黑色十字形，按住鼠标左键并拖动鼠标到 A8 单元格。这时可以看到在 A2:A8 单元格内出现了全部是 1 的填充数据，单击"自动填充选项"下拉按钮，在弹出的下拉列表中选中"填充序列"选项，或者按 Ctrl 键，再拖动填充柄，可得到依次递增的序号，如图 4-7 所示。

图 4-7 输入序号

② 选中 H2 单元格，在 H2 单元格中输入第一个同学的入学成绩 325，在 H3 单元格中输入第二个同学的入学成绩 330，选中 H2:H3 单元格区域，将鼠标指针放在 H3 单元格的填充柄上，按住鼠标左键并拖动鼠标到 H11 单元格，即可看到以步长为 5 的数字序列填充。

③ 选中 I2 单元格，在 I2 单元格中输入第一个同学的保险金额 60，将鼠标指针放在 I2 单元格的填充柄上，按住鼠标左键并拖动鼠标到 I11 单元格，这时可以看到全部是 60 的数字元序列填充。选中 I 列，单击"开始"选项卡"单元格"选项组中的"格式"下拉按钮，在弹出的下拉列表中选择"设置单元格格式"选项，打开"设置单元格格式"对话框。在该对话框中设置"分类"为货币、"小数位数"为 2、"货币符号"为¥、"负数"格式为默认，单击"确定"按钮，如

图 4-8 所示。

图 4-8　"设置单元格格式"对话框

3）输入出生日期。单击 E2 单元格，在 E2 单元格中输入第一个同学的出生年月"1990-3-3"，在 E3～E11 单元格依次填入相应同学的出生日期。

4）输入学号。把输入法切换到英文状态，在 B2 单元格中输入单引号后再输入"001"，按 Enter 键。选中 B2 单元格，将鼠标指针放在 B2 单元格右下角的填充柄处，按住鼠标左键并拖动鼠标到 B11 单元格即可。

5）输入身份证号码并设置该项必须为 18 位有效数字。选中整个 F 列，先将数字"分类"设置为文本型。然后输入每个同学的身份证号码即可。

如果需要限定身份证的位数为 18，则选中 F 列，单击"数据"选项卡"数据工具"选项组中的"数据验证"下拉按钮，在弹出的下拉列表中选择"数据验证"选项，打开如图 4-9 所示的"数据验证"对话框。在该对话框中设置文本的长度为 18 个字符，设置出错警告为"身份证号码应为 18 位"，如图 4-10 所示。

图 4-9　"数据验证"对话框

图 4-10　数据出错警告设置

6）输入分数和负数。选择合适的方法，输入体重/身高和德育分。

7）输入联系电话。选中 G 列，打开"设置单元格格式"对话框，在"分类"列表框中选择"自定义"选项，在"类型"文本框中输入自定义格式"0579-8666###"，如图 4-11 所示，然后在 G 列中输入相应的后 4 位数字即可。

图 4-11　"自定义"选项设置

8）选中"姓名"列中的任意一个单元格，单击"审阅"选项卡"批注"选项组中的"新建批注"按钮，在批注文本框中输入"班长"。

9）保存对工作簿的修改。

步骤 5　编辑工作表

（1）插入行（或列）

选中"学生基本信息表"的第一行，单击"开始"选项卡"单元格"选项组中的"插入"下拉按钮，在弹出的下拉列表中选择"插入工作表行"选项，并在 A1 单元格中输入"××班学生基本信息表"。

（2）删除行（或列）

在"学生基本信息表"中，选中第五行，按 Ctrl 键，再选中第八行并右击，在弹出的快捷菜单中选择"删除"选项，即可删除第五行和第八行的学生信息。

步骤 6　格式化工作表

（1）设置行高和列宽

1）选中"学生基本信息表"的第一行，单击"开始"选项卡"单元格"选项组中的"格式"下拉按钮，在弹出的下拉列表中选择"行高"选项，在打开的"行高"对话框中设置"行高"为 25，单击"确定"按钮，如图 4-12 所示。

2）选中各列，单击"开始"选项卡"单元格"选项组中的"格式"下拉按钮，在弹出的下拉列表中选择"自动调整列宽"选项，将各列设置为最适合的宽度。

（2）设置单元格格式

1）选中工作表中"保险"所在列的数据区域并右击，在弹出的快捷菜单中选择"设置单元格格式"选项，在打开的"设置单元格格式"对话框中，设置数字格式为"货币"格式、保留2位小数，如图4-13所示。

图4-12　"行高"对话框　　　　　　　　图4-13　设置数字格式

2）选中工作表中"出生日期"所在列的数据区域并右击，在弹出的快捷菜单中选择"设置单元格格式"选项，在打开的"设置单元格格式"对话框中设置出生日期的格式为×××年×月×日，如2001年3月14日。

3）选中工作表的所有数据区域并右击，在弹出的快捷菜单中选择"设置单元格格式"选项，打开"设置单元格格式"对话框。选择"对齐"选项卡，设置单元格格式为水平和垂直都居中对齐，如图4-14所示，单击"确定"按钮。

图4-14　设置单元格对齐方式

4）选中 A1 单元格，并打开"设置单元格格式"对话框。选择"字体"选项卡，设置单元格的"字体"为楷体、20磅、蓝色，合并居中至 A1:K1 单元格区域，单击"确定"按钮。

5）选中 A2:K10 单元格区域，并打开"设置单元格格式"对话框。选择"边框"选项卡，选择边框直线"样式"为双线、"颜色"为深蓝色、内边框为单线、"颜色"为粉红色，如图4-15所示，单击"确定"按钮。

6）选中 A2:K2 单元格区域，并打开"设置单元格格式"对话框。选择"填充"选项卡，设置单元格底纹颜色为金色，单击"确定"按钮。选中 A3:K10 单元格区域，在打开的"设置单元格格式"对话框中设置单元格底纹"图案样式"为 25%灰色、"图案颜色"为天蓝色，如图 4-16 所示，单击"确定"按钮。

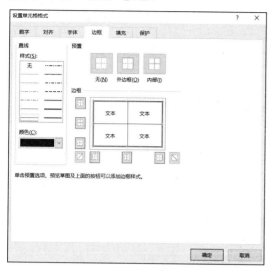

图 4-15　设置边框格式

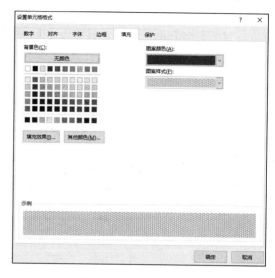

图 4-16　设置填充效果

（3）自动套用格式

使用自动套用格式，可以将 Excel 2016 预设的专业格式直接应用于工作表中的所选区域。

选中"学生基本信息表"工作表的数据区域，单击"开始"选项卡"样式"选项组中的"套用表格格式"下拉按钮，在弹出的如图 4-17 所示的"套用表格格式"下拉列表中选择"蓝色，表样式中等深浅 13"选项。

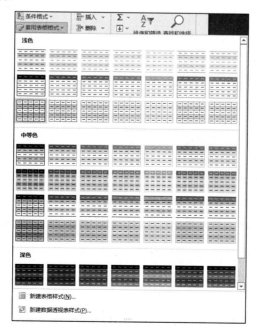

图 4-17　套用表格格式下拉列表

（4）条件格式

使用条件格式，Excel 2016 会将符合条件的单元格设置为指定的格式。

选中要添加条件格式的单元格区域，单击"开始"选项卡"样式"选项组中的"条件格式"下拉按钮，在弹出的下拉列表中选择"突出显示单元格规则"中的"其他规则"选项，打开如图 4-18 所示的"新建格式规则"对话框。将工作表中所有大于等于 90 分的成绩设置为蓝色、加粗，将所有小于 60 分的成绩设置为红色、加粗。

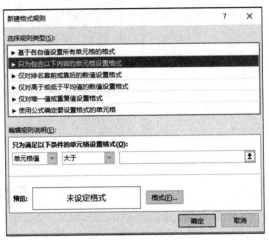

图 4-18　"新建格式规则"对话框

相关知识

1. 启动与退出 Excel 2016

（1）启动 Excel 2016

Excel 2016 的启动方法有以下 4 种。

1）通过"开始"菜单启动 Excel 2016。

2）通过 Excel 2016 文件启动：直接双击 Excel 2016 文件图标即可直接启动 Excel 2016。

3）通过桌面快捷方式启动：双击桌面上的 Excel 2016 快捷图标即可启动 Excel 2016。

4）通过快速启动栏启动：在 Windows 10 的任务栏中如果有 Excel 2016 的快速启动图标，单击该快速启动图标即可启动 Excel 2016。

（2）退出 Excel 2016

Excel 2016 的退出方法有以下 3 种。

1）通过快捷键退出：如果 Excel 2016 为当前窗口，按 Alt+F4 组合键可退出。

2）通过标题栏 Excel 2016 图标退出：右击标题栏的空白处，在弹出的快捷菜单中选择"关闭"选项。

3）直接单击 Excel 窗口右上角的"关闭"按钮。

2. Excel 2016 工作窗口

启动 Excel 2016 后直接进入工作窗口，窗口由快速访问工具栏、标题栏、功能区、编辑栏、状态栏等部分组成，如图 4-19 所示。

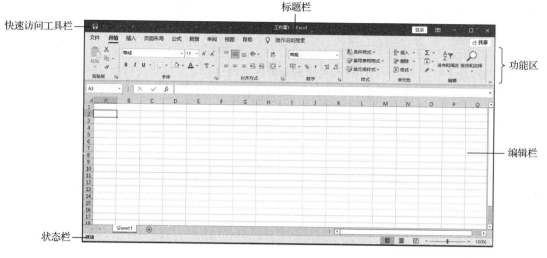

图 4-19 Excel 工作窗口界面

3．自定义用户个性化工作环境

（1）自定义快速访问工具栏

单击快速访问工具栏右侧的"自定义快速访问工具栏"下拉按钮，在弹出的下拉列表中选择需要自定义的选项，如图 4-20 所示。

（2）自定义功能区

在功能区右击，在弹出的快捷菜单中选择"自定义功能区"选项，打开"Excel 选项"对话框，在对话框中选择需要自定义的功能，如图 4-21 所示。

图 4-20 自定义快速访问工具栏

图 4-21 "Excel 选项"对话框

4．工作簿、工作表、单元格

（1）工作簿

Excel 2016 中用于存储数据的文件就是工作簿，其扩展名为".xlsx"，启动 Excel 2016 后会自动生成一个工作簿。

（2）工作表

工作表是显示在工作簿中由单元格、行号、列标及工作表标签组成的表格。一个工作表左边数字为行号，最多可以有 1 048 576 行，工作表编辑区上面一行英文字母为列号，最多可以有 16 384 列。在默认情况下，一个工作簿包含 3 个工作表，用户可以自己添加和删除工作表。工作表是通过工作表标签来标示的，其默认名称为 Sheet1，单击不同的工作表标签可以切换工作表。

（3）单元格

单元格是表格中最小的组成单位。在编辑区中，每一小格就是一个单元格，用其所在的单元格地址来标示，并显示在名称栏中。单元格地址由列号+行号构成，如单元格 H18，就是由列号 H 加行号 18 构成。单击某单元格，该单元格被黑色边框包围，则称该单元格为当前单元格，又称为活动单元格，用户只能对活动单元格进行操作。用户还可以使用编辑栏对活动单元格的数据进行显示、输入和修改。

5．输入数据

Excel 2016 中的数据分为文本型和数值型两大类。用于描述事物的数据为文本型数据，用于运算的数据为数值型数据。它们的输入方法和格式各不相同。

（1）输入文本型数据

文本型数据是指由汉字、各类字符或数字组成的字符串，如"第 1 学期"和"G09 模具 2 班"等属于文本型数据。

① 对于非纯数字型的数据可直接在活动单元格或编辑栏中输入，如在 B3 单元格输入"G09 模具 2 班"，如图 4-22 所示。

② 对于身份证号、学号等由纯数字组成，而无须进行数值计算的数据，可在输入时先输入半角状态的单引号"'"，再在其后输入相应的数据即可。文本型数据默认的对齐方式为左对齐，如图 4-23 所示。

图 4-22　输入非纯数字型数据

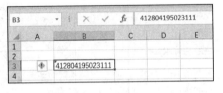
图 4-23　文本型数据的对齐方式

提示：

① 在输入数据过程中出现错误时，可按 Backspace 键删除错误文本；或将光标定位到编辑栏中进行修改。

② 在数据输入完成后才发现错误，可双击需要修改的单元格进行修改。

③ 选中单元格后输入数据，该单元格原来的数据将被替换；按 Delete 或 Backspace 键，可删除该单元格的内容。

④ 在数据输入过程中，单击编辑栏的"取消"按钮或按 Esc 键可取消本次输入。

⑤ 输入数据后，按 Enter 键光标会跳至下一格，输入完成后若按小键盘的 4 个方向键，光标会移动到当前单元格相应的 4 个方向。

（2）输入数值型数据

在 Excel 2016 中，数值、日期和时间属于数值型数据，它是使用较多且较为复杂的数据类型，由数字 0～9、正号、负号、小数点、分数号（/）、百分号（%）、指数符号（E 或 e）、货币符号

（¥和$）、千位分隔符号（,）、日期间隔符（-）等组成。数值型数据默认的对齐方式为右对齐。

① 可直接在活动单元格中输入数值型数据。当输入整数数据，且位数较多时，数据会自动转换为科学计数法表示，如输入整数"1234567896263330"，则显示为"1.23457E+15"，如图 4-24 所示。

② 当输入小数时，如果单元格宽度可以完全显示，则不对数据做调整，如果单元格宽度不足，不能完全显示小数，则自动做四舍五入调整，如图 4-25 所示。

③ 输入负数时可直接在数字前加负号"-"。

④ 输入分数时，通常格式为"数字 分子/分母"，如输入"9 1/2"，则先输入数字 9，再输入空格，最后输入 1/2 即可。如果首位数字为 0，则可得到无整数部分的分数，如输入数字 0，再输入空格，最后输入 2/5，即为分数 2/5；如果不输入 0，则为"2 月 5 日"，如图 4-26 所示。

图 4-24　科学计数法显示效果

图 4-25　输入小数显示效果

图 4-26　输入分数方法

⑤ 输入日期和时间，在当前单元格输入日期可使用间隔符"/"或"-"，如 2015 年 8 月 8 日可以输入 2015-8-8 或 2015/8/8，在活动单元格中按 Ctrl+;组合键可输入当前的日期；在当前单元格输入时间可使用间隔符":"，如 16 时 3 分 28 秒可以输入 16:3:28，在活动单元格中按 Ctrl+Shift+;组合键可输入当前的时间。

（3）自动填充数据

在 Excel 2016 中，用户在需要输入大量重复数据和有规律数据时，可以使用 Excel 2016 的自动填充功能，利用填充柄、填充列表和快捷键可方便快捷地输入数据，提高工作效率。

① 利用填充柄填充数据。对于一些数据，可利用单元格右下角的填充柄来复制数据，这时可按照系统默认的"填充序列"的方式，由系统内置的序列进行填充，如图 4-27 所示。但是，在填充一些数据时，当系统无此内置序列，用填充柄复制出来的数据是相同数据时，则可使用填充区域右下角的"自动填充选项"按钮。单击该按钮，在弹出的下拉列表中选中"填充序列"单选按钮，则该序列变为自动序列，如图 4-28 所示。

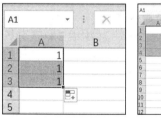
图 4-27　使用填充柄填充数据

图 4-28　设置自动填充选项

② 利用填充列表填充数据。在活动单元格 A1 中输入起始数据"2"，按住鼠标左键选中该单元格并拖动鼠标选中要填充的单元格区域（A1:F1），单击"开始"选项卡"编辑"选项组中的"填充"下拉按钮，在弹出的下拉列表中选择"向右"选项，如图 4-29 所示，则 A1:F1 单元格区域全部填入数据"2"。

如果选择"序列"选项，则打开"序列"对话框，选择"序列产生在"行，"类型"为等差序列，"步长值"为 3，单击"确定"按钮，则在 A1:F1 单元格区域中分别填入 2、5、8、11、14、17 数字序列，如图 4-30 所示。

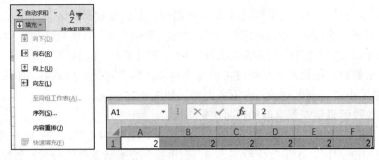

图 4-29　水平填充数据

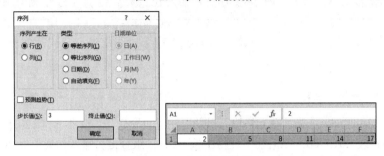

图 4-30　序列填充数据

如果在 A1 和 B1 单元格中输入两个不同的数（如 2 和 5），再选中这两个单元格并向右拖动填充柄至 F1，可自动填充数据系列 2、5、8、11、14、17。

③ 使用快捷键填充相同数据。在表中选定区域（连续、不连续均可）并输入相关数据，如"河南职技"，再按 Ctrl+Enter 组合键即可，如图 4-31 所示。

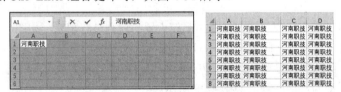

图 4-31　快速填充区域数据

（4）设置数据输入条件

Excel 2016 在"数据"选项卡"数据工具"选项组中提供了"数据验证"命令。在选定要设置的数据区域后，单击"数据验证"下拉按钮，在弹出的下拉列表中选择"数据验证"选项，打开"数据验证"对话框，如图 4-32 所示。

图 4-32　"数据验证"对话框

在该对话框的"设置"选项卡中选择"允许"的类别、"数据"的有效范围等参数，如图 4-33 所示。

为了便于用户在输入数据时有适当的提示，设置好数据验证后，选择"输入信息"选项卡，输入提示的"标题"和"输入信息"，如图 4-34 所示。

图 4-33　"设置"选项卡　　　　　　　　　图 4-34　"输入信息"选项卡

为了在用户输入了错误的数据后得到及时的警告提示，选择"出错警告"选项卡，设置"样式"、"标题"和"错误信息"后，单击"确定"按钮，如图 4-35 所示。

图 4-35　"出错警告"选项卡

当出错警告"样式"设置为停止时，用户输入错误信息时打开停止消息窗口，此时用户可以单击"重试"按钮，或单击"取消"按钮撤销原输入，重新输入有效数据。

当出错警告"样式"设置为警告时，用户输入错误信息时打开警告消息窗口，此时用户单击"是"按钮，则错误数据有效；单击"否"按钮，用户可修改错误数据；单击"取消"按钮，则清除错误数据，必须重新输入有效数据。

当出错警告"样式"设置为信息时，用户输入错误信息时打开信息消息窗口，此时只给用户提供出错信息，单击"取消"按钮，则必须重新输入有效数据；单击"确定"按钮，则错误数据有效。

6. 编辑 Excel 2016 工作表

在 Excel 2016 中，一个工作簿由若干个工作表组成，用户可以根据工作的需要对工作表进行一系列的操作。

（1）选择工作表和设置工作组

对工作表进行操作，首先要学会如何选择工作表，常用的选择方法如下。

1）选择单个工作表。在打开的工作簿中，单击需要选择的工作表标签即可。

2）选择相邻的多个工作表。先单击要选择的第一个工作表标签，然后按 Shift 键，再单击要选择的最后一个工作表标签，被选中的工作表标签变为白色。

3）选择不相邻的多个工作表。先单击要选择的第一个工作表标签，然后按 Ctrl 键，再单击要选择的其他工作表标签，被选中的工作表标签变为白色。

（2）插入工作表

在默认情况下，一个工作簿只包含 3 个工作表，用户可根据需要自行插入工作表。插入工作表的方法如下。

1）利用按钮。在当前工作簿工作表标签的尾部（右边）插入工作表，可以单击工作表标签右侧的"插入工作表"按钮。

2）利用插入列表。在当前工作表的左侧插入新工作表，可单击"开始"选项卡"单元格"选项组中的"插入"下拉按钮，在弹出的下拉列表中选择"插入工作表"选项即可，快捷键为 Shift+F11。

3）右击活动工作表的标签，在弹出的快捷菜单中选择"插入"选项，在打开的"插入"对话框中选择"工作表"选项后，单击"确定"按钮，则在当前工作表的左侧插入新工作表。

（3）重命名和删除工作表

1）在默认情况下，工作表的名称自动命名为 Sheet1、Sheet2……，为了便于用户操作，工作表可以重新命名为容易记忆和识别的名称。右击需要重命名的活动工作表标签，在弹出的快捷菜单中选择"重命名"选项，输入新的标签名，按 Enter 键即可。

2）对于不需要的工作表可以删除。右击需要删除的工作表标签，在弹出的快捷菜单中选择"删除"选项，即可删除该工作表。

（4）移动和复制工作表

在 Excel 2016 中，可以将工作表移动和复制到同一个工作簿的其他位置或其他工作簿中，但是移动工作表可能会使基于该工作表的数据计算出错。

图 4-36　"移动或复制工作表"选项

1）在同一个工作簿中移动和复制工作表。要在同一个工作簿中移动工作表，通过拖动该工作表标签至所需位置即可，在拖动时如果按 Ctrl 键则可以复制该工作表。

2）在不同工作簿间移动和复制工作表。选中要移动或复制的工作表，选择"开始"选项卡"单元格"选项组"格式"下拉列表中的"移动或复制工作表"选项，如图 4-36 所示，打开"移动或复制工作表"对话框，在对话框中选定目标工作簿和工作表在该工作簿的位置，即可移动选定的工作表；如果选中"建立副本"复选框，则复制该工作表。

（5）拆分和冻结工作表

由于显示器可视面的限制，一些大型表格的行、列数较多，不便于数据的阅读、对照和修改，Excel 2016 提供了拆分和冻结功能。

1）使用"视图"选项卡"窗口"选项组中的"拆分"按钮，如图4-37所示。

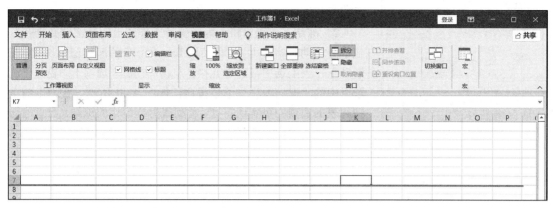

图4-37 "拆分"按钮

选择要拆分的行或列，单击"视图"选项卡"窗口"选项组中的"拆分"按钮，即可在选定行的上面或选定列的左侧产生拆分条，如图4-38和图4-39所示，再次单击"拆分"按钮可取消拆分。

图4-38 拆分行操作

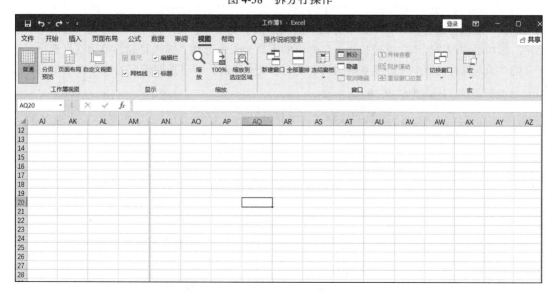

图4-39 拆分列操作

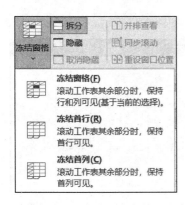

图 4-40　冻结工作表

在已经拆分的工作表中用鼠标按住拆分条并拖动鼠标至水平或垂直拆分框，即可取消拆分。

2）冻结工作表窗格。为了保持工作表上的某部分数据在其他部分滚动时始终可见，可使用 Excel 2016 的冻结窗格功能。在活动工作表上选中任意单元格，单击"视图"选项卡"窗口"选项组中的"冻结窗格"下拉按钮，如图 4-40 所示，在弹出的下拉列表的选项中可实现首行、首列或拆分窗格的冻结。已有冻结窗格的工作表，可选择下拉列表中的"取消冻结窗格"选项。

7．编辑单元格内容

（1）选中单元格和单元格区域

1）选中单元格。单击要选择的单元格。

2）选中连续的单元格区域。可用鼠标拖动或在选中某单元格后，按 Shift 键的同时单击要选择区域的最后一个单元格。

3）选中不连续的单元格区域。在工作表中先选择一个单元格或一个区域，然后按 Ctrl 键单击要选择的单元格或区域。

4）选中行列。单击行号或列号，可选中一行或一列；用鼠标在行号或列号上拖动可选中连续的多行或多列；在选中一行或一列后，按 Ctrl 键的同时单击要选择的行或列，可以选中不连续的多行或多列。

5）选中全部单元格。要选中活动工作表中的全部单元格，可按 Ctrl+A 组合键或单击工作表左上角的"全选"按钮。

（2）移动和复制单元格

1）使用拖动方式。先选中要移动的单元格或区域，将鼠标指针移动到单元格或区域边缘，当指针变为十字箭头形状时，按住鼠标左键并拖动鼠标将选定内容拖放到目标单元格或目标区域的左上角后释放鼠标左键，即可移动选定的内容。

2）使用插入方式。先选中要复制的单元格或区域，然后按 Ctrl+C 组合键，将选定内容复制到剪贴板，然后将鼠标指针移动到目标区域的左上角单元格并单击，再单击"开始"选项卡"单元格"选项组中的"插入"下拉按钮，在弹出的下拉列表中选择"插入复制的单元格"选项，在打开的"插入"对话框中选择要复制的内容是右移还是下移，即可按照选定的方向将复制内容粘贴到目标单元格，如图 4-41 所示。

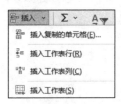

图 4-41　使用插入方式复制单元格

3）使用选择性粘贴。在复制的内容中，有时需要以特定方式粘贴或只粘贴其中的部分内容，可使用 Excel 2016 提供的选择性粘贴功能。选中要复制或剪切的单元格或区域，按 Ctrl+C 或 Ctrl+X 组合键，将所选内容复制或剪切到剪贴板，然后选中目标区域的左上角单元格，右击，在弹出的快捷菜单中选择一种粘贴方式即可，如图 4-42 所示。在此下拉列表中，"粘贴"选项组中有 7 个选项，分别为粘贴、公式、公式和数字格式、保留源格式、无边框、保留源列宽、转置（粘贴时将源数据行列转换）；"粘贴数值"选项组中有 3 个选项，分别为值、值和数字格式、值和源格式；"其他粘贴选项"选项组中有 4 个选项，分别为格式、粘贴链接、图片、链接的图片。若选择"选择性粘贴"选项，则可打开"选择性粘贴"对话框，根据需要在对话框中选择相应的选项后，单击"确定"按钮即可。

（3）清除单元格内容

选中要清除的单元格或区域，单击"开始"选项卡"编辑"选项组中的"清除"下拉按钮，弹出的下拉列表如图 4-43 所示，根据需要选择相应的选项，如选择"清除内容"选项，则可清除所选单元格或区域的内容。

图 4-42　选择性粘贴　　　　　　　　图 4-43　"清除"下拉列表

（4）插入和删除行、列和单元格

1）选定插入位置（行、列或单元格），单击"开始"选项卡"单元格"选项组中的"插入"下拉按钮，弹出的下拉列表如图 4-44 所示。若选择"插入工作表行"选项，则原单元格位置及以下的内容全部依次下移。如果一次选定多行或多列，则可一次插入相应的多行或多列。

2）选定删除位置（行、列或单元格），单击"开始"选项卡"单元格"选项组中的"删除"下拉按钮，弹出的下拉列表如图 4-45 所示。若选择"删除工作表行"选项，则原单元格位置及以下的内容全部依次上移。如果一次选定多行或多列，则可一次删除相应的多行或多列。

图 4-44　插入行、列或单元格　　　　图 4-45　删除行、列或单元格

（5）调整行高和列宽

在 Excel 2016 中，默认新工作表的行高和列宽是一样的，用户可以根据需要来调整行高和列宽。

1）利用鼠标拖动：将鼠标指针指向行标号或列标号之间的分隔线，鼠标指针变为上下或左右带箭头的十字形时，向上下或左右拖动鼠标调整行高或列宽。

2）利用格式列表精确调整：选中要调整行高的行或列宽的列（或行列包含的单元格），单击"开始"选项卡"单元格"选项组中的"格式"下拉按钮，弹出的下拉列表如图 4-46（a）所示，若选择"单元格大小"选项组中的"行高"或"列宽"选项，则打开"行高"或"列宽"对话框，分别如图 4-46（b）和（c），输入行高或列宽的数值，单击"确定"按钮，可以精确调整行高或列宽。若选择"自动调整行高"或"自动调整列宽"选项，则系统会根据行、列的内容自动设置最合适的行高或列宽。

（a）　　　　　　　　　（b）　　　　　　　　　（c）

图 4-46　调整行高或列宽

（6）合并单元格

在 Excel 2016 中，为了美化表格和方便编辑数据，需要将多个单元格合并为一个单元格。选中要合并的单元格区域，单击"开始"选项卡"对齐方式"选项组中的"合并后居中"下拉按钮，在弹出的下拉列表中选择"合并单元格"选项即可。合并后只保留单元格区域左上角单元格中的内容。若选择"合并后居中"选项，则单元格区域左上角单元格中的内容合并后居中显示。若单元格区域为多个不连续区域，可选择"跨越合并"选项；若选择"取消单元格合并"选项，则可取消已合并的单元格区域。在 Excel 2016 中不能拆分没有合并的单元格。

（7）添加、编辑和删除批注

为了更容易地了解工作表的内容，增加可读性，Excel 2016 提供了批注功能。

1）添加批注。在活动工作表中选中要添加批注的单元格，单击"审阅"选项卡"批注"选项组中的"新建批注"按钮，在选中单元格右边出现一个批注框，在框内输入批注内容即可。添加批注的单元格右上角有一个红色的三角形，如图 4-47 所示。

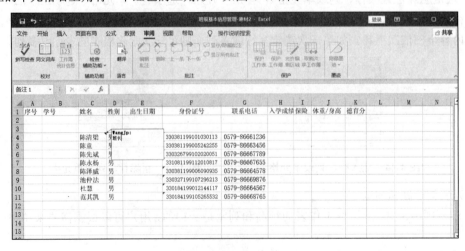

图 4-47　添加批注

2）显示批注。添加批注后，当鼠标指针移动至该单元格时，会显示该单元格的批注。单击"审阅"选项卡"批注"选项组中的"显示所有批注"按钮，则会显示工作表中的全部批注，如图 4-48 所示。再次单击"显示所有批注"按钮，则隐藏所有批注。

图 4-48　显示批注

3）编辑批注。在活动工作表中选中要编辑批注的单元格，单击"审阅"选项卡"批注"选项组中的"编辑批注"按钮，则可在出现的批注框中编辑修改批注内容，调整批注框大小，编辑完成后，单击批注框外任意单元格即可。

4）删除批注。在活动工作表中选中要删除批注的单元格，单击"审阅"选项卡"批注"选项组中的"删除"按钮即可。

（8）保护工作簿、工作表和单元格

为了增加电子表格的安全性，防止重要数据被他人修改、移动或删除，Excel 2016 对工作簿、工作表和单元格提供了保护功能。

1）保护工作簿。打开要保护的工作簿，单击"审阅"选项卡"更改"选项组中的"保护工作簿"按钮，打开"保护结构和窗口"对话框，选中"结构"复选框可以使工作簿保持现有的结构，使删除、移动、复制、重命名、隐藏工作表或插入新的工作表等操作均无法进行。选中"窗口"复选框可使工作簿的窗口保持当前状况，无法被移动、调整大小、隐藏或关闭。在"密码"文本框中输入设置的密码，单击"确定"按钮，在打开的"确认密码"对话框中再次输入同一个密码即可，如图 4-49 所示。密码区分大小写，可由字母、数字、符号和空格等组成。

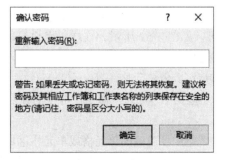

图 4-49　保护工作簿

图 4-50 "撤销工作簿保护"对话框

若要撤销有密码保护的工作簿保护，可单击"审阅"选项卡"更改"选项组中的"保护工作簿"按钮，在打开的如图 4-50 所示的"撤销工作簿保护"对话框中输入正确的密码后，单击"确定"按钮即可取消对工作簿的保护。

2）保护工作表。保护工作簿只能防止工作簿的结构和窗口不被修改，要使工作表的数据不被修改，必须对工作表设置密码进行保护。

选定要保护的工作表，单击"审阅"选项卡"更改"选项组中的"保护工作表"按钮，在打开的"保护工作表"对话框中输入密码、选中相关的复选框后确认密码，单击"确定"按钮即可，如图 4-51 所示。

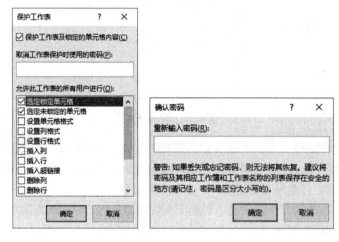

图 4-51 保护工作表

如果要取消对工作表的保护，则可选中已保护的工作表，单击"审阅"选项卡"更改"选项组中的"撤销工作表保护"按钮，在打开的"撤销工作表保护"对话框中输入正确的密码，单击"确定"按钮即可。

3）保护单元格。对工作表进行保护后，工作表中的所有单元格将不能修改。若要修改单元格，则可以按以下方法来处理。选中需要保护的工作表（注意该工作表应该未做保护）中不需保护的单元格或单元格区域，单击"开始"选项卡"字体"选项组右下角的"设置单元格格式：字体"按钮，打开"设置单元格格式"对话框，在"保护"选项卡中取消选中"锁定"复选框，单击"确定"按钮。然后打开"保护工作表"对话框，在"允许此工作表的所有用户进行"列表框中选择接受保护后可进行的操作内容，选中"选定锁定单元格"复选框，然后输入密码保护即可，如图 4-52 所示。这样，用户只能对选中的单元格或区域进行编辑，而其他单元格则受到保护。

（9）隐藏和取消隐藏单元格

Excel 2016 还提供了"隐藏"命令，可以把容易误操作和希望隐藏的数据隐藏起来，需要时再"取消隐藏"。

在工作表中，选中要隐藏的单元格或单元格区域，单击"开始"选项卡"单元格"选项组中的"格式"下拉按钮，在弹出的下拉列表中选择"隐藏和取消隐藏"中的"隐藏行"或"隐藏列"选项，如图 4-53 所示。隐藏后打印时不会打印隐藏的内容，但是行列号不会重新排，容易看出该表有隐藏。

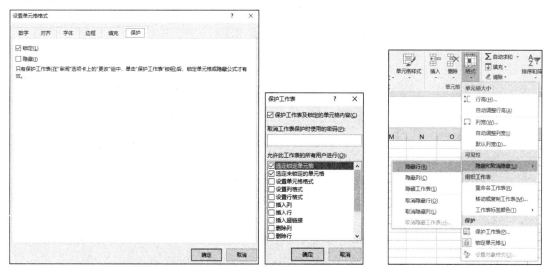

图 4-52 保护单元格   图 4-53 隐藏单元格

若要取消隐藏，则在如图 4-53 所示的下拉列表中选择"取消隐藏行"或"取消隐藏列"选项即可。

8. 设置 Excel 2016 工作表

为了使 Excel 2016 工作表整齐美观、易于阅读，Excel 提供了多种美化设置功能。

（1）设置单元格格式

1）设置字符格式。Excel 2016 工作表在默认情况下，输入数据的字体为宋体，字号为 11，颜色为黑色。若要更改，可选中单元格或单元格区域，单击"开始"选项卡"字体"选项组中的相应按钮。也可单击"开始"选项卡"字体"选项组右下角的"设置单元格格式：字体"按钮，在打开的"设置单元格格式"对话框中对字体进行设置，也可按 Ctrl+1（1 为数字）组合键快速打开"设置单元格格式"对话框。

2）设置对齐方式。在 Excel 2016 工作表中，通常情况下，单元格中文本为左对齐，数字、日期为右对齐，逻辑值和错误值为居中对齐。

对于简单的对齐操作，可在选中单元格或单元格区域后，单击"开始"选项卡"对齐方式"选项组中相应的按钮进行操作；对于较为复杂的对齐操作，可以在打开的"设置单元格格式"对话框中的"对齐"选项卡中进行设置。

3）设置数字格式。Excel 2016 的数据类型有常规、数值、货币、会计专用、日期、时间、百分比、分数和文本等，为了使数据规范化，便于阅读和使用，往往要使用工具设置数据的格式。在 Excel 2016 中，可直接单击"开始"选项卡"数字"选项组中的相应按钮进行数据格式设置的快速操作；也可以单击"数字格式"下拉按钮，在弹出的下拉列表中进行操作；如果希望设置更多的数据格式，可在打开的"设置单元格格式"对话框中的"数字"选项卡中进行操作，如图 4-54 所示。

4）设置边框底纹。在 Excel 2016 中，用户看到的灰色网格线不是表格的线条，不会被打印出来，需要为表格设置边框和底纹。

对于简单的边框和底纹，在选中要设置的单元格或单元格区域后，可单击"开始"选项卡"字体"选项组中的"边框"按钮和"填充颜色"下拉按钮，在弹出的下拉列表中进行设置，如

图 4-55 所示。

图 4-54　设置数字格式

图 4-55　设置边框和底纹

　　利用如图 4-56 所示的"设置单元格格式"对话框中的"边框"选项卡和"填充"选项卡，可改变边框线条的样式、颜色，以及设置渐变色、图案底纹等。

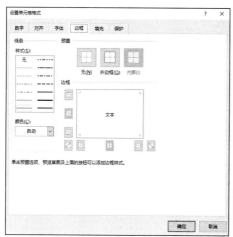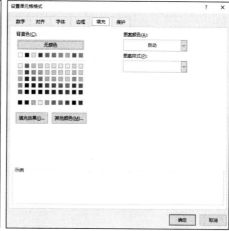

图 4-56 设置边框和填充

（2）应用条件格式

在 Excel 2016 中利用条件格式，可以使表格中满足特定条件的
单元格以醒目的方式突出显示，便于对表中的数据进行阅读和分析。

1）添加条件格式。选中要添加条件格式的单元格区域，单
击"开始"选项卡"样式"选项组中的"条件格式"下拉按钮，
在弹出的下拉列表中列出了以下几种条件规则，如图 4-57 所示。

① 突出显示单元格规则。突出显示所选单元格区域中符合
特定条件的单元格。

② 项目选取规则。其作用与突出显示单元格规则相同，只
是设置条件的方式不同。

③ 数据条、色阶和图标集。使用数据条、色阶（颜色种类和
深浅）和图标来标示各单元格数值的大小，从而方便地比较数据。

图 4-57 "条件格式"下拉列表

根据要求，用户可以选择一种定义好的规则，再在规则对应的下拉列表中选择一个条件，如
选择"突出显示单元格规则"中的"大于"选项。

如果自带的条件规则不能满足要求，用户可选择"条件格式"下拉列表中的"新建规则"选
项，在打开的"新建格式规则"对话框中新建规则。在已有的规则中，用户可选择"条件格式"
下拉列表中的"管理规则"选项，在打开的"条件格式规则管理器"对话框中对设置的所有条件
格式规则进行编辑修改。

2）清除条件格式。要清除条件格式，可单击"开始"选项卡"样式"选项组中的"条件格
式"下拉按钮，在弹出的下拉列表中选择"清除规则"中的"清除所选单元格的规则"选项；若
选择"清除整个工作表的规则"选项，则清除整个工作表的条件格式。

实践训练

制作考试成绩登记表。

1）制作表格。

① 制作表头。

首先，创建"考试成绩登记表"工作表，在第一行前面插入行，在 A1 单元格中输入"学院
考试成绩登记表"，将字号设置为 18 磅，合并居中至 A1:O1 单元格区域。

其次，在第一行后插入行，在 A2 单元格中输入"（2021～2022 学年第 1 学期）"，选中 A2:O2

单元格区域，并使其合并居中，字号为 12 号。

再次，在第二行后插入行，在 A3 单元格中输入"班级："，在 I3 单元格中输入"任课教师："，在 M3 单元格中输入"人数："。

最后，适当调整列宽，效果如图 4-58 所示。

图 4-58　表头效果

② 输入学号。

在 A5 单元格中输入"'090101"，并将其填充到 A39。

2）设置边框。

选中 A4:O39 单元格区域，右击，在弹出的快捷菜单中选择"设置单元格格式"选项，打开"设置单元格格式"对话框，在"边框"选项卡中进行边框的设置。

3）插入批注。

选中 F4 单元格，单击"审阅"选项卡"批注"选项组中的"新建批注"按钮，在出现的批注文本框中输入"平时占 20%，期中占 30%，期末占 50%"。

图 4-59　统计区样式

4）制作统计区域。

① 选中 I33:O33 单元格区域，使其合并居中，并输入文字"总评=平时*20%+期中*30%+期末*50%"。打开"设置单元格格式"对话框，在"对齐"选项卡中设置"水平对齐"方式为分散对齐。

② 选中 I34:I39 单元格区域，使其合并居中，并输入文字"总评成绩统计"，使"总评成绩统计"成竖排格式。

③ 对照效果图 4-59 完成统计区域其他效果的设置。最终效果如图 4-60 所示。

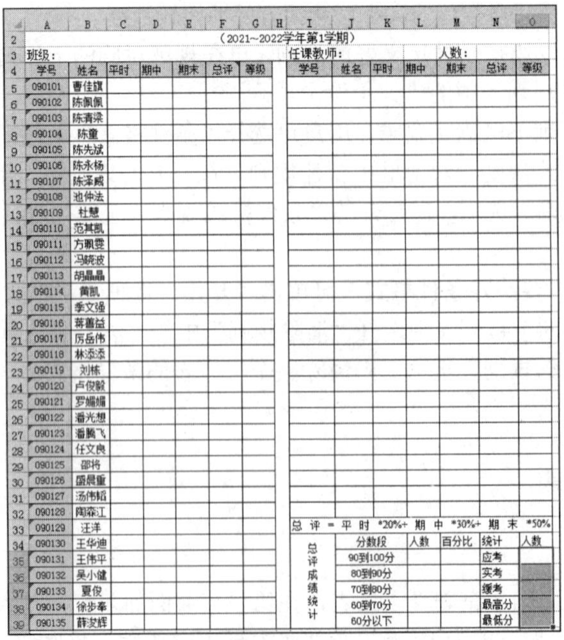

图 4-60　考试成绩登记表效果图

5）底纹设置。

选中相应的单元格区域，单击“开始”选项卡“字体”选项组中的“填充颜色”下拉按钮，在弹出的下拉列表中选择“浅绿”颜色。

6）保护工作表。

单击“开始”选项卡“单元格”选项组中的“格式”下拉按钮，在弹出的下拉列表中选择“保护工作表”选项，在打开的“保护工作表”对话框中输入保护工作表的密码即可。

任务 4.2　制作统计考试成绩表

任务分析

学生考试成绩表是班级信息管理中的重要部分，因此需要制作班级考试成绩表。用Excel 2016电子表格登记各门课程的考试成绩，既可以方便计算统计，又可以了解学生的考试情况。通过使用公式和函数，对学院考试成绩登记表（图4-61）及考试成绩汇总表（图4-62）进行相应数据的计算。

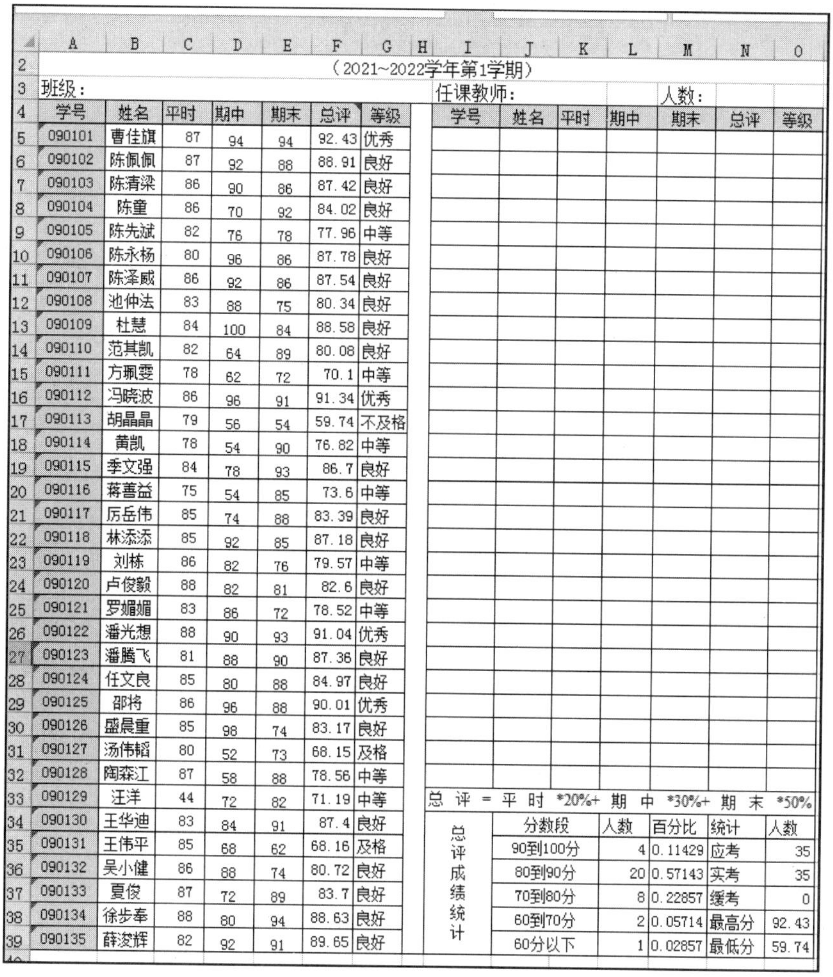

（2021~2022学年第1学期）

班级：　　任课教师：　　人数：

学号	姓名	平时	期中	期末	总评	等级
090101	曹佳旗	87	94	94	92.43	优秀
090102	陈佩佩	87	92	88	88.91	良好
090103	陈清梁	86	90	86	87.42	良好
090104	陈童	86	70	92	84.02	良好
090105	陈先斌	82	76	78	77.96	中等
090106	陈永杨	80	96	86	87.78	良好
090107	陈泽威	86	92	86	87.54	良好
090108	池仲法	83	88	75	80.34	良好
090109	杜慧	84	100	84	88.58	良好
090110	范其凯	82	64	89	80.08	良好
090111	方珮雯	78	62	72	70.1	中等
090112	冯晓波	86	96	91	91.34	优秀
090113	胡晶晶	79	56	54	59.74	不及格
090114	黄凯	78	54	90	76.82	中等
090115	季文强	84	78	93	86.7	良好
090116	蒋善益	75	54	85	73.6	中等
090117	厉岳伟	85	74	88	83.39	良好
090118	林添添	85	92	85	87.18	良好
090119	刘栋	86	82	76	79.57	中等
090120	卢俊毅	88	82	81	82.6	良好
090121	罗媚媚	83	86	72	78.52	中等
090122	潘光想	88	90	93	91.04	优秀
090123	潘腾飞	81	88	90	87.36	良好
090124	任文良	85	80	88	84.97	良好
090125	邵将	86	96	88	90.01	优秀
090126	盛晨重	85	98	74	83.17	良好
090127	汤伟韬	80	52	73	68.15	及格
090128	陶森江	87	58	88	78.56	中等
090129	汪洋	44	72	82	71.19	中等
090130	王华迪	83	84	91	87.4	良好
090131	王伟平	85	68	62	68.16	及格
090132	吴小健	86	88	74	80.72	良好
090133	夏俊	87	72	89	83.7	良好
090134	徐步奉	88	80	94	88.63	良好
090135	薛浚辉	82	92	91	89.65	良好

学号	姓名	平时	期中	期末	总评	等级

总评＝平时*20%+期中*30%+期末*50%

总评成绩统计	分数段	人数	百分比	统计	人数
	90到100分	4	0.11429	应考	35
	80到90分	20	0.57143	实考	35
	70到80分	8	0.22857	缓考	0
	60到70分	2	0.05714	最高分	92.43
	60分以下	1	0.02857	最低分	59.74

图4-61　学院考试成绩登记表

	A	B	C	D	E	F	G	H	I	J	K
1					**班考试成绩统计表						
3	学号	姓名	高等数学	大学语文	大学英语	计算机	总分	平均成绩	是否通过	等级1	等级2
4	090101	曹佳旗	88	10	82	85	265	66.25	未通过		不合格
5	090102	陈佩佩	85	76	90	87	338	84.50	通过		合格
6	090103	陈青梁	89	87	77	85	338	84.50	通过		合格
7	090104	陈重	90	86	89	89	354	88.50	通过	优秀	合格
8	090105	陈先斌	73	79	87	87	326	81.50	通过		合格
9	090106	陈永杨	81	91	89	90	351	87.75	通过	优秀	合格
10	090107	陈泽威	86	76	78	86	326	81.50	通过		合格
11	090108	池仲法	69	68	86	84	307	76.75	未通过		合格
12	090109	杜慧	85	68	56	74	283	70.75	未通过		合格
13	090110	范其凯	95	89	93	87	364	91.00	通过	优秀	优秀
14	090111	方珮雯	62	75	78	88	303	75.75	未通过		合格
15	090112	冯晓波	74	84	92	89	339	84.75	通过		合格
16	090113	胡晶晶	88	91	90	90	359	89.75	通过	优秀	合格
17	090114	黄凯	86	87	78	76	327	81.75	通过		合格
18	090115	季文强	77	90	86	87	340	85.00	通过		合格
19	090116	蒋善益	76	68	67	77	288	72.00	未通过		合格
20	090117	厉岳伟	92	89	97	87	365	91.25	通过	优秀	优秀
21	090118	林添添	86	87	78	76	327	81.75	通过		合格
22	090119	刘栋	86	85	74	87	332	83.00	通过		合格
23	090120	卢俊毅	78	67	88	73	306	76.50	未通过		合格
24	各科平均分		82.30	77.65	82.75	84.20					
25	最高分		95	91	97	90					
26	最低分		62	10	56	73					
27	各科60分以下人数		0	1	1	0					
28	单科90以上人数		3	3	5	2					
29	总分300分以上人数				17						

图 4-62　考试成绩汇总表

任务目标

1）理解公式和函数的含义。

2）了解运算符的使用方法。

3）掌握使用公式完成计算的方法。

4）掌握使用函数完成计算的方法。

任务实施

步骤 1　打开文件

选择"文件"选项卡中的"打开"选项，在打开的"打开"对话框中打开素材文件夹中的"公式和函数应用.xls"文件。

步骤 2　使用公式计算

1）选择学院考试成绩登记表，选中 F5 单元格，输入"=C5*0.2+D5*0.3+E5*0.5"，并按 Enter 键确认，利用公式求出总评成绩。

2）选中单元格 F5 后，使用填充柄填充数据到 F39。

步骤 3　使用函数计算

（1）使用 SUM 函数

1）选择考试成绩汇总表，利用函数在 G 列计算出每位学生的总分。

2）选中 G4 单元格，单击"公式"选项卡"函数库"选项组中的"插入函数"按钮，如图 4-63 所示，或单击编辑栏上的"插入函数"按钮，打开如图 4-64 所示的"插入函数"对话框，选择 SUM 函数，选中 C4:F4 单元格区域，单击"确定"按钮，即可求出总分。

图 4-63　函数库

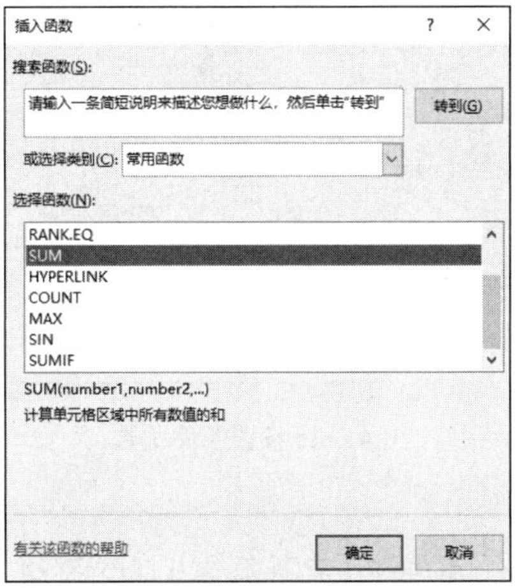

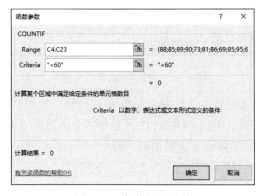

图 4-64　"插入函数"对话框

（2）使用 AVERAGE 函数

利用 AVERAGE 函数可计算出各科平均分及每门课程的平均分，并保留两位小数。

（3）使用 MAX 函数

利用 MAX 函数可计算出各科的最高分。

（4）使用 MIN 函数

利用 MIN 函数可计算出各科的最低分。

（5）使用 COUNTIF 函数

利用 COUNTIF 函数计算出 60 分以下不及格的人数，在"插入函数"对话框的"选择函数"列表框中选择"COUNTIF"函数，单击"确定"按钮，打开"函数参数"对话框，如图 4-65 所示，按图示内容设置完成后单击"确定"按钮即可。

图 4-65　条件统计函数

（6）使用 IF 函数

在考试成绩表汇总表的第 J 列，利用公式计算每位学生的等级 1。如果平均分大于 85，显示

"优秀"，否则显示为空。具体设置如图 4-66 所示。

说明：显示为空也是根据公式得到的，如果修改了对应的成绩使其平均分大于 85，则该单元格能自动由空变为"优秀"。

图 4-66 设置条件函数

（7）使用 IF 函数的嵌套

计算每位学生的总分等级 2：若总分大于等于 360，则等级为"优秀"；若总分大于等于 280，则等级为"合格"；否则等级为"不合格"。具体设置如图 4-67 所示。

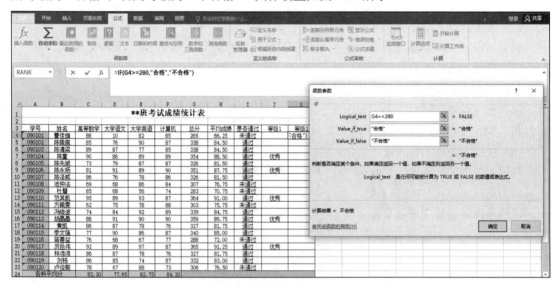

图 4-67 设置 IF 函数的嵌套

（8）使用 COUNTIF 函数统计各分数段的人数

选择学院考试成绩登记表，利用 COUNTIF 函数相减求出总评成绩各分数段的人数。总评分数介于 90 到 100 分的人数，具体设置如图 4-68 所示。

图 4-68 编辑栏输入的内容

（9）使用公式统计各分数段人数比例

选择学院考试成绩登记表，使用公式统计各分段人数比例，具体设置如图 4-69 所示。

图 4-69 设置统计人数比例

（10）利用 COUNT 函数和 COUNTBLANK 函数统计应考、实考、缓考人数

选择学院考试成绩登记表，利用 COUNT 函数和 COUNTBLANK 函数统计应考、实考、缓考人数，具体设置如图 4-70 所示。

$$= COUNT(F5:F39) \qquad = COUNTBLANK(F5:F39)$$

图 4-70 COUNT 函数和 COUNTBLANK 函数

（11）利用 MAX、MIN 函数统计最高分、最低分

利用 MAX、MIN 函数统计最高分、最低分的效果如图 4-71 所示。

总评 = 平时 *20%+ 期中 *30%+ 期末 *50%					
总 评 成 绩 统 计	分数段	人数	百分比	统计	人数
	90到100分	4	0.11	应考	35
	80到90分	20	0.57	实考	35
	70到80分	8	0.23	缓考	0
	60到70分	2	0.06	最高分	92.60
	60分以下	1	0.03	最低分	59.60

图 4-71 总评成绩统计效果图

（12）利用 IF 函数计算每位学生的总分等级

若总分大于等于 90，则等级为"优秀"；若总分大于等于 80，则等级为"良好"；若总分大于等于 70，则等级为"中等"；若总分大于等于 60，则等级为"及格"；否则等级为"不及格"，具体设置如图 4-72 所示。

$$= IF(F5>=90,"优秀",IF(F5>=80,"良好",IF(F5>=70,"中等",IF(F5>=60,"及格","不及格"))))$$

图 4-72 设置等级评定

相关知识

分析和处理 Excel 2016 工作表中的数据，离不开公式和函数。公式是函数的基础，是单元格中的一系列值、单元格引用、名称或运算符的组合，可以生成新的值；函数是 Excel 2016 预定义的内置公式，可以进行数学、文本、逻辑的运算或查找工作表的信息，与直接使用公式相比，使用函数进行计算的速度更快，同时减少了错误的发生。

1．使用公式

公式是在工作表中对数据进行计算的等式，它可以对工作表数值进行加、减、乘、除等运算。Excel 2016 中公式以等号"="开头，其中包含数值、文本、数学运算符、单元格或区域引用、函数等内容。

运算符用于对公式中的元素进行特定类型的运算，Excel 2016 中包含 4 种类型的运算符：算术运算符、比较运算符、文本运算符和引用运算符。

（1）算术运算符

算术运算符有 6 个，它可以完成基本的数字运算，如加、减、乘、除、百分比、乘方等，用以连接数字并产生数字结果，如表 4-1 所示。

表 4-1　算术运算符

运算符	作用	举例
+	加法运算	58+14
−	减法运算	128−26
*	乘法运算	36*15
/	除法运算	256/16
%	百分比计算	56%
^	乘方运算	3^4

（2）比较运算符

比较运算符有 6 个，它的作用是比较两个数值，并产生逻辑值 TRUE 或 FALSE，即条件相符，则产生逻辑真值 TRUE；若条件不符，则产生逻辑假值 FALSE。比较运算符有等于（=）、小于（<）、大于（>）、大于等于（>=）、小于等于（<=）、不等于（<>），如表 4-2 所示。

表 4-2　比较运算符

运算符	作用	举例
=	判断运算符操作数是否相等	7=7（结果为 TRUE）
>	判断运算符左侧操作数是否大于右侧操作数	7>7（结果为 FALSE）
<	判断运算符左侧操作数是否小于右侧操作数	7<7（结果为 FALSE）
>=	判断运算符左侧操作数是否大于等于右侧操作数	5>=2（结果为 TRUE）
<=	判断运算符左侧操作数是否小于等于右侧操作数	5<=7（结果为 TRUE）
<>	判断运算符操作数是否不相等	7<>8（结果为 TRUE）

（3）文本运算符

文本运算符只有一个&，利用&可以将两个文本连接起来，也可以将单元格内容与文本内容连接起来。例如，"河南"&"郑州"的结果为"河南郑州"。

（4）引用运算符

1）冒号（:）——区域运算符，指引用由两对角的单元格围起来的单元格区域。例如，"A2:B5"表示引用单元格 A2 到单元格 B5 之间矩形区域内的所有单元格，即指定了 A2、B2、A3、B3、A4、B4、A5 和 B5 共 6 个单元格。

2）逗号（,）——联合运算符，指逗号前后单元格同时引用。例如，"A2,A4"表示引用 A2 和 A4 两个单元格。

3）空格——交叉运算符，指引用两个或两个以上单元格区域的重叠部分。例如，"B3:C5 C3:D5"指两个单元格区域 B3 至 C5 及 C3 至 D5 的交集部分，即引用 C3、C4、C5 共 3 个单元格。

如果公式中包含多个相同优先级的运算符，如公式中同时包含了加法运算符和减法运算符，则 Excel 2016 将从左到右进行计算。如果要改变运算的优先级，应把公式中要优先计算的部分用圆括号括起来。例如，要将单元格 B1 和单元格 D2 的值相加，再用计算结果乘以 5，那么不能输入公式"=B1+D2*5",而应输入"=(B1+D2)*5"。

所以运算符优先级如下:引用运算符(最高 1 级)—算术运算符(次高 2 级)—文本运算符(较高 3 级)—比较运算符(最低 4 级)。

2. 单元格的引用

在公式中通常要引用单元格来代替单元格中的实际数值,引用单元格数据后,公式的运算值将随着被引用单元格数据的变化而变化。

(1)引用类型

Excel 2016 提供了 3 种不同的引用类型:相对引用、绝对引用和混合引用。

1)相对引用。相对引用是指当公式在复制时,公式中的引用单元格地址会随之改变。例如,在 C1 单元格中输入公式"=A1+B2",当把该公式复制到 C2 单元格时,单元格引用的公式自动调整为"=A2+B3"。

2)绝对引用。绝对引用是指被引用的单元格与引用的单元格的位置关系是绝对的,公式不随位置的改变而变化。在 Excel 2016 中,通过在行号和列号前面添加"$"符号来实现。例如,将公式"=$A$1+$B$2"复制到任何位置,其中单元格的引用不变,计算结果也不变。可在输入相对地址后按 F4 键改为绝对地址。

3)混合引用。混合引用是一种介于相对引用和绝对引用之间的引用,也就是说引用的单元格的行和列之中一个是相对引用,另一个是绝对引用,如$A1 或 A$1。当公式复制到新的位置时,公式中单元格的相对引用部分会随着位置而变化,而绝对引用部分仍不变。

(2)单元格地址的引用

1)引用跨工作表的单元格。

格式:=工作表名!单元格地址。

例如,"=Sheet1!A1+B2"表示引用工作表 Sheet1 中的单元格 A1 和当前工作表中的单元格 B2。

2)引用跨工作簿的单元格。

格式:=[工作簿名]工作表!单元格地址。

例如,"=[Book1]Sheet1! A1+Sheet2! B2"表示引用工作簿 Book1 中工作表 Sheet1 中的单元格 A1 和当前工作簿中工作表 Sheet2 中的单元格 B2。

(3)名称的使用

在 Excel 2016 工作表的数据处理过程中,经常需要反复使用某个单元格区域,若每次都要选中一个相同的单元格区域,就会很烦琐。为了简化操作,用单元格区域名称的办法来处理。

一般来说,使用单元格区域名称应该是先定义名称,后使用。定义单元格区域名称时应以字母或下画线开头,后跟字母、数字、下画线或句点,不能含有空格,长度不超过 255 个字符。

使用菜单命令命名。选中要命名的单元格区域,单击"公式"选项卡"定义的名称"选项组中的"定义名称"按钮,打开"新建名称"对话框,如图 4-73 所示,在"名称"文本框中输入名称,在"范围"下拉列表中可选择范围。

图 4-73 单元格区域命名

"引用位置"文本框中会显示被选中的单元格区域或名称。若要更改单元格区域,可单击该文本框右侧的按钮将对话框隐藏起来,在工作表中选择需要命名的单元格区域,然后单击该文本框右侧的按钮，回到"新建名称"对话框，而选中的单元格区域则被显示在"引用位置"文本框中，然后单击"确定"按钮即可。

如果要继续命名其他单元格区域，可以单击"公式"选项卡"定义的名称"选项组中的"名称管理器"按钮，在打开的"名称管理器"对话框（图 4-74）中列出所有的名称，单击"新建"按钮，可以继续新建其他新名称。也可以使用其对选中的名称进行编辑和删除。

单击"公式"选项卡"定义的名称"选项组中的"根据所选内容创建"按钮，打开"以选定区域创建名称"对话框，可以自动选择特定位置的数据作为区域名称，如图 4-75 所示，然后单击"确定"按钮。

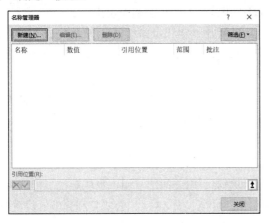

图 4-74 "名称管理器"对话框　　　　图 4-75 "以选定区域创建名称"对话框

（4）输入和显示公式

输入公式的操作类似输入文字型数据，不同的是在输入公式的时候总是以"="作为开头，然后才是公式的表达。在工作表中输入公式后，单元格中显示的是公式计算的结果，而在编辑栏中显示的是输入的公式。

1）输入公式。输入公式的具体操作步骤如下。

① 选中要输入公式的单元格，并在单元格中输入一个等号"="。

② 在等号后面输入公式。按 Enter 键或单击编辑栏中的"输入"按钮，此时在单元格中显示计算的结果，而在编辑栏中显示输入的公式。

2）显示公式。显示公式的具体操作步骤：将光标定位到工作表数据区，单击"公式"选项卡"公式审核"选项组中的"显示公式"按钮，则可显示该表中的所有公式，再次单击"显示公式"按钮，则工作表中不显示公式。

3）移动和复制公式。在 Excel 2016 中可以移动和复制公式，当移动公式时，公式内的单元格引用不会更改；而当复制公式时，单元格引用将根据引用的类型而发生变化。

使用填充柄复制公式的具体操作步骤：如在单元格 E2 中输入公式"=B2+C2+D2"，按 Enter 键计算出结果，用鼠标拖动单元格 E2 右下角的填充柄，将公式复制到 E3:E10 单元格区域中，可以看到在这些单元格中显示出相应的计算结果。

（5）公式的错误与审核

1）公式错误代码。如果公式不能正确计算出结果，Excel 2016 将显示一个错误提示；如果单元格无法显示正确的结果，Excel 2016 也将显示一个出错提示信息。表 4-3 是常见的错误代码及产生的原因。

表 4-3　常见的错误代码及产生的原因

错误代码	产生的原因
####	输入单元格的数值和公式计算结果太长,单元格容纳不下,此时可通过增加单元格宽度解决问题。另外,日期运算结果为负值也会出现此情况,可改变单元格格式,如将数值改为文本
#DIV/0!	除数引用了零值单元格或空单元格
#N/A	公式中没有可用数值,或缺少函数参数
#NAME	公式中引用了无法识别的名称,或删除了公式正在使用的名称。例如,函数名称错误、使用了未定义的区域和单元格名称,引用文本时没有加引号等
#NULL!	使用了不正确的区域运算符或引用的单元格区域的交集为空。例如,输入公式"=A1:B4　C1:D4",这两个单元格区域交集为空,则按 Enter 键后返回的值为"#NULL!"
#NUM!	公式产生的结果数字太大或太小,Excel 2016 无法表示出来,如输入公式"=10^309",由于运算结果太大,产生错误;或在需要数字参数的函数中使用了无法接收的参数,如公式"=SQRT(-8)",引用了负或负值的单元格
#RFF	公式引用的单元格被删除,并且系统无法自动调整,或链接的数据不可用
#VALUE	当公式需要数字或逻辑值时,却输入了文本;为需要单个值(而不是区域)的运算符或函数提供了区域引用;输入数组公式后,没有按 Ctrl+Shift+Enter 组合键予以确认

当单元格中出现错误提示时,可参考表 4-3 予以核查,并进行正确的处理。

2)公式审核组。在 Excel 2016 中,当使用公式时,可能会因为一些原因导致计算结果产生错误,这时可以使用公式审核功能来检查公式、分析数据流向和来源、纠正错误、把握公式和值的关联关系等。

单击"公式"选项卡"公式审核"选项组中的"错误检查"按钮,打开"错误检查"对话框,在该对话框中可以查到产生错误的信息,并对错误进行处理,如图 4-76 所示。

"公式审核"选项组中的各按钮如图 4-77 所示,其功能如表 4-4 所示。

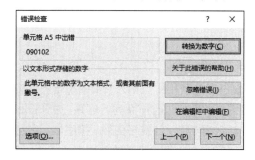

图 4-76　"错误检查"对话框

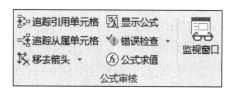

图 4-77　"公式审核"选项组中的按钮

表 4-4　"公式审核"选项组中各按钮的功能

按钮名称	功能
追踪引用单元格	追踪引用单元格,并在工作表上显示追踪箭头,表明追踪的结果
追踪从属单元格	追踪从属单元格,并在工作表上显示追踪箭头,表明追踪的结果
移去箭头	移去工作表中的所有追踪箭头
显示公式	在包含公式的单元格中显示公式,而不是显示值
错误检查	检查公式中的常见错误
公式求值	单击该按钮可打开"公式求值"对话框
监视窗口	单击该按钮可打开"监视窗口"对话框

3）查找与公式相关的单元格。选中要查找的单元格或单元格区域，单击"公式"选项卡"公式审核"选项组中的"追踪引用单元格"按钮，此时将显示蓝色追踪箭头穿过所有公式中引用的单元格，指向公式所在的单元格。蓝色追踪箭头上显示的蓝色圆点指示了每个引用单元格所在的位置，如图 4-78 所示。

图 4-78　追踪引用单元格

4）追踪导致公式错误的单元格。当单元格中的公式出现错误时，使用公式审核工具能够方便快捷地查出错误是由哪些单元格引起的。

将光标定位到出错的单元格，单击"公式"选项卡"公式审核"选项组中的"错误检查"按钮，在打开的"错误检查"对话框中可以查找出错的原因，也可以对错误进行改正编辑。

3．使用函数

（1）函数的定义和构成

Excel 2016 提供的函数其实是一些预定义的公式，这些函数使用一些称为参数的特定数值按特定的顺序或结构进行计算。用户可以直接用其对某个区域内的数值进行一系列的运算，如分析和处理日期值和时间值、确定贷款的支付额、确定单元格中的数据类型、计算平均值、排序显示和运算文本数据等。例如，SUM 函数对单元格或单元格区域进行求和运算，函数的基本表达式：=函数名称(参数 1,参数 2,…)。

参数可以是数字、文本、逻辑值、数组、错误值或单元格引用。给定的参数必须能产生有效的值。参数也可以是常量、公式或其他函数。

当函数包含 4 个参数时，第 3 个参数为可选参数，如果不指定可选参数值（即该参数值省略时），则必须为其保存逗号。例如，=函数名称(参数 1,参数 2,,参数 4)。

（2）函数的种类

Excel 2016 中的函数一共有 13 类，分别是兼容性函数、多维数据集函数、数据库函数、日期和时间函数、工程函数、财务函数、信息函数、逻辑函数、查询与引用函数、数学和三角函数、统计函数、文本函数及用户自定义函数。

在解决实际问题时，单一的函数可能解决不了问题，可以使用嵌套函数。嵌套函数是指把一个函数作为另一个函数的参数，层层相套，构成一个复杂的函数结构。使用时要注意各个函数的嵌套关系，并且要保证每一个函数有一对圆括号。

（3）函数的使用

在 Excel 2016 中，可以在单元格中直接输入函数；也可以单击"公式"选项卡"函数库"选项组中的相关函数类别按钮，如图 4-79 所示。

图 4-79 "函数库"选项组中的函数

单击相应函数的下拉按钮，在弹出的下拉列表中选择一种函数，打开"函数参数"对话框，设置相关参数（不同函数的"函数参数"对话框的内容是不同的），单击"确定"按钮即可，如图 4-80 所示。

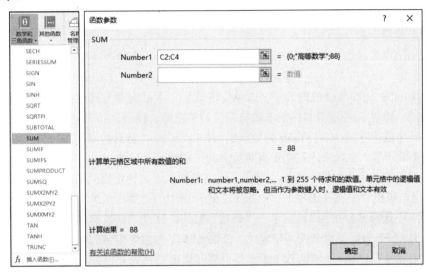

图 4-80 "函数参数"对话框

也可以单击"公式"选项卡"函数库"选项组中的"插入函数"按钮，或按 Shift+F3 组合键，打开"插入函数"对话框（图 4-81），选择所需的函数，单击"确定"按钮，打开该函数的"函数参数"对话框，在其中设置好各项参数，单击"确定"按钮即可。

在 Excel 2016 提供了快捷的自动计算按钮，用户单击需要存放计算结果的单元格，如"总分"列的 F2 单元格，再单击"公式"选项卡"函数库"选项组中的"自动求和"下拉按钮，在弹出的下拉列表中选择一个要进行快捷计算的函数。例如，选择"求和"函数，此时在 F2 单元格中自动出现求和函数，如默认求和的单元格数据区域，按 Enter 键即可完成求和运算。若需改变计算的数据区域，则可以用鼠标和键盘重新选中计算的数据区域，再按 Enter 键即可，如图 4-82 所示。

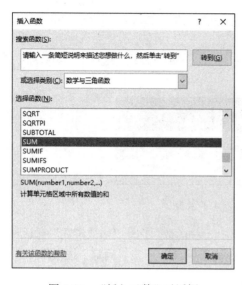

图 4-81 “插入函数”对话框

	A	B	C	D	E	F	G
1	姓名	大学语文	高等数学	英语	计算机	总分	
2	曹佳旗	64	75	80	77	232	
3	陈佩佩	86	92	88	90	270	
4	陈清梁	67	79	59	68	206	
5	陈童	85	83	93	82	258	
6	陈先斌	90	76	87	78	241	
7	陈永杨	80	68	70	88	226	
8	陈泽威	50	64	80	78	222	
9	池仲法	87	76	84	60	220	
10	杜慧	78	53	67	58	178	
11	范其凯	90	88	68	82	238	
12							
13							

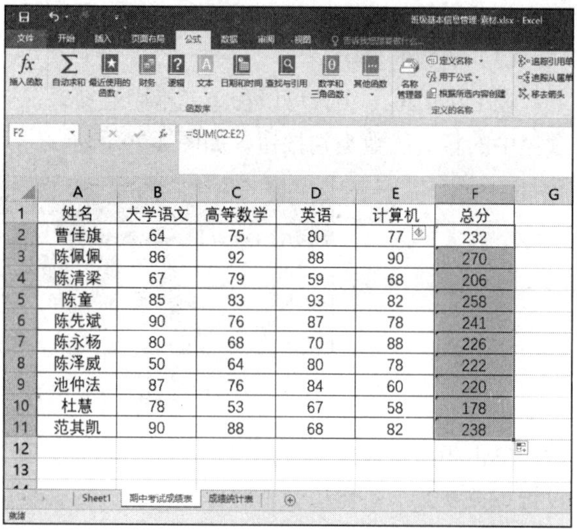

图 4-82 自动计算

（4）函数使用详解

1）RANK()函数：返回一列数字的数字排位（即名次）。函数语法如下：

RANK(Number,Ref,[Order])

其中，Number 为参与排位的数字（或单元格地址）。Ref 为参与排位的数字列表数组或对数字列表的引用（绝对引用），Ref 中的非数值型值将被忽略。Order 为可选数字，用来指明数字排位的方式（升序或降序）。如果 Order 为零或省略，Excel 2016 将对数字的排位按照降序排列；如果 Order 为不等于零的值，Excel 2016 将对数字的排位按照升序排列。

例如，对工作表中的“期中考试成绩表”排出名次。将光标定位到活动工作表中“排名”列的 G2 单元格，单击“公式”选项卡“函数库”选项组中的“插入函数”按钮，在打开的“插入函数”对话框中选择 RANK()函数，单击“确定”按钮，打开“函数参数”对话框，输入图 4-83 所示参数，其中 F2 为需要排名的入学成绩；$F$2:$F$11 为需要排名的数据列单元格区域，该地址必须为绝对地址；Order 区域输入 1 表示按升序（即由小到大）排列名次。

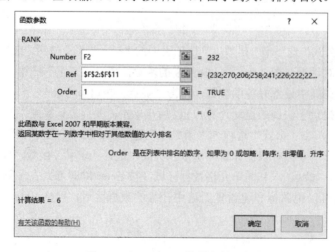

图 4-83 RANK()函数的参数设置

单击“确定”按钮排出名次，如图 4-84 所示。

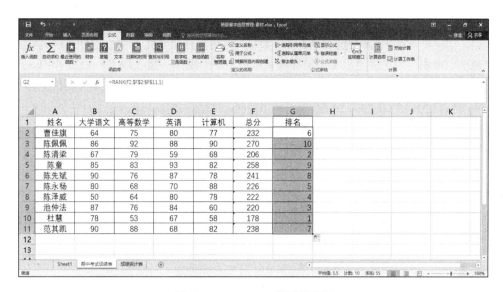

图 4-84 RANK()函数设置结果

2）SUM()函数：求和函数。将指定为参数的所有数字相加，参数可以是区域、单元格引用、数组、常量、公式或另一个函数的结果。函数语法如下：

SUM(Number1,[Number2],…)

其中，Number1 为第一个数值参数，Number2 及之后的参数为可选，可以相加 2～255 个数值参数。

例如，SUM(A1:A5)表示将单元格 A1 至 A5 中的所有数值相加；SUM(A1,A3,A5)表示将单元格 A1、A3 和 A5 中的数值相加。

3）SUMIF()函数：条件求和函数。使用 SUMIF()函数可以对指定区域中符合指定条件的值求和。例如，假设在含有数字的两列中，需要让大于 10 的数值相加，则可使用公式：=SUMIF(A1:B9,">10")。如图 4-85 所示。

	A	B	C	D	E
1	3	5	341		
2	4	11			
3	5	80			
4	6	21			
5	7	54			
6	8	56			
7	9	77			
8	10	11			
9	11	20			

图 4-85 SUMIF()函数的参数设置

4）AVERAGE()函数：计算平均值函数。

例如，如果 A1:A20 单元格区域包含数字，则公式"=AVERAGE(A1:A20)"将返回这些数字的平均值。函数语法如下：

AVERAGE(Number1, [Number2],…)

其中，Number1 为要计算平均值的第一个数字、单元格引用或单元格区域。Number2 为要计算平均值的其他数字、单元格引用或单元格区域，最多可包含 255 个参数，可由用户选择。

5）PRODUCT()函数：计算用作参数的所有数字的乘积，然后返回乘积。

例如，如果单元格 A1 和单元格 A2 含有数字，则可以使用公式"=PRODUCT(A1,A2)"计算这两个数字的乘积。也可以使用乘法运算符来执行相同的操作，如"=A1 * A2"。如果需要让更多单元格相乘，则使用 PRODUCT 函数比较方便。例如，公式"=PRODUCT(A1:A3, C1:C3)"等同于"=A1 * A2 * A3 * C1 * C2 * C3"。

6）MAX()函数：返回一组值中的最大值。

参数可以是数字或者包含数字的名称、数组或引用。

例如，函数"=MAX(2,3,8,9,18,6)"的结果为 18；函数"=MAX(B2:B22)"，返回 B2:B22 单元格中最大的值。

7）MIN()函数：返回一组值中的最小值。

参数可以是数字或者包含数字的名称、数组或引用。

例如，函数"=MIN(2,3,8,9,18,6)"的结果为 2；函数"=MIN(B2:B22)"，返回 B2:B22 单元格中最小的值。

8）COUNT()函数：计算包含数字的单元格及参数列表中数字的个数。

使用函数 COUNT()可以获取区域或数字数组中数字字段的输入项的个数。

例如，输入公式"=COUNT(A1:A20)"，可以计算区域 A1:A20 中数字的个数。

此函数可计算的参数为数字、日期或代表数值的文本，不计算错误值和不能转换为数值的文本，逻辑值（如 TRUE）和直接输入参数列表中代表数值的文本（如"2"）被计算在内，如"=COUNT(1,"2",TRUE)"的结果为 3。

9）COUNTA()函数：计算区域（区域：工作表上两个或多个单元格。区域中的单元格可以相邻或不相邻）中不为空的单元格的个数。

COUNTA()函数可对包含任何类型信息的单元格进行计数，这些信息包括错误值和空文本（""）。例如，如果区域包含一个返回空字符串的公式，则 COUNTA()函数会将该值计算在内。COUNTA()函数不会对空单元格进行计数，如图 4-86 所示。

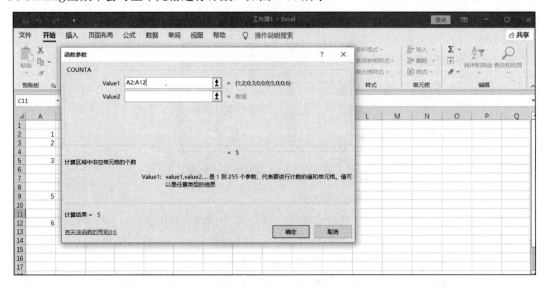

图 4-86　COUNTA()函数参数设置

10）COUNTIF()函数：对区域中满足单个指定条件的单元格进行计数。

例如，可以对以某一字母开头的所有单元格进行计数，也可以对大于或小于某一指定数字的所有单元格进行计数。假设有一个工作表在 A 列中包含一列任务，在 B 列中包含分配了每项任务的人员名字。可以使用 COUNTIF()函数计算张珊的名字在 B 列中的显示次数，这样便可确定分配给该人员的任务数，如“=COUNTIF(B2:B25,"张珊")”。

函数语法如下：

COUNTIF(Range, Criteria)

其中，Range 为必需的，指对其进行计数的一个或多个单元格，包括数字或名称、数组或包含数字的引用，空值和文本值将被忽略。Criteria 为必需的条件值，使函数对符合条件的单元格进行计数，条件值可以是数字、表达式、单元格引用或文本字符串。例如，条件可以表示为 32、">32"、A4、"苹果"或"32"，如图 4-87 所示。

E5

	A	B	C
1	数据	数据	
2	苹果	32	
3	橙子	64	
4	桃子	75	
5	苹果	89	
6	公式	说明	结果
7	=COUNTIF(B2:B5,32)	单元格B2到B5之间数值为“32”的个数	1
8	=COUNTIF(B2:B5,"<>75")	单元格B2到B5之间数值不等于75的个数	3
9	COUNTIF(B2:B5,">32")-COUNTIF(B2:B5,">85")	单元格区域B2到B5之间大于32且小于85的数值个数	2
10			

图 4-87 COUNTIF()函数的使用

在条件中可以使用通配符，即问号（?）和星号（*）。问号匹配任意单个字符，星号匹配任意一系列字符。若要查找实际的问号或星号，则在该字符前输入波形符（~）。条件不区分大小写，如字符串"apples"和字符串"APPLES"将匹配相同的单元格。

使用通配符的函数应用，如图 4-88 所示。

	A	B	C
1	数据	数据	
2	苹果	32	
3	橙子	64	
4	桃子	75	
5	苹果	89	
6	公式	说明	结果
7	=COUNTIF(A2:A5,"*果")	单元格区域A2到A5中以字母“果”结尾的单元格个数	2
8	=COUNTIF(A2:A5,"?果")	单元格区域A2到A5中以字母“果”结尾且有2个字符的单元格个数	2
9			

图 4-88 使用通配符的函数

11）COUNTBLANK()函数：计算指定单元格区域中空白单元格的个数。函数语法如下：

COUNTBLANK(Range)

其中，Range 为必需的参数，代表需要计算其中空白单元格个数的区域。其应用如图 4-89 所示。

	A	B
1	数据	
2		
3	6	
4		
5	4	
6	公式	说明
7	=COUNTBLANK(A2:A5)	计算区域A2到B5中空白单元格的个数
8		

图 4-89 COUNTBLANK()函数的应用

12）IF()函数：如果指定条件的计算结果为 TRUE，IF()函数将返回某个值；如果该条件的计算结果为 FALSE，则返回另一个值。

例如，如果 A1 大于 10，公式"=IF(A1>10,"大于 10","不大于 10")"将返回"大于 10"；如果 A1 小于等于 10，则返回"不大于 10"。其应用实例 1（IF()函数）如图 4-90 所示，其应用实例 2（IF()函数嵌套使用）如图 4-91 所示。

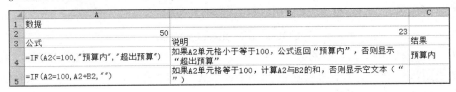

	A	B	C
1	数据		
2	50		23
3	公式	说明	结果
4	=IF(A2<=100,"预算内","超出预算")	如果A2单元格小于等于100，公式返回"预算内"，否则显示"超出预算"	预算内
5	=IF(A2=100,A2+B2,"")	如果A2单元格等于100，计算A2与B2的和，否则显示空文本（""）	

图 4-90　应用实例 1（IF()函数）

	A	B
1	数据	
2	50	等级
		不及格
3	公式	说明
4	=IF(A2>=90,"优秀",IF(A2>=80,"良好",IF(A2>=70,"中等",IF(A2>=60,"及格","不及格"))))	90分以上优秀，80~90良好，70~80中等，60~70及格，60以下不及格

图 4-91　应用实例 2（IF()函数嵌套使用）

13）AND()函数：所有参数的计算结果为 TRUE 时，返回 TRUE；只要有一个参数的计算结果为 FALSE 时，则返回 FALSE。

AND()函数的一种常见用途是扩大用于执行逻辑检验的其他函数的效用。例如，IF()函数用于执行逻辑检验，它在检验的计算结果为 TRUE 时返回一个值，在检验的计算结果为 FALSE 时返回另一个值。通过将 AND()函数用作 IF()函数的 Logical_test 参数，可以检验多个不同的条件，而不仅仅是一个条件。

函数语法如下：

$$AND(Logical1, [Logical2],\cdots)$$

其中，Logical1 为必须要检验的第一个条件，其计算结果可以为 TRUE 或 FALSE。Logical2 为可选值，代表要检验的其他条件，其计算结果可以为 TRUE 或 FALSE。本函数最多可包含 255 个条件。

AND()函数的应用实例如图 4-92 所示。

	A	B
1	数据	
2	50	
3	100	
4	公式	说明
5	=AND(A2>1,A2<100)	如果A2单元格介于1~100中间，显示True，否则显示False

图 4-92　AND()函数的应用实例

14）REPLACE()函数：REPLACE()函数使用其他文本字符串并根据所指定的字符数替换某文本字符串中的部分文本。无论默认语言设置如何，REPLACE()函数始终将每个字符（无论是单字节还是双字节）按 1 计数。

函数语法如下：

REPLACE(Old_text, Start_num, Num_chars, New_text)

其中，Old_text 是必需的，为要替换其部分字符的文本；Start_num 是必需的，要用 New_text

替换 Old_text 中字符的位置；Num_chars 是必需的，表示使用 New_text 替换 Old_text 中字符的个数；New_text 是必需的，用于替换 Old_text 中字符的文本。

REPLACE()函数的应用实例如图 4-93 所示。

	A	B	C
1	数据		
2	1234567		
3	公式	说明	结果
4	=REPLACE(A2,2,3,"*")	替换A2单元格从第2个字符开始3个字符，替换成*	1*567

图 4-93　REPLACE()函数的应用实例

15）MOD()函数：返回两数相除的余数。结果的正负号与除数相同。函数语法如下：

MOD(Number, Divisor)

其中，Number 为被除数，是必需的；Divisor 为除数，是必需的。

16）LEN()函数：返回文本字符串中的字符数。函数语法如下：

LEN(Text)

其中，Text 是必需的，为要查找其长度的文本。空格将作为字符进行计数。

例如，函数"=LEN("河南职技")"的结果为4；函数"=LEN("123abc")"的结果为6。

17）LEFT()函数：根据所指定的字符数，返回文本字符串中第一个字符或前几个字符。函数语法如下：

LEFT(Text, [Num_chars])

其中，Text 为要提取的字符的文本字符串；Num_chars 为可选，指定要提取的字符的数量。Num_chars 必须大于或等于零，如果 Num_chars 大于文本长度，则返回全部文本；如果省略 Num_chars，则默认其值为1。

例如，函数"=LEFT("河南省郑州市",2)"表示截取字符串中的前两个字符（河南）；函数"=LEFT("河南省郑州市",8)"表示截取字符串中的所有字符（河南省郑州市）；函数"=LEFT("河南省郑州市",)"表示默认截取字符串中的第一个字符（河）。

18）RIGHT()函数：根据所指定的字符数，返回文本字符串中倒数第一个字符或倒数几个字符。函数语法如下：

RIGHT(Text, [Num_chars])

其中，Text 为要提取的字符的文本字符串；Num_chars 为指定要提取的字符的数量。Num_chars 必须大于或等于零，如果 Num_chars 大于文本长度，则返回全部文本；如果省略 Num_chars，则默认其值为1。

例如，函数"=RIGHT("河南省郑州市",3)"表示截取字符串中的倒数 3 个字符（郑州市）；函数"= RIGHT("河南省郑州市",8)"表示截取字符串中的所有字符（河南省郑州市）；函数"=RIGHT("河南省郑州市",)"表示默认截取字符串中倒数第一个字符（市）。

19）MID()函数：返回文本字符串中从指定位置开始的特定数目的字符，该数目由用户指定。函数语法如下：

MID(Text, Start_num, Num_chars)

其中，Text 为要提取字符的文本字符串；Start_num 为文本中要提取的第一个字符的位置。文本中第一个字符的 Start_num 为 1。以此类推，其说明如表 4-5 所示。

表 4-5　Start_num 参数

参数情况	说明
Start_num 大于文本长度	返回空文本（""）
Start_num 小于文本长度，但 Start_num 加上 Num_chars 超过了文本的长度	只返回指定位置开始直到文本末尾的字符
Start_num 小于 1	返回错误值#VALUE!
Num_chars 是负数	返回错误值#VALUE!

Num_chars 是必需的，它指定从文本中返回字符的个数。

例如，函数"=MID（"河南省郑州市",1,3)"表示返回从第 1 个字符开始共 3 个字符（河南省）；函数"=MID（"河南省郑州市",4,10)"表示返回从第 4 个字符开始共 10 个字符（郑州市）；函数"=MID（"河南省郑州市",20,5)"因为要提取的第一个字符的位置大于字符串的长度，所以返回空文本。

20）TODAY()函数：返回当前日期的序列号。序列号是 Excel 2016 日期和时间计算使用的日期-时间代码。

如果需要无论何时打开工作簿时工作表上都能显示当前日期，则可以使用 TODAY()函数。此函数也可以用于计算时间间隔。例如，如果知道某人出生于 1963 年，可以使用公式计算对方到目前为止的年龄：=YEAR(TODAY())-1963。TODAY()函数语法没有参数。

例如，函数"=TODAY()"返回当前日期；函数"=TODAY()+5"返回当前日期加 5 天，如果当前日期为 1/1/2008，此公式会返回 1/6/2008；函数"=DATEVALUE("1/1/2030")-TODAY()"返回当前日期和 1/1/2030 之间的天数；函数"=DAY(TODAY())"返回一月中的当前日期；函数"=MONTH(TODAY())"返回一年中的当前月份，如果当前月份为五月，则此公式会返回 5。

21）NOW()函数：返回当前日期和时间的序列号。当需要在工作表上显示当前日期和时间或需要根据当前日期和时间计算一个值并在每次打开工作表时更新该值时，即可使用该函数。NOW()函数语法没有参数，且比 TODAY()函数多显示了时间。

22）YEAR()函数：返回某日期对应的年份。返回值为 1900～9999 范围内的整数。函数语法如下：

YEAR(Serial_number)

Excel 2016 可将日期存储为可用于计算的序列数。默认情况下，1900 年 1 月 1 日的序列号是 1，而 2008 年 1 月 1 日的序列号是 39448，这是因为它距 1900 年 1 月 1 日有 39 448 天。

23）HLOOKUP()函数：在表格或数值数组的首行查找指定的数值，并在表格或数组中指定行的同一列中返回一个数值。当比较值位于数据表的首行，并且要查找下面给定行中的数据时，可使用该函数。HLOOKUP 中的 H 代表"行"。函数语法如下：

HLOOKUP(Lookup_value, Table_array, Row_index_num, [Range_lookup])

其中，Lookup_value 为需要在表的第一行中进行查找的数值，它可以为数值、引用或文本字符串；Table_array 为需要在其中查找数据的信息表，Table_array 第一行的数值可以为文本（不分大小写）、数字或逻辑值；Row_index_num 为 Table_array 中待返回的匹配值的行序号；Range_lookup 为逻辑值，指明函数查找时是精确匹配还是近似匹配。如果 Range_lookup 为 TRUE 或省略，则查找近似匹配值。

例如，已知相关信息如图 4-94 所示，根据图中的"停车价目表"价格，利用 HLOOKUP()函数对"停车情况记录表"中的"单价"列根据不同的车型进行自动填充。可在 C7 单元格输入函数及参数"=HLOOKUP(B7,$A$2:$C$2,2,FALSE)",如图 4-95 所示。

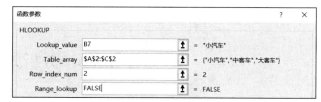

图 4-94　HLOOKUP()函数使用的相关信息　　　　图 4-95　HLOOKUP()函数的参数设置

24）VLOOKUP()函数：可以使用该函数搜索某个单元格区域的第一列，然后返回该区域相同行上任何单元格中的值。VLOOKUP()函数中的 V 表示垂直方向。当比较值位于所需查找的资料的左边一列时，可以使用 VLOOKUP()函数而不是 HLOOKUP()函数。函数语法如下：

VLOOKUP(Lookup_value, Table_array, Col_index_num, [Range_lookup])

其中，Lookup_value 为要在表格或区域的第一列中搜索的值，它可以是值或引用；Table_array 为包含数据的单元格区域，Table_array 第一列中的值是由 Lookup_value 搜索的值（文本、数字元或逻辑值，文本不区分大小写）；Col_index_num 为 Table_array 参数中必须返回的匹配值的列号；Range_lookup 为一个逻辑值，指定函数查找时是精确匹配值还是近似匹配值。如果 Range_lookup 为 TRUE 或省略，则必须按升序排列 Table_array 第一列中的值；否则，可能无法返回正确的值。

例如，已知相关信息如图 4-96 所示，根据图中"价格表"中的商品单价，利用 VLOOKUP() 函数将其单价自动填充到"采购表"的"单价"列中。

在 C9 单元格插入函数 VLOOKUP，设置参数如图 4-97 所示。

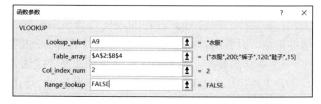

图 4-96　VLOOKUP()函数使用的相关信息　　　　图 4-97　VLOOKUP()函数的参数设置

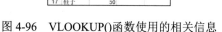
实践训练

打开文件素材"实践训练 2.xlsx"，完成以下操作。

1）将 Sheet1 工作表重命名为"初统计"。

2）在第 10 行前面插入一行，输入内容"林玲　女　物流部　专科　70　80　88　90"。

3）将"夏蓝"所在的数据行删除。

4）在"平均分"列前插入一列，输入"综合测评"的数据。

5）选中"Office 办公软件"列，插入一个空列。将"平均分"列移动到"学历"列的右侧。

6）分别在 E13、E14、E15 单元格中输入"最高""最低""综合测评人数"。

7）计算平均分的"最高值"。

8）计算平均分的"最低值"。

9）计算"综合测评人数"。

任务 4.3 分析处理数据

任务分析

在 Excel 2016 中，除了利用公式函数对数据进行处理外，还可以利用 Excel 2016 提供的图表、数据排序、筛选、分类汇总、合并计算和模拟分析功能进行数据处理。例如，为进一步了解教师的教学效果，需要对学生的成绩进行分析，使用户有更直观的视觉效果，且可以更方便地查看数据的差异。

任务目标

1）能进行图表的创建及操作。

2）掌握排序、自动筛选的使用方法。

3）掌握高级筛选的操作方法。

4）能进行分类汇总。

任务实施

步骤 1 制作图表

图表是图形化的数据，它由点、线、面等图形与数据文件按特定的方式组合而成，具有较好的视觉效果，可方便用户查看数据的差异和预测趋势。

（1）柱形图

柱形图由一系列相同宽度的柱形或条形组成，通常用来比较一段时间内两个或多个项目的相对数量。

打开文件"图表.xlsx"，在 Sheet1 工作表中根据"成绩分布"和"人数"两行，生成二维簇状柱形图，设置图表标题为"××班级考试情况分析表"，图表放在 A4:F20 单元格区域。

1）选择源数据：在 Sheet1 工作表中选择"成绩分布"和"人数"两行。

在工作表中选中用于创建图表的单元格区域，如果所选的多个区域不相邻，则先选第一个单元格区域，再在按 Ctrl 键的同时选择其他单元格区域。不相邻的选中区域必须能形成一个矩形。

2）选择"插入"选项卡"图表"选项组中的图表类型，如图 4-98 所示。图表类型主要包括柱形图、折线图、饼图、条形图、面积图、散点图等。单击"柱形图"下拉按钮，在弹出的如图 4-99 所示的下拉列表中选择"簇状柱形图"选项。

图 4-98 "图表"选项组

3）在图表标题上单击，设置图表标题为"××班级考试情况分析表"。

4）调整图表大小，拖动图表到 A4:F20 单元格区域，最终效果如图 4-100 所示。

图 4-99 "柱形图"下拉列表

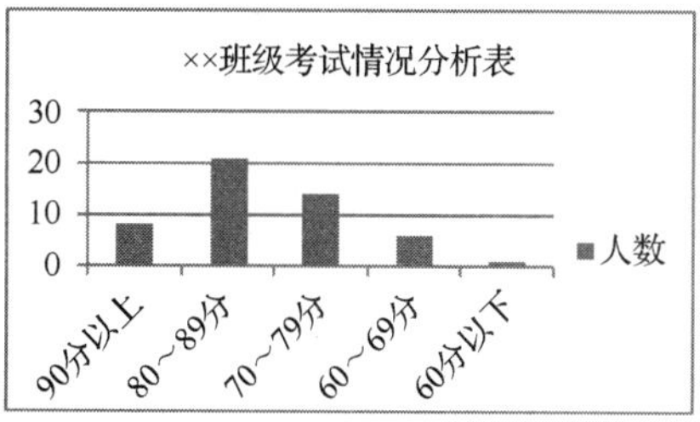

图 4-100 柱形图效果

（2）折线图

在 Sheet2 工作表中，根据"年份"和"就业率"两列生成带数据标记的折线图。设置图表标题为"××学院 7 年就业率统计表"，字体为隶书、20 号，添加数据标签。调整图表的位置和大小，使它位于 A10:G25 单元格区域。

1）选择源数据：在 Sheet2 工作表中选择"年份"和"就业率"两列。

2）单击"插入"选项卡"图表"选项组中的"折线图"下拉按钮，在弹出的如图 4-101 所示的下拉列表中选择"带数据标记的折线图"选项。

3）在图表标题上单击，设置图表标题为"××学院 7 年就业率统计表"，再在标题上右击，在弹出的快捷菜单中选择"字体"选项，并设置其为隶书、20 号。

4）右击图表上的数据系列点，在弹出的快捷菜单中选择"添加数据标签"选项，生成如图 4-102 所示的图表。

5）调整图表的位置和大小，使它位于 A10:G25 单元格区域。

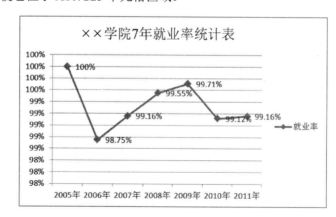

图 4-101 "折线图"下拉列表

图 4-102 折线图效果

（3）饼图

在 Sheet3 工作表中，根据"工作所在地区"和"就业人数"两列生成三维饼图。设置图表标题为"××班毕业生就业情况汇总表"，设置图表布局为"布局 2"。调整图表的位置和大小，使它位于 C1:I15 单元格区域。

图 4-103 "饼图"下拉列表

1）选择源数据：在 Sheet3 工作表中选择"工作所在地区"和"就业人数"两列。

2）单击"插入"选项卡"图表"选项组中的"饼图"下拉按钮，在弹出的如图 4-103 所示的下拉列表中选择"三维饼图"选项。

3）在图表标题上单击，设置图表标题为"××班毕业生就业情况汇总表"。

4）选中图表，然后选择"图表工具-设计"选项卡"图表布局"选项组中的"布局 2"选项。

5）调整图表的位置和大小，使它位于 C1:I15 单元格区域，最终效果如图 4-104 所示。

图 4-104 饼图效果

步骤 2　排序

排序是数据处理的一项重要操作，对数据清单中的数据按不同的字段进行排序，可以满足不同的数据分析需要。

（1）升序/降序按钮

打开文件"数据处理.xlsx"，在"排序 1"工作表中完成以下操作。

1）在 G1 单元格中输入"总分"，计算每位同学的总分。

2）按总分降序排列，并在 H 列中输入名次（1、2、3……）。

主要操作步骤：单击"排序 1"工作表中"总分"所在列的任一单元格，然后单击"数据"选项卡"排序和筛选"选项组中的"降序"按钮，如图 4-105 所示。在 H1 单元格中输入"名次"，在其下单元格中输入相应的名次即可。

（2）排序按钮

将"排序 1"工作表复制到"排序 2"工作表中，选中"排序 2"工作表中的 B34 单元格并输入"各门平均"，计算出每门课的平均成绩（取两位小数），再按"计算机"成绩降序排列（"各门平均"行位置不变）。操作步骤如下。

1）选中"排序 1"整个工作表，复制到"排序 2"工作表。

2）选中"排序 2"工作表中的 B34 单元格并输入"各门平均"，利用 AVERAGE()函数计算各科平均分。

3）选中数据区域，设置单元格格式，保留两位小数。

4）选中除各科平均行以外的数据区域，单击"数据"选项卡"排序和筛选"选项组中的"排序"按钮，在打开的如图 4-106 所示的"排序"对话框中设置按"计算机"成绩"降序"排列。

图 4-105　"降序"按钮

图 4-106　"排序"对话框（1）

（3）多关键字排序

在"排序 3"工作表中，首先以"院系名称"升序排列，然后各分院内部再按"报名人数"降序排列。

操作步骤如下：选中数据区域，单击"数据"选项卡"排序和筛选"选项组中的"排序"按钮，在打开的"排序"对话框中设置"主要关键字"为"院系名称"、"次序"为"升序"，单击"添加条件"按钮，添加"次要关键字"为"报名人数"、"次序"为"降序"，如图 4-107 所示。

图 4-107　"排序"对话框（2）

步骤 3　筛选

筛选是数据处理的一项重要操作，要在数据清单中查找某一条记录时，可以使用筛选功能显示符合要求的记录，隐藏不符合要求的记录。Excel 2016 提供了两种筛选：自动筛选和高级筛选。自动筛选适用于条件简单的筛选，高级筛选适用于条件复杂的筛选。

（1）自动筛选

单击数据区域或选中字段名称，单击"数据"选项卡"排序和筛选"选项组中的"筛选"按钮，此时表格的每个字段名称右侧将显示一个下拉按钮，如图 4-108 所示。单击"班级"右侧的下拉按钮，在弹出的下拉列表（图 4-109）中选中"一班"复选框，筛选"一班"的学生信息，并将筛选内容复制到 Sheet1 工作表。再次单击"筛选"按钮，取消自动筛选。

图 4-108　自动筛选下拉按钮

图 4-109 选择文本筛选

（2）高级筛选

筛选表中所有单科成绩不及格的记录的操作步骤如下。

1）复制数据清单的标题行到与数据清单相隔至少一行或一列的位置。然后在需要设置条件的列标题下方单元格中输入该列的筛选条件，需要同时满足的条件放在同一行，否则放在不同行，但必须保证条件区域中没有空行或空列，如图 4-110 所示。

2）选中整个数据清单，单击"数据"选项卡"排序和筛选"选项组中的"高级"按钮，在打开的如图 4-111 所示的"高级筛选"对话框中设置高级筛选的方式、列表区域（清单区域，默认已经正确设置）和条件区域等即可。单击"清除"按钮可取消高级筛选。

K	L	M	N
高等数学	大学语文	大学英语	计算机
>80	>90		
		>80	>80

图 4-110 设置条件区域　　　　图 4-111 "高级筛选"对话框

步骤 4　分类汇总

在进行数据分析时，经常需要将具有同一属性的数据进行汇总，如计算机等级考试报名时，汇总各系相关班级的报名人数。在进行分类汇总之前，首先要确定分类的字段，并将数据按分类字段进行排序（升序或降序都可以），这样所有记录就会按照分类字段排列在一起。

对"分类汇总"工作表的记录先按"班级"进行排序，再进行分类汇总。分类字段为班级，汇总方式为求平均值，选定汇总项为"平均成绩"。

操作步骤如下：单击数据清单中任意一个单元格，或选中整个数据清单。单击"数据"选项卡"分级显示"选项组中的"分类汇总"按钮，如图 4-112 所示。在打开的如图 4-113 所示的"分类汇总"对话框中设置"分类字段"为"班级"、"汇总方式"为"平均值"、"选定汇总项"为"平均成绩"，单击"确定"按钮，效果如图 4-114 所示。

图 4-112 "分类汇总"按钮

	学号	姓名	班级	性别	高等数学	大学语文	大学英语	计算机	总分	平均成绩
2	090104	陈董	二班	男	90	86	89	89	354	88.5
3	090108	池仲法	二班	男	69	68	86	84	307	76.75
4	090110	范其凯	二班	男	95	89	93	87	364	91
5	090114	黄凯	二班	男	86	87	78	76	327	81.75
6				男 平均值						84.5
7	090107	陈泽威	二班	女	86	76	78	86	326	81.5
8	090109	杜慧	二班	女	85	68	56	74	283	70.75
9	090112	马晓波	二班	女	74	84	92	89	339	84.75
10	090117	厉岳伟	二班	女	92	89	97	87	365	91.25
11				女 平均值						82.0625
12				二班 平均值					333.125	
13	090115	季文强	三班	男	77	90	86	87	340	85
14	090118	林添添	三班	男	86	87	78	76	327	81.75
15	090120	卢俊毅	三班	男	78	87	88	73	306	76.5
16				男 平均值						81.08333333
17	090116	蒋蔷益	三班	女	76	68	67	77	288	72
18	090119	刘栋	三班	女	86	85	74	87	332	83
19				女 平均值						77.5
20				三班 平均值					318.6	
21	090102	陈佩佩	一班	男	85	76	90	87	338	84.5
22	090105	陈先诚	一班	男	73	79	87	87	326	81.5
23	090111	方凯雯	一班	男	62	75	78	88	303	75.75
24				男 平均值						80.58333333
25	090101	曹佳镇	一班	女	88	10	82	85	265	66.25
26	090103	陈清梁	一班	女	89	87	77	85	338	84.5
27	090106	陈永楠	一班	女	81	91	89	90	351	89.75
28	090113	胡晶晶	一班	女	88	91	90	90	359	89.75
29				女 平均值						82.0625
30				一班 平均值					325.7143	
31				总计 平均值						81.725
32				总计 平均值					326.9	

图 4-113 "分类汇总"对话框　　　　　图 4-114 "班级平均成绩"分类汇总表

创建分类汇总之后，工作表左上角显示分级按钮 1 2 3 并分级显示汇总结果，以便为每个分类汇总显示和隐藏明细数据行和各级详细条目。若要删除分类汇总，先单击含有分类汇总的列表中的任意一个单元格，再单击"数据"选项卡"分级显示"选项组中的"分类汇总"按钮，在打开的"分类汇总"对话框中单击"全部删除"按钮即可。

相关知识

1. 数据排序

对工作表中的数据进行排序是数据重组的一种方式，在 Excel 2016 中可以对一列或多列数据进行排序。

（1）简单排序

在 Excel 2016 中，简单排序是指对数据表中的单列数据按照 Excel 2016 默认的升序或降序进行排列。其方法如下：将光标定位到活动工作表的数据区需要排序列的任一单元格（注意不得选取单元格区域），如表中"总分"列的 I4 单元格，再单击"数据"选项卡"排序和筛选"选项组中的"升序"或"降序"按钮，选定列（总分）即可按照升序或降序排列，图 4-115 所示为升序排列。

学号	姓 名	班级	高等数学	大学语文	大学英语	计算机	总 分	平均成绩
					**班考试成绩统计表			
090101	曹佳镇	一班	88	10	82	85	265	66.25
090109	杜慧	二班	85	68	56	74	283	70.75
090116	蒋蔷益	三班	76	68	67	77	288	72
090111	方飒雯	二班	62	75	78	88	303	75.75
090120	卢俊毅	三班	78	67	88	73	306	76.5
090108	池仲法	二班	69	68	86	84	307	76.75
090105	陈先斌	三班	73	79	87	87	326	81.5
090107	陈泽戚	一班	86	76	78	86	326	81.5
090114	黄凯	二班	86	87	78	76	327	81.75
090118	林添添	三班	86	87	78	76	327	81.75
090119	刘栋	三班	86	85	74	87	332	83
090102	陈佩佩	一班	85	76	90	87	338	84.5
090103	陈清梁	一班	89	87	77	85	338	84.5
090112	冯晓波	二班	74	84	92	89	339	84.75
090115	季文强	三班	77	90	86	87	340	85
090106	陈永杨	一班	81	91	89	90	351	87.75
090104	陈童	一班	90	86	89	89	354	88.5
090113	胡晶晶	二班	88	91	90	90	359	89.75
090110	范其凯	二班	95	89	93	87	364	91
090117	厉岳伟	三班	92	89	97	87	365	91.25

图 4-115　简单排序

（2）多关键字排序

若工作表需要按两个或两个以上关键字进行排序，则在主要关键字完全相同的情况下，再按次要关键字进行排序。例如，选择需要排序的工作表"报名人数表"，要求以"总分"为主要关键字，并按升序排序，以"高等数学"为次要关键字，并按降序排列。

将光标定位到活动工作表的任一单元格（注意不得选取单元格区域），单击"数据"选项卡"排序和筛选"选项组中的"排序"按钮，在打开的"排序"对话框中设置"主要关键字"为"总分"，设置"次序"为"升序"，单击"添加条件"按钮，添加"高等数学"为"次要关键字"，设置"次序"为"降序"。全部条件设置后，单击"确定"按钮，如图 4-116 所示。

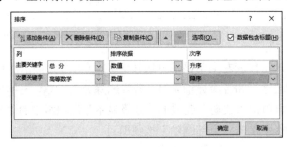

图 4-116　多关键字排序

2. 数据筛选

在 Excel 2016 中，有时需要显示数据中满足一定条件的数据，而将不符合条件的数据暂时隐藏起来，可以使用 Excel 2016 提供的自动筛选与高级筛选两种方式进行筛选。

（1）自动筛选

自动筛选一般用于简单的条件筛选。例如，在"学生成绩表"中，要筛选"计算机"成绩大于等于 90 的记录，可将光标定位在表中任一非空单元格中，然后单击"数据"选项卡"排序和筛选"选项组中的"筛选"按钮。选定表的标题栏显示筛选下拉按钮，如图 4-117 所示。

单击"计算机"字段右侧的筛选下拉按钮，在弹出的下拉列表中选择符合条件的记录即可。如果数据较多，可选择"数字筛选"中的"大于或等于"选项，在打开的"自定义自动筛选方式"对话框中的"大于或等于"文本框中输入数字 90，然后单击"确定"按钮即可，如图 4-118 所示。筛选结果如图 4-119 所示。

	A	B	C	D	E	F	G	H	I
1	学号	姓 名	班级	高等数	大学语	大学英	计算机	总 分	平均成绩
2	090101	曹佳旗	一班	88	10	82	85	265	66.25
3	090102	陈佩佩	一班	85	76	90	87	338	84.5
4	090103	陈清梁	一班	89	87	77	85	338	84.5
5	090104	陈童	一班	90	86	89	89	354	88.5
6	090105	陈先斌	一班	73	79	87	87	326	81.5
7	090106	陈永杨	一班	81	91	89	90	351	87.75
8	090107	陈泽威	一班	86	76	78	86	326	81.5
9	090108	池仲法	二班	69	68	86	84	307	76.75
10	090109	杜慧	二班	85	68	56	74	283	70.75
11	090110	范其凯	二班	95	89	93	87	364	91
12	090111	方飘雯	二班	62	75	78	88	303	75.75
13	090112	冯晓波	二班	74	84	92	89	339	84.75
14	090113	胡晶晶	二班	88	91	90	90	359	89.75
15	090114	黄凯	二班	86	87	78	76	327	81.75
16	090115	季文强	三班	77	90	86	87	340	85
17	090116	蒋蓉益	三班	76	68	67	77	288	72
18	090117	厉岳伟	三班	92	89	97	87	365	91.25
19	090118	林添添	三班	86	87	78	76	327	81.75
20	090119	刘栋	三班	86	85	74	87	332	83
21	090120	卢俊毅	三班	78	67	88	73	306	76.5

图 4-117　数据筛选

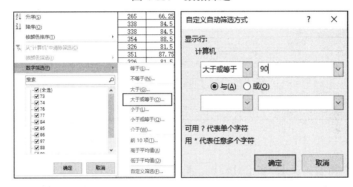

图 4-118　设置筛选条件

	A	B	C	D	E	F	G	H	I
1	学号	姓 名	班级	高等数	大学语	大学英	计算机	总 分	平均成绩
7	090106	陈永杨	一班	81	91	89	90	351	87.75
14	090113	胡晶晶	二班	88	91	90	90	359	89.75

图 4-119　筛选结果

（2）高级筛选

高级筛选是 Excel 2016 中用于条件较复杂的筛选操作，其筛选的结果不但可以在原数据表位置显示，还可以在新的位置（同一表中或新的表中）显示，便于对筛选前后的数据进行对比。

在高级筛选中，又分为多条件（并列条件）筛选和多选一条件筛选。

1）多条件筛选。在 Excel 2016 中，多条件筛选是指从原数据中查找同时满足多个条件的记录。例如，要在"××班考试成绩统计表"中筛选不需要补考（各门课都及格）的学生名单，可先在当前表的无数据的区域输入筛选条件，

K	L	M	N
高等数学	大学语文	大学英语	计算机
>=60	>=60	>=60	>=60

图 4-120　设置多条件筛选条件区域

如图 4-120 所示。然后将光标定位到原数据表中，单击"数据"选项卡"排序和筛选"选项组中的"高级"按钮，在打开的"高级筛选"对话框中选择筛选的显示方式，如选中"将筛选结果复制到其他位置"单选按钮，然后在"列表区域"、"条件区域"和"复制到"3 个文本框中选择适当区域（可以用鼠标拖选或直接输入区域地址，"复制到"区域只需输入要复制到的新区域左上角的单元格地址）即可，如图 4-121 所示，然后单击"确定"按钮。筛选结果如图 4-122 所示。

图 4-121　设置多条件高级筛选

学号	姓　名	班级	高等数学	大学语文	大学英语	计算机	总　分	平均成绩
090102	陈佩佩	一班	85	76	90	87	338	84.5
090103	陈青梁	一班	89	87	77	85	338	84.5
090104	陈童	一班	90	86	89	89	354	88.5
090105	陈先斌	一班	73	79	87	87	326	81.5
090106	陈永杨	一班	81	91	89	90	351	87.75
090107	陈泽威	一班	86	76	78	86	326	81.5
090108	池仲法	二班	69	68	86	84	307	76.75
090110	范其凯	二班	95	89	93	87	364	91
090111	方佩雯	二班	62	75	78	88	303	75.75
090112	冯晓波	二班	74	84	92	89	339	84.75
090113	胡晶晶	二班	88	91	90	90	359	89.75
090114	黄凯	二班	86	87	78	76	327	81.75
090115	季文强	三班	77	90	86	87	340	85
090116	蒋蕾益	三班	76	68	67	77	288	72
090117	厉岳伟	三班	92	89	97	87	365	91.25
090118	林添添	三班	86	87	78	76	327	81.75
090119	刘栋	三班	86	85	74	87	332	83
090120	卢俊毅	三班	78	67	88	73	306	76.5

图 4-122　多条件高级筛选结果

2）多选一条件筛选。在 Excel 2016 中，多选一条件筛选是指从原数据中查找满足多个条件之一的记录。例如，在"××班考试成绩统计表"中筛选需要补考（即任一门课不及格）的学生信息，可先在当前表的无数据的区域输入筛选条件，如图 4-123 所示。然后将光标定位到原数据表中，单击"数据"选项卡"排序和筛选"选项组中的"高级"按钮，在打开的"高级筛选"对话框中选择筛选的显示方式，如选中"将筛选结果复制到其他位置"单选按钮，然后在"列表区域"、"条件区域"和"复制到" 3 个文本框中选择适当区域，如图 4-121 所示，单击"确定"按钮。筛选结果如图 4-124 所示。

K 高等数学	L 大学语文	M 大学英语	N 计算机
<60			
	<60		
		<60	
			<60

图 4-123　设置多选一筛选条件区域

学号	姓　名	班级	高等数学	大学语文	大学英语	计算机	总　分	平均成绩
090101	曹佳旗	一班	88	10	82	85	265	66.25
090109	杜慧	二班	85	68	56	74	283	70.75

图 4-124　多条件高级筛选结果

3．分类汇总

在 Excel 2016 中，分类汇总是指把数据按照要求分类进行求和、求平均值、统计个数、求最大值（最小值）和总体方差等多种统计计算，并且分级显示汇总结果，使用户能快捷地浏览表中数据的条件汇总统计结果。

分类汇总分为简单分类汇总、多重分类汇总和嵌套分类汇总。进行分类汇总的数据的第一行必须要有列标签，而且分类之前必须先对数据进行排序（升序或降序均可），使数据按分类字段将记录集中在一起，然后进行分类汇总操作。

（1）简单分类汇总

简单分类汇总是指对数据表中的某一列按照一种汇总方式进行分类汇总。例如，要汇总"××班考试成绩统计表"各班级的每门课总分，原数据表如图4-125所示。

	A	B	C	D	E	F	G	H	I
1	学号	姓 名	班级	高等数学	大学语文	大学英语	计算机	总 分	平均成绩
2	090101	曹佳旗	一班	88	10	82	85	265	66.25
3	090102	陈佩佩	一班	85	76	90	87	338	84.5
4	090103	陈清梁	一班	89	87	77	85	338	84.5
5	090104	陈童	二班	90	86	89	89	354	88.5
6	090105	陈先斌	一班	73	79	87	87	326	81.5
7	090106	陈永杨	一班	81	91	89	90	351	87.75
8	090107	陈泽威	二班	86	76	78	86	326	81.5
9	090108	池仲法	二班	69	68	86	84	307	76.75
10	090109	杜慧	二班	85	68	56	74	283	70.75
11	090110	范其凯	二班	95	89	93	87	364	91
12	090111	方飘雯	一班	62	75	78	88	303	75.75
13	090112	冯晓波	二班	74	84	92	89	339	84.75
14	090113	胡晶晶	一班	88	91	90	90	359	89.75
15	090114	黄凯	二班	86	87	78	76	327	81.75
16	090115	季文强	三班	77	90	86	87	340	85
17	090116	蒋蓍益	三班	76	68	67	77	288	72
18	090117	厉岳伟	二班	92	89	97	87	365	91.25
19	090118	林添添	二班	86	87	78	76	327	81.75
20	090119	刘栋	三班	86	85	74	87	332	83
21	090120	卢俊毅	三班	78	67	88	73	306	76.5

图 4-125 简单分类汇总数据源

具体操作如下。

1）对当前表的"班级"字段进行排序，将同一班级的记录集中到一起，如图4-126所示。

	A	B	C	D	E	F	G	H	I
1	学号	姓 名	班级	高等数学	大学语文	大学英语	计算机	总 分	平均成绩
2	090104	陈童	二班	90	86	89	89	354	88.5
3	090107	陈泽威	二班	86	76	78	86	326	81.5
4	090108	池仲法	二班	69	68	86	84	307	76.75
5	090109	杜慧	二班	85	68	56	74	283	70.75
6	090110	范其凯	二班	95	89	93	87	364	91
7	090112	冯晓波	二班	74	84	92	89	339	84.75
8	090114	黄凯	二班	86	87	78	76	327	81.75
9	090117	厉岳伟	二班	92	89	97	87	365	91.25
10	090115	季文强	三班	77	90	86	87	340	85
11	090116	蒋蓍益	三班	76	68	67	77	288	72
12	090118	林添添	三班	86	87	78	76	327	81.75
13	090119	刘栋	三班	86	85	74	87	332	83
14	090120	卢俊毅	三班	78	67	88	73	306	76.5
15	090101	曹佳旗	一班	88	10	82	85	265	66.25
16	090102	陈佩佩	一班	85	76	90	87	338	84.5
17	090103	陈清梁	一班	89	87	77	85	338	84.5
18	090105	陈先斌	一班	73	79	87	87	326	81.5
19	090106	陈永杨	一班	81	91	89	90	351	87.75
20	090111	方飘雯	一班	62	75	78	88	303	75.75
21	090113	胡晶晶	一班	88	91	90	90	359	89.75

图 4-126 排序后的效果

2）单击"数据"选项卡"分级显示"选项组中的"分类汇总"按钮，在打开的"分类汇总"对话框中按题目要求设置"分类字段"为"班级"、"汇总方式"为"求和"、"选定汇总项"为"高等数学""大学语文""大学英语""计算机"4门课（只能对数值字段求和或求平均值），如图4-127所示。简单分类汇总结果如图4-128所示。

图4-127 设置分类汇总

	学号	姓 名	班级	高等数学	大学语文	大学英语	计算机	总 分	平均成绩
	090104	陈童	二班	90	86	89	89	354	88.5
	090107	陈泽威	二班	86	76	78	86	326	81.5
	090108	池仲法	二班	69	68	86	84	307	76.75
	090109	杜慧	二班	85	68	56	74	283	70.75
	090110	范其凯	二班	95	89	93	87	364	91
	090112	冯晓波	二班	74	84	92	89	339	84.75
	090114	黄凯	二班	86	87	78	76	327	81.75
	090117	厉岳伟	二班	92	89	97	87	365	91.25
			二班 汇总	677	647	669	672		
	090115	季文强	三班	77	90	86	87	340	85
	090116	蒋蓄益	三班	76	68	67	77	288	72
	090118	林添添	三班	86	87	78	76	327	81.75
	090119	刘栋	三班	86	85	74	87	332	83
	090120	卢俊毅	三班	78	67	88	73	306	76.5
			三班 汇总	403	397	393	400		
	090101	曹佳旗	一班	88	10	82	85	265	66.25
	090102	陈佩佩	一班	85	76	90	87	338	84.5
	090103	陈清梁	一班	89	87	77	85	338	84.5
	090105	陈先斌	一班	73	79	87	87	326	81.5
	090106	陈永杨	一班	81	91	89	90	351	87.75
	090111	方飘丰	一班	62	75	78	88	303	75.75
	090113	胡晶晶	一班	88	91	90	90	359	89.75
			一班 汇总	566	509	593	612		
			总计	1646	1553	1655	1684		

图4-128 简单分类汇总结果

（2）多重分类汇总

在 Excel 2016 中，对工作表的某列数据选择两种或两种以上的分类汇总方式或汇总项进行汇总，叫作多重分类汇总。多重分类汇总每次的分类字段是相同的，而汇总方式或汇总项不同。第二次汇总是在第一次汇总的基础上进行的。例如，在简单分类汇总中，还想要按照"班级"字段计算各班各科成绩的平均值，则需要继续进行如下操作：单击"数据"选项卡"分级显示"选项组中的"分类汇总"按钮，打开"分类汇总"对话框，在对话框中"分类字段"不变，"汇总方式"改为"平均值"，"选定汇总项"不变。取消选中"替换当前分类汇总"复选框，如图 4-129所示。多重分类汇总结果如图 4-130 所示。

图4-129 设置多重分类汇总

	学号	姓 名	班级	高等数学	大学语文	大学英语	计算机	总 分	平均成绩
	090104	陈童	二班	90	86	89	89	354	88.5
	090107	陈泽威	二班	86	76	78	86	326	81.5
	090108	池仲法	二班	69	68	86	84	307	76.75
	090109	杜慧	二班	85	68	56	74	283	70.75
	090110	范其凯	二班	95	89	93	87	364	91
	090112	冯晓波	二班	74	84	92	89	339	84.75
	090114	黄凯	二班	86	87	78	76	327	81.75
	090117	厉岳伟	二班	92	89	97	87	365	91.25
			二班 平均值	84.625	80.875	83.625	84		
			二班 汇总	677	647	669	672		
	090115	季文强	三班	77	90	86	87	340	85
	090116	蒋蓄益	三班	76	68	67	77	288	72
	090118	林添添	三班	86	87	78	76	327	81.75
	090119	刘栋	三班	86	85	74	87	332	83
	090120	卢俊毅	三班	78	67	88	73	306	76.5
			三班 平均值	80.6	79.4	78.6	80		
			三班 汇总	403	397	393	400		
	090101	曹佳旗	一班	88	10	82	85	265	66.25
	090102	陈佩佩	一班	85	76	90	87	338	84.5
	090103	陈清梁	一班	89	87	77	85	338	84.5
	090105	陈先斌	一班	73	79	87	87	326	81.5
	090106	陈永杨	一班	81	91	89	90	351	87.75
	090111	方飘丰	一班	62	75	78	88	303	75.75
	090113	胡晶晶	一班	88	91	90	90	359	89.75
			一班 平均值	80.85714	72.71429	84.71429	87.42857		
			一班 汇总	566	509	593	612		
			总计平均值	82.3	77.65	82.75	84.2		
			总计	1646	1553	1655	1684		

图4-130 多重分类汇总结果

（3）嵌套分类汇总

在 Excel 2016 中，还可以在一个已经建立好分类汇总的工作表中再进行另外一种分类汇总，两次分类汇总的字段是不相同的，其他项可以相同也可以不同。例如，要在"××班考试成绩统计表"中先按"班级"汇总计算班级总分，再按"性别"分别汇总计算出男、女生各科成绩的平均值，操作如下：首先对当前表按照主要关键字"班级"、次要关键字"性别"进行排序，然后分类计算各科的班级总分，在此基础上再按性别计算各班男、女生的平均成绩，如图 4-131 所示。嵌套分类汇总结果如图 4-132 所示。

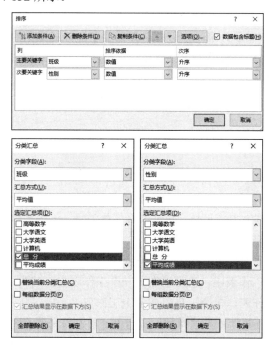

图 4-131　嵌套分类汇总

1 2 3 4	A	B	C	D	E	F	G	H	I	J	K
1	学 号	姓 名	班级	性别	高等数学	大学语文	大学英语	计算机	总 分	平均成绩	
2	090104	陈童	二班	男	90	86	89	89	354	88.5	
3	090108	池仲法	二班	男	69	68	86	84	307	76.75	
4	090110	范其凯	二班	男	95	89	93	87	364	91	
5	090114	黄凯	二班	男	86	87	78	76	327	81.75	
6				男 平均值						84.5	
7	090107	陈泽威	二班	女	86	76	78	86	326	81.5	
8	090109	杜慧	二班	女	85	68	56	74	283	70.75	
9	090112	冯晓波	二班	女	74	84	92	89	339	84.75	
10	090117	厉岳伟	二班	女	92	89	97	87	365	91.25	
11				女 平均值						82.0625	
12			二班 平均值						333.125		
13	090115	季文强	三班	男	77	90	86	87	340	85	
14	090118	林添添	三班	男	86	87	78	76	327	81.75	
15	090120	卢俊毅	三班	男	78	67	88	73	306	76.5	
16				男 平均值						81.08333333	
17	090116	蒋蓄益	三班	女	76	68	67	77	288	72	
18	090119	刘栋	三班	女	86	85	74	87	332	83	
19				女 平均值						77.5	
20			三班 平均值						318.6		
21	090102	陈佩佩	一班	男	85	76	90	87	338	84.5	
22	090105	陈先斌	一班	男	73	79	87	87	326	81.5	
23	090111	方飘霓	一班	男	62	75	78	88	303	75.75	
24				男 平均值						80.58333333	
25	090101	曹佳琪	一班	女	88	10	82	85	265	66.25	
26	090103	陈青梁	一班	女	89	87	77	85	338	84.5	
27	090106	陈永杨	一班	女	81	91	89	90	351	87.75	
28	090113	胡晶晶	一班	女	88	91	90	90	359	89.75	
29				女 平均值						82.0625	
30			一班 平均值						325.7143		
31			总计平均值							81.725	

图 4-132　嵌套分类汇总结果

（4）分级显示数据

在工作表中对数据进行分类汇总后，Excel 2016 会自动按照分类汇总时的结果分类显示数据。

1）分级显示明细数据。如图 4-132 所示，在工作表的左上角有分级的数字序号 1、2、3、4，1 为最高级，往右级别依次降低，单击数字会显示该级别的数据，并自动隐藏低级别的数据。

2）隐藏与显示明细数据。单击工作表左侧的减号可以隐藏该组的原始数据，此时减号变为加号，单击加号可以显示组中的原始数据。

3）消除分级显示。不需要分级时，可以选择需要取消分级显示的行，单击“数据”选项卡“分级显示”选项组中的“取消组合”下拉按钮，在弹出的下拉列表中选择“清除分级显示”选项即可。如果要全部取消分级显示，可以选择数据的任意单元格，再选择“清除分级显示”选项即可。

（5）取消分类汇总

若要取消分类汇总，则在打开的“分类汇总”对话框中单击“全部删除”按钮即可。

4．合并计算

在 Excel 2016 中，还可以使用合并计算来汇总一个或多个源区域中的数据。可以进行求和、求平均值、计数统计和求标准差等运算，并可以将各单独的工作表数据合并计算到一个主工作表中（适用于不同工作簿的表）。

合并计算时，首先，要为合并数据定义一个目标区，用于显示合并后的数据信息，该目标区可以位于与源数据相同的工作表中，也可以在另一个工作表中；其次，需要选择计算的数据源，此数据源可以来自单个工作表、多个工作表或多个工作簿。

Excel 2016 中提供的合并计算方法有按位置合并计算和按分类合并计算两种。

（1）按位置合并计算

按位置合并计算要求源数据区域中的数据使用相同的行卷标和列卷标，并按相同的顺序排列在工作表中，且没有空行或空列。具体操作如下。

1）打开要合并计算的工作簿，假设已有某班的 4 门成绩，如图 4-133 所示。

	A	B
1	姓名	大学语文
2	曹佳旗	89
3	陈佩佩	85
4	陈清梁	86
5	陈童	73
6	陈先斌	82
7	陈永杨	73
8	陈泽威	89
9	池仲法	86
10	杜慧	73
11	范其凯	84
12	方珮雯	83
13	冯晓波	71
14	胡晶晶	87
15	黄凯	76
16	季文强	87

	A	B
1	姓名	高等数学
2	曹佳旗	77
3	陈佩佩	85
4	陈清梁	86
5	陈童	55
6	陈先斌	82
7	陈永杨	73
8	陈泽威	88
9	池仲法	86
10	杜慧	73
11	范其凯	84
12	方珮雯	83
13	冯晓波	71
14	胡晶晶	87
15	黄凯	77
16	季文强	87

	A	B
1	姓名	大学英语
2	曹佳旗	88
3	陈佩佩	99
4	陈清梁	86
5	陈童	77
6	陈先斌	82
7	陈永杨	73
8	陈泽威	55
9	池仲法	86
10	杜慧	73
11	范其凯	84
12	方珮雯	67
13	冯晓波	71
14	胡晶晶	87
15	黄凯	89
16	季文强	87

	A	B
1	姓名	计算机
2	曹佳旗	67
3	陈佩佩	85
4	陈清梁	22
5	陈童	73
6	陈先斌	82
7	陈永杨	73
8	陈泽威	89
9	池仲法	86
10	杜慧	66
11	范其凯	84
12	方珮雯	83
13	冯晓波	77
14	胡晶晶	87
15	黄凯	45
16	季文强	87

图 4-133　某班的 4 门成绩

2）在工作表中单击要放置合并计算结果区域的左上角单元格（假定为新表的 A1 单元格），再单击“数据”选项卡“数据工具”选项组中的“合并计算”按钮，打开“合并计算”对话框，如图 4-134 所示。

图 4-134 按位置合并计算

3）在"合并计算"对话框中的"函数"下拉列表中选择"求和"函数，在"引用位置"文本框中用鼠标选择需要合并计算的第一个区域，然后返回，单击"添加"按钮，将选定的区域添加到对话框的"所有引用位置"列表框中，直到将所有区域添加完毕，单击"确定"按钮，合并计算结果如图 4-135 所示。

（2）按分类合并计算

当源数据区域中的数据没有相同的组织结构，但有相同的行卷标或列卷标时，可采用按分类合并计算的方式进行汇总。

具体操作如下：打开要合并计算的工作簿，在包含要对其进行合并计算的数据的每个工作表中，确保每个数据区域都采用列表格式，即每列的第一行有一个标签，列中包含相应的数据，并且列表中没有空白的行或列。然后将每个区域分别置于单独的工作表中，不要放在需要放置合并的工作表中，确保每个区域具有相同的布局。

	大学语文	高等数学	大学英语	计算机
曹佳旗	89	77	88	67
陈佩佩	85	85	99	85
陈清梁	86	86	86	22
陈董	73	55	77	73
陈先斌	82	82	82	82
陈永杨	73	73	73	73
陈泽威	89	88	55	89
池仲法	86	86	86	86
杜慧	73	73	73	66
范其凯	84	84	84	84
方俪雯	83	83	67	83
冯晓波	71	71	71	77
胡晶晶	87	87	87	87
黄凯	76	77	89	45
季文强	87	87	87	87

图 4-135 按位置合并计算结果

提示： 如果频繁地对数据进行合并计算，可能会使工作表以使用一致布局的工作表模板为基础。

在主工作表要显示合并数据的单元格区域中，单击左上方的单元格，如 A1。为避免在目标工作表中所合并的数据覆盖现有数据，需确保在此单元格的右侧和下面为合并数据留出足够多的单元格。单击"数据"选项卡"数据工具"选项组中的"合并计算"按钮，在打开的"合并计算"对话框中的"函数"下拉列表中选择用来对数据进行合并计算的函数，如果工作表在另一个工作簿中，则单击"浏览"按钮，在打开的"浏览"对话框中找到文件，然后单击"确定"按钮。

如果工作表位于当前工作簿中，可执行下列操作：单击"引用位置"文本框右侧的按钮，打开"合并计算-引用位置"对话框。打开包含要对其进行合并计算的数据的工作表，选择该数据，单击该对话框右侧的按钮返回"合并计算"对话框，单击"添加"按钮即可，重复该步骤以添加所需的所有区域。

5．制作图表

在 Excel 2016 中，可以根据表格中的数据生成各种类型的图表，以便直观形象地表示和反映数据及其变化。

（1）图表的组成

在 Excel 2016 中，图表由绘图区、图表标题、坐标轴、数据系列、图例区、脚注、数据标签等图表项组成，如图 4-136 所示。

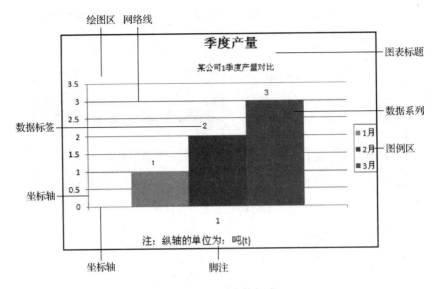

图 4-136　图表的组成

图 4-137　图表的类型

（2）图表的类型

在 Excel 2016 中，图表有柱形图、折线图、饼图、条形图、面积图、散点图等类型，如图 4-137 所示。用户可以根据需要选择图表类型。

（3）创建图表

在 Excel 2016 中，图表分为嵌入式图表和独立图表，下面分别介绍这两类图表的创建方法。

1）嵌入式图表：这是一种与源数据在同一工作表中的图表。例如，要根据"职工情况表"中的"姓名"、"基本工资"和"奖金" 3 列中选中的部分数据做三维柱形图。选好数据区域后，单击"插入"选项卡"图表"选项组中的"柱形图"下拉按钮，在弹出的下拉列表中选择"三维柱形图"选项，如图 4-138 所示。

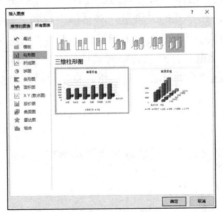

图 4-138　插入图表

此时自动在工作表中嵌入一个三维柱形图，如图 4-139 所示，并在顶部工具栏显示"图表工具"面板。也可在选择数据后，按 Alt+F1 组合键在数据表中快速创建一个嵌入式图表，然后在"图表工具-设计"选项卡"图表样式"选项组中选择一种样式即可。

2）独立图表：先建好嵌入式图表，然后单击"图表工具-设计"选项卡"位置"选项组中的"移动图表"按钮，打开"移动图表"对话框，选中"新工作表"单选按钮，再单击"确定"按钮，如图 4-140 所示。

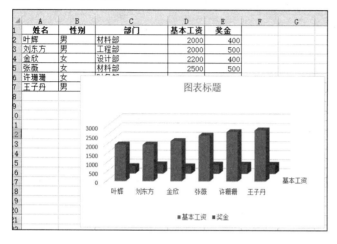

图 4-139 嵌入式图表　　　　　　　图 4-140 "移动图表"对话框

（4）编辑图表

创建图表后，在工作表的其他位置单击可取消对图表的选择，单击图表区任意位置可选中图表。选中图表后，可在"图表工具-设计"选项卡中进行更改图表类型、向图表中添加或删除数据、对换图表的行列数据、快速更改图表布局、应用图表样式等操作，如图 4-141 所示。

图 4-141 "图表工具-设计"选项卡

在"图表工具-格式"选项卡中可对图表进行美化操作，如图 4-142 所示。

图 4-142 "图表工具-格式"选项卡

6. 数据透视表

Excel 2016 提供了对大量数据快速汇总和建立交叉列表的交互式表格的数据透视表功能。用户可以借此来查看对数据源的不同汇总，选择不同的行列标签来筛选数据。

要创建数据透视表，必须要有数据源（现有的工作表或外部数据）。为了确保成功，数据源必须要删除所有空行空列、自动小计，确保第一行包含列标签，确保每一列只包含一种类型的数据。创建方法如下。

1）打开需要创建数据透视表的数据源"学生成绩表"，如图 4-143 所示，单击"插入"选项卡"表格"选项组中的"数据透视表"下拉按钮，在弹出的下拉列表中选择"数据透视表"选项，打开"创建数据透视表"对话框，如图 4-144 所示。

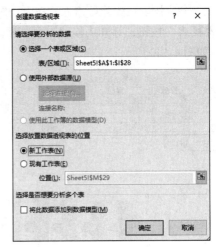

	A	B	C	D	E	F	G	H	I
1	学号	姓名	语文	数学	英语	总分	平均	排名	等级
2	20041001	王莉	75	85	80	240	80.00	11	良好
3	20041002	杨青	68	75	64	207	69.00	21	及格
4	20041003	陈小鹰	58	69	75	202	67.33	23	及格
5	20041004	陆东兵	94	90	91	275	91.67	1	优秀
6	20041005	闻亚东	84	87	88	259	86.33	4	良好
7	20041006	曹吉武	72	68	85	225	75.00	17	中等
8	20041007	彭晓玲	85	71	76	232	77.33	14	中等
9	20041008	傅珊珊	88	80	75	243	81.00	9	良好
10	20041009	钟争秀	78	80	76	234	78.00	13	中等
11	20041010	周昊瑞	94	87	82	263	87.67	3	良好
12	20041011	柴安琪	60	67	71	198	66.00	26	及格
13	20041012	吕秀杰	81	83	87	251	83.67	7	良好
14	20041013	陈华	71	84	67	222	74.00	18	中等
15	20041014	姚小玮	68	54	70	192	64.00	27	及格
16	20041015	刘晓瑞	75	85	80	240	80.00	11	良好
17	20041016	肖凌云	68	75	64	207	69.00	21	及格
18	20041017	徐小君	58	69	75	202	67.33	23	及格
19	20041018	程俊	94	89	91	274	91.33	2	优秀
20	20041019	黄威	82	87	88	257	85.67	5	良好
21	20041020	钟华	72	64	85	221	73.67	19	中等
22	20041021	郎怀民	85	71	70	226	75.33	15	中等
23	20041022	谷金力	87	80	75	242	80.67	10	良好
24	20041023	张南玲	78	64	76	218	72.67	20	中等
25	20041024	邓云	80	87	82	249	83.00	8	良好
26	20041025	贾丽娜	60	68	71	199	66.33	25	及格
27	20041026	万基荃	81	83	89	253	84.33	6	良好
28	20041027	吴冬玉	75	84	67	226	75.33	15	中等

图 4-143　学生成绩表　　　　　　图 4-144　"创建数据透视表"对话框

2）在"创建数据透视表"对话框中选择一个数据区域（可将光标定位到"表/区域"文本框中，用鼠标在表中拖选数据区或直接输入数据源区域地址），将"选择放置数据透视表的位置"设置为"新工作表"，单击"确定"按钮即可在新工作表中创建一个数据透视表。如果选中"现有工作表"单选按钮，则在现有工作表中创建一个数据透视表，如图 4-145 所示。

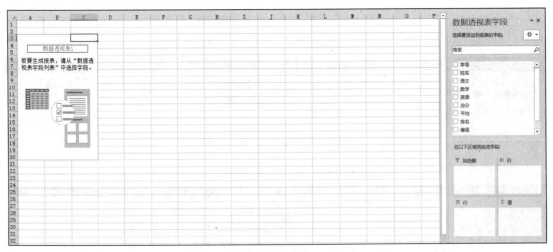

图 4-145　数据透视表编辑窗口

3）在编辑窗口右边的"数据透视表字段"窗口中，各选项的含义如下。

① 筛选器：用于基于报表筛选中的选定项来筛选整个报表。

② 列：用于将所选字段显示为报表顶部的列标题。

③ 行：用于将所选字段显示为报表左侧的行标题。

④ 值：用于显示汇总数值数据。

在本示例中，用鼠标将"等级"字段拖至"行"列表框中，将"学号"字段拖放至"值"列表框中（注意：该选项必须为数值数据），数据透视图布局如图 4-146 所示。

图 4-146　数据透视图布局

4）在生成的数据透视图中，自动对行列标签对应的数据项进行汇总和总计。

① 更改数据透视表的字段布局。若要对已生成的数据透视图的字段布局进行更改，可以选中数据透视表中任意非空单元格，单击"数据透视表工具-选项"选项卡"显示"选项组中的"字段列表"按钮，在打开的"数据透视表字段"列表窗格中取消对字段的选择，即可从数据透视表中清除该字段的布局，对布局可以重新进行调整。

② 更改数据透视表的数据源。数据透视表建好后，还可以对数据源的数值大小进行更改，但是更改数据的操作不能直接在数据透视表中进行，而是要切换到数据源工作表中，修改数据后再切换到要更新的数据透视表中。单击"数据透视表工具-选项"选项卡"数据"选项组的"刷新"按钮，此时当前数据透视表会闪动一下，表示数据透视表的数据已自动更新。

③ 删除数据透视表。若要删除数据透视表，可选中数据透视表中任意非空单元格，单击"数据透视表工具-选项"选项卡"操作"选项组中的"选择"下拉按钮，在弹出的下拉列表中选择"整个数据透视表"选项，然后按 Delete 键即可。也可以直接将数据透视表所在的工作表删除。

7. 页面设置与打印输出

工作表、图表等制作完成后，还要进行页面设置、打印预览，最后打印输出。

（1）设置纸张大小、方向和页边距

单击"页面布局"选项卡"页面设置"选项组右下角的"页面设置"按钮，在打开的"页面设置"对话框中进行设置，如图 4-147 所示。

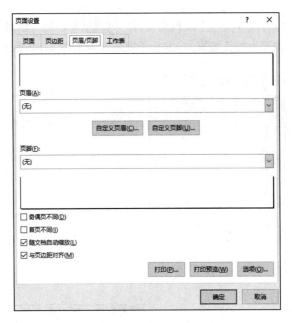

图 4-147 "页面设置"对话框

（2）设置页眉和页脚

页眉和页脚用来标识打印表格的名称、页号、作者名称或时间等，方便用户查看。在图 4-147 所示的"页面设置"对话框中选择"页眉/页脚"选项卡，直接在对应的列表框中输入页眉、页脚的内容，或单击"自定义页眉"或"自定义页脚"按钮，在打开的"页眉"或"页脚"对话框中自行定义，如图 4-148 所示。

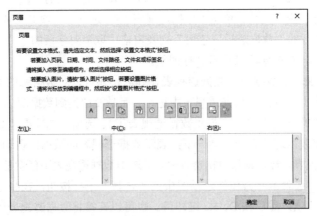

图 4-148 "页眉"对话框

（3）设置打印区域和打印标题

选择"页面布局"选项卡"页面设置"选项组中的"打印区域"下拉列表中的"设置打印区域"或"取消打印区域"选项，或在"页面设置"对话框中选择"工作表"选项卡，然后设置打印区域和打印标题，如图 4-149 所示。

（4）分页预览

单击"视图"选项卡"工作簿视图"选项组中的"分页预览"按钮，或单击状态栏上的"分页预览"按钮，以达到分页预览的效果，如图 4-150 所示。

图 4-149　"工作表"选项卡

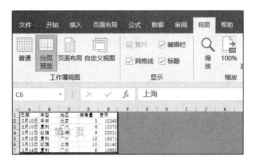

图 4-150　"分页预览"按钮

（5）调整分页符

分页符的位置取决于纸张的大小和页边距设置等，可以在分页预览视图中，用鼠标拖动分页符改变分页符的位置；也可以选定要分页的行或列，再单击"页面布局"选项卡"页面设置"选项组中的"分隔符"下拉按钮，在弹出的下拉列表中选择"插入分页符"选项即可在工作表中插入分页符；单击垂直分页符右侧或水平分页符下方单元格，再单击"页面布局"选项卡"页面设置"选项组中的"分隔符"下拉按钮，在弹出的下拉列表中选择"删除分页符"选项即可删除分页符。但是系统默认的分页符不能删除。

（6）打印预览和打印工作表

选择"文件"选项卡中的"打印"选项，可以在其右侧的窗格中查看打印前的实际打印效果。单击右侧窗格左下角的"上一页"或"下一页"按钮，可查看上一页或下一页的预览效果。

通过预览确认后，设置打印份数，选择打印机，设置打印对象（打印选定区域、忽略打印区域、打印活动工作表、打印整个工作簿），选择打印页数，调整打印顺序，设置纸张打印方向，设置页边距和工作表缩放后就可以打印了，如图 4-151 所示。

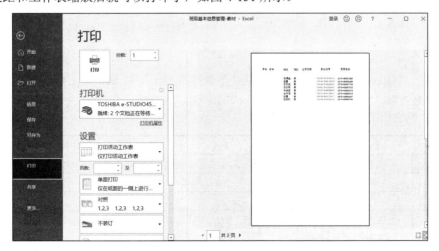

图 4-151　打印设置窗口

实践训练

打开文件"实践训练 3.xlsx",完成以下练习。

1)将 Sheet1 工作表复制到 Sheet2 工作表中。

2)在 Sheet2 工作表中,以"所属部门"为主要关键字、"费用类别"为次要关键字、"金额"为第三关键字,进行降序排序。

3)将 Sheet1 工作表复制到 Sheet3 工作表中,筛选销售部费用超过 2000 元的记录。

4)将 Sheet1 工作表复制到 Sheet4 工作表中,利用分类汇总,汇总每个"费用类别"的"金额"总数。

5)在 Sheet4 工作表中,根据分类汇总结果,将各项费用类别的汇总金额生成饼图。

项 目 检 测

一、选择题

1. 在 Excel 2016 工作表中输入数值型文本,则应当(   )。

    A. 在数字前面加""   B. 在数字前面加 0

    C. 在数字前面加"'"   D. 在数字前面加 0 和空格

2. 要在单元格中输入分数 2/3,正确的输入是(   )。

    A. 直接输入 2/3   B. 0 2/3   C. '2/3   D. Ctrl+;

3. 在 Excel 2016 的单元格中输入日期时,年、月、日的分隔符可以是(   )。

    A. "/"或"-"   B. "."或"|"   C. "/"或"\"   D. "\"或"-"

4. 在 Excel 2016 中,运算符&表示(   )。

    A. 逻辑值的与运算   B. 子字符串的比较运算

    C. 数值型数据的无符号相加   D. 字符型数据的连接

5. 当输入 Excel 2016 单元格中的公式或函数使用了无效的数字时,则会在单元格中显示的出错信息是(   )。

    A. #N/A   B. #NAME?   C. #NUM!   D. #REF!

二、操作题

1. 新建一个 Excel 2016 工作簿,命名为"学号姓名.xlsx"。将 Sheet1 工作表重命名为你的姓名(例如"张三")。

2. 在"姓名"工作表中完成以下操作。

考号	姓名	年龄	语文	数学	物理	英语
	商斌	13	87	79	77	61
	于凯	13	95	99	87	99
	王娜	15	73	21	20	31
	王遵林	14	78	88	86	72
	王晓宁	13	81	89	90	77
	王延巍	14	62	47	87	77
	赵化	14	74	26	13	44

1）将上表中数据复制到你的姓名工作表，在"考号"列（A2:A8 单元格区域）填充"03010051"～"03010057"序列。

2）在"英语"的右侧插入一列"总分"，并求出每个人的总分。

3）在"总分"的左侧插入一列"平均分"，并求出每个人的平均分，将结果保留一位小数。

4）在 A9 单元格中输入"总成绩"，求出各科成绩的总成绩并分别放入 D9:G9 单元格区域中。

5）在 A10 单元格中输入"平均成绩"，求出各科成绩的平均成绩并分别放入 D10:G10 单元格区域中，将最终结果保留一位小数。

6）在 A11 单元格中输入"最高分"，利用 MAX()函数求出各科成绩的最高分，分别放入 D11:G11 单元格区域中。

7）在 A12 单元格中输入"最低分"，利用 MIN()函数求出各科成绩的最低分，分别放入 D12:G12 单元格区域中。

8）在 A13 单元格中输入"参考人数"，利用 COUNT()函数，求出此次各科参加考试的人数，分别放入 D13:G13 单元格区域中。

9）把 A14 和 B14 两单元格合并，并在此单元格中输入"<=80 分的人数"，利用 COUNTIF()函数求出各科成绩中小于等于 80 分的人数，分别放入 D14:G14 单元格区域中。

10）在"平均分"的右侧插入一列"是否及格"，根据平均分判定是否及格，若平均分大于等于 60 则在该列相应单元格显示"及格"，否则为"不及格"（提示：使用 IF()函数）。

11）在"考号"的上方插入一行，在 A1 单元格中输入"学生成绩表"，格式化为：黑体、绿色、20 号、加粗、加单下画线，并使其在 A1:J1 单元格区域中跨列居中。

12）将 A2:J2 单元格区域添加绿色底纹，并设置字体为楷体，字号为 14，字体颜色为黄色。

13）给表格添加边框线条（标题行除外）：绿色、单实线。

制作演示文稿

PowerPoint 2016 主要应用于制作多媒体教学课件、毕业答辩、学术报告、讲座、产品介绍、公司简介等。演示文稿中不但可以制作文本、图形、图片、声音和视频等内容，而且可以设计丰富的动画效果。

任务 5.1　制作美化西湖新十景演示文稿

任务分析

杭州西湖以其秀丽的湖光山色和众多的名胜古迹而闻名中外。为了让人们进一步了解西湖美景，如果你是一名导游，你将如何向游客介绍西湖美景呢？现由你负责制作此次景点介绍所需的演示文稿。演示文稿效果如图 5-1 所示。

图 5-1　演示文稿效果

任务目标

1）熟练完成幻灯片的编辑，能够在演示文稿中插入各种图形对象，以增强演示文稿的感染力。

2）能够应用主题、背景、母版、幻灯片版式等统一演示文稿的风格。

任务实施

步骤 1　启动 PowerPoint 2016 应用程序

选择"开始"菜单中的"PowerPoint"选项，启动 PowerPoint 2016 应用程序。

步骤 2　创建演示文稿并保存

启动 PowerPoint 2016 后，打开 PowerPoint 2016 窗口，在"开始"选项中设置主题为"回顾"，单击"创建"按钮，并设置其主题为"回顾"。打开 PowerPoint 2016 主窗口，如图 5-2 所示。选择"文件"选项卡中的"保存"选项，打开"另存为"窗口，选择"浏览"选项在打开的"另存为"对话框中将文件保存在 D 盘，设置"文件名"为"西湖新十景"，"保存类型"为"PowerPoint 演示文稿"，然后单击"确定"按钮。

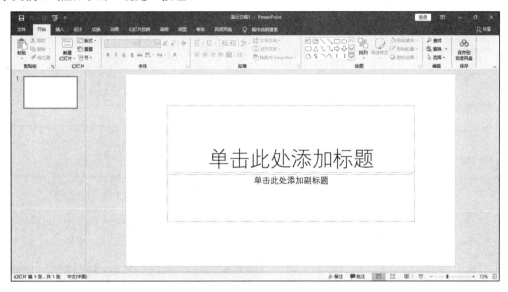

图 5-2　PowerPoint 2016 主窗口

步骤 3　编辑演示文稿

（1）制作封面幻灯片

在默认情况下，演示文稿的第一张幻灯片的版式为"标题幻灯片"，此类版式一般可作为演示文稿的封面。

1）在第一张幻灯片的主标题占位符中输入文本"西湖新十景"，字体为宋体、加粗、阴影，字号为 80。

2）在副标题占位符中输入"Welcome to Hangzhou"，字体为 Times New Roman，字号为 50。插入文本框，输入"制作人：Teacher"，字号为 36。封面幻灯片效果如图 5-3 所示。

图 5-3　封面幻灯片效果

（2）制作第二张幻灯片

1）单击"开始"选项卡"幻灯片"选项组中的"新建幻灯片"下拉按钮，在弹出的如图 5-4 所示的幻灯片版式下拉列表中选择"标题和内容"，插入第二张幻灯片，并输入如图 5-5 所示的内容。

图 5-4　幻灯片版式

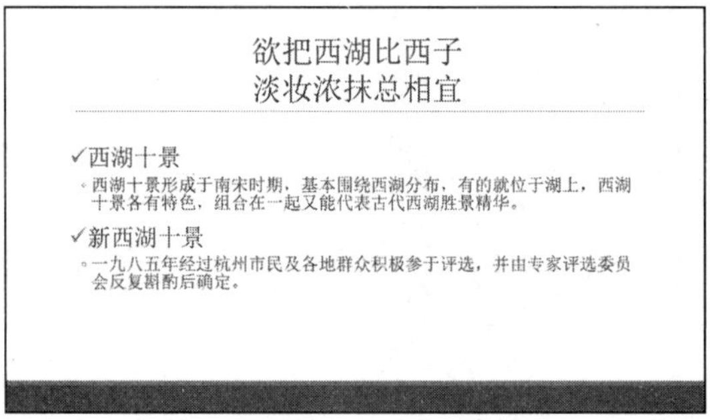

图 5-5　第二张幻灯片内容

2）修改文本内容级别。将光标定位到段落最前面（项目符号之后），按 Tab 键（按 Tab 键可以实现降级，按 Shift+Tab 组合键可以实现升级），将第二段和第四段的文字降级。

3）修改文本内容的项目符号。单击"开始"选项卡"段落"选项组中的"项目符号"下拉按钮，弹出如图 5-6 所示的项目符号下拉列表，选"√"选项，将第二张幻灯片的一级文本的项目符号均设置为"√"。

（3）制作第三张幻灯片

1）在图 5-4 所示的幻灯片版式下拉列表中选择"两栏内容"，插入第三张幻灯片，如图 5-7 所示。

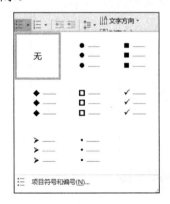

图 5-6　项目符号下拉列表

图 5-7　"两栏内容"版式的幻灯片

2）输入如图 5-8 所示的标题和文字内容，并设置字号为 32，对齐方式为居中。

（4）制作第四张幻灯片

1）在图 5-4 所示的幻灯片版式下拉列表中选择"空白"，插入第四张幻灯片。

2）单击"插入"选项卡"文本"选项组中的"艺术字"下拉按钮，弹出如图 5-9 所示的艺术字下拉列表，任意选择一种艺术字样式，输入"景点旅游线路图"。

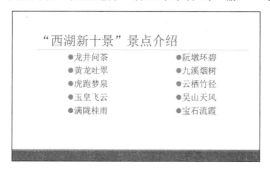

图 5-8 第三张幻灯片

图 5-9 艺术字

3）单击"插入"选项卡"图像"选项组中的"图片"按钮，在弹出的下拉列表中选择"此设备"选项，打开"插入图片"对话框，选择素材中的"地图.jpg"图片，单击"插入"按钮。然后适当调整图片大小，效果如图 5-10 所示。

（5）制作第五张幻灯片

1）在图 5-4 所示的幻灯片版式下拉列表中选择"内容与标题"，插入第五张幻灯片，如图 5-11 所示。

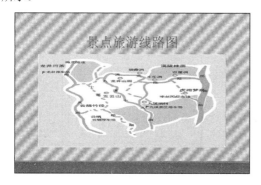

图 5-10 第四张幻灯片效果

图 5-11 "内容与标题"版式的幻灯片

2）输入标题和文本内容（图 5-12），并设置标题字号为 60、文本框中的字号为 24。

3）单击"插入"选项卡"图像"选项组中的"图片"按钮，在弹出的下拉列表中选择"此设备"选项，打开的"插入图片"对话框，选择素材中的"龙井问茶 1.jpg"图片，单击"插入"按钮，然后适当调整图片大小，效果如图 5-12 所示。

（6）制作第六张幻灯片

1）在图 5-4 所示的幻灯片版式下拉列表中选择"竖排标题与文本"，插入第六张幻灯片，输入标题和文本内容（图 5-13），并设置标题字号为文本框中的字号并适当调整大小和位置。

2）单击"插入"选项卡"图像"选项组中的"图片"按钮，在弹出的下拉列表中选择"此设备"选项，打开的"插入图片"对话框，选择素材中的"黄龙吐翠 1.jpg"图片，单击"插入"按钮，然后适当调整图片大小，效果如图 5-13 所示。

图 5-12　第五张幻灯片效果

图 5-13　第六张幻灯片效果

按照以上编辑演示文稿的方法，使用准备好的介绍西湖新十景的文字和相应的景点图片，在第六张幻灯片之后再编辑几张幻灯片，依次完成对虎跑梦泉、玉皇飞云、满陇桂雨、阮墩环碧、九溪烟树、云栖竹径、吴山天风、宝石流霞 8 个景点的介绍。

步骤 4　设置幻灯片背景

1）选中第二张幻灯片，单击"设计"选项卡"自定义"选项组中的"设置背景格式"按钮，打开如图 5-14 所示的"设置背景格式"窗格。选中"填充"选项组中的"渐变填充"单选按钮，选择"预设渐变"下拉列表中的"浅色渐变-个性色 1"选项，选择"类型"下拉列表中的"路径"选项。

2）选中第三张幻灯片，在"设置背景格式"窗格中选中"图片或纹理填充"单选按钮，选择"纹理"为"水滴"，如图 5-15 所示。

图 5-14　"设置背景格式"窗格

图 5-15　选中"图片或纹理填充"单选按钮

3）选中第四张幻灯片，在"设置背景格式"窗格中选中"图案填充"单选按钮，再选择图案"对角线：深色上对角"效果。

4）选中第五张幻灯片，在"设置背景格式"窗格中选中"图片或纹理填充"单选按钮，然后单击图片源中"插入"按钮，在打开的"插入图片"对话框中选择素材中的"背景.jpg"，最后单击"插入"按钮。4 张幻灯片的设置效果如图 5-16 所示。

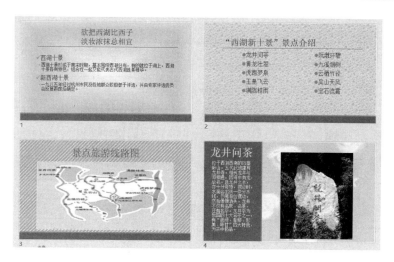

图 5-16　4 张幻灯片的设置效果

步骤 5　编辑幻灯片母版

幻灯片的母版为所有幻灯片设置默认的格式和版式，包括标题和文字的字体、字号、颜色等属性，还包括背景项目，以控制演示文稿中所有幻灯片的外观。

单击"视图"选项卡"母版视图"选项组中的"幻灯片母版"按钮，打开如图 5-17 所示的"幻灯片母版"视图，将图片素材文件夹中的"天使.gif"图片插入演示文稿中并放在合适的位置，单击"幻灯片母版"选项卡"关闭"选项组中的"关闭母版视图"按钮，关闭母版视图。

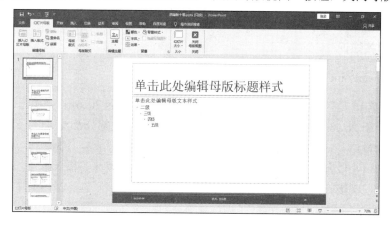

图 5-17　"幻灯片母版"视图

步骤 6　设置幻灯片页脚和演示文稿的宽度

1）单击"插入"选项卡"文本"选项组中的"页眉和页脚"按钮，打开如图 5-18 所示的"页眉和页脚"对话框，在"幻灯片"选项卡中，将演示文稿的"页脚"设置为"杭州，欢迎您"，设置"日期和时间"为"自动更新"（采用默认日期格式），然后单击"全部应用"按钮，将效果应用于演示文稿中的所有幻灯片。

2）单击"设计"选项卡"自定义"选项组中的"幻灯片大小"下拉按钮，在弹出的下拉列表中选择"自定义幻灯片大小"选项，打开"幻灯片大小"对话框，如图 5-19 所示。将整张幻灯片的"宽度"设置为 28.8 厘米，单击"确定"按钮，再单击"确保适合"按钮。

图 5-18 "页眉和页脚"对话框

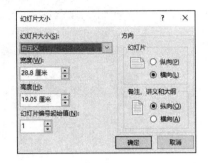

图 5-19 "幻灯片大小"对话框

图 5-20 使用文本的幻灯片效果

步骤 7 使用文本框

1）单击"开始"选项卡"幻灯片"选项组中的"新建幻灯片"下拉按钮，在弹出的下拉列表中选择"空白"版式。

2）单击"插入"选项卡"文本"选项组中的"文本框"下拉按钮，在弹出的下拉列表中选择"绘制横排文本框"选项，在新添加的幻灯片中插入一个文本框，输入文本框的内容为"The End"，设置字体为 Times New Roman、字号为 80，效果如图 5-20 所示。

相关知识

1. 熟悉 PowerPoint 2016

PowerPoint 2016 是制作演示文稿的一种软件，启动 PowerPoint 2016，打开如图 5-2 所示的窗口。下面主要介绍 PowerPoint 2016 工作窗口中的几个主要组成部分及其用途。

（1）幻灯片窗口

在幻灯片窗口中以预览的形式显示当前幻灯片，可以添加文本，插入图片、表格、图表、绘图对象、文本框、电影、声音、超链接和动画等。

（2）备注窗口

备注窗口用于输入与每张幻灯片的内容相关的备注，这些备注一般包含演讲者在讲演时所需的一些提示信息。

（3）占位符

占位符是指创建新幻灯片时出现的虚线方框，这些方框代表着一些待定的对象，用来放置标题及正文或图表、表格和图片等对象。占位符是幻灯片设计模板的主要组成元素，在占位符中添加文本和其他对象可以方便地建立、规整演示文稿。

如果文本大小超出了占位符的大小，PowerPoint 2016 会逐渐减小输入文本的字号和行间距以使文本大小合适。

（4）视图切换按钮

视图按钮包括"普通视图"按钮、"幻灯片浏览"按钮、"阅读视图"按钮和"幻灯片放映"按钮，单击不同的按钮，可切换到相应的视图。

2．PowerPoint 2016 的视图方式

PowerPoint 2016 主要有 5 种视图方式，即普通视图、大纲视图、幻灯片浏览、备注页和阅读视图。每种视图有其特定的显示方式，在编辑文档时选用不同的视图可以使文档的浏览或编辑更加方便。

（1）普通视图

PowerPoint 2016 启动后直接进入普通视图，它是主要的编辑视图，用于撰写和设计演示文稿。拖动窗格分界线，可以调整窗格的尺寸。

（2）大纲视图

大纲视图能够在左侧的幻灯片窗格中显示幻灯片内容的主要标题和大纲，便于用户更好、更快地编辑幻灯片内容。进入大纲视图状态，可以看到演示文稿中的每张幻灯片都以内容提要的形式呈现。

（3）幻灯片浏览

幻灯片浏览视图能将当前演示文稿中所有幻灯片以缩略图的形式排列在屏幕上。通过幻灯片浏览视图，制作者可以直观地查看所有幻灯片的情况，也可以直接进行复制、删除和移动幻灯片的操作，但不能改变幻灯片本身的内容。

（4）备注页

在备注页视图中可以查看备注页，以编辑演讲者备注的打印外观。

（5）阅读视图

在创建演示文稿的过程中，单击"阅读视图"按钮将以适当的窗口大小放映幻灯片，审视演示文稿的放映效果。

3．创建、保存演示文稿

（1）创建演示文稿

在 PowerPoint 2016 中，一个演示文稿一般由多张幻灯片组成，其中包括文字、图形、注释、多媒体等各种信息。一个演示文稿就是一个 PowerPoint 文件，其扩展名为.pptx。

1）利用已有模板创建演示文稿。当需要创建一个新的演示文稿时，可以选择"文件"选项卡中的"新建"选项，在右侧窗格中可看到若干可供选择的模板和主题，如图 5-21 所示。可以应用已有的模板，演示文稿会按照模板中设定好的背景、字体等进行显示。

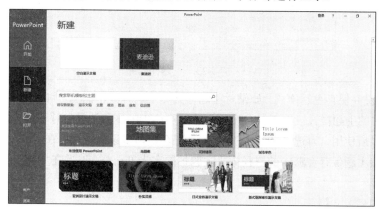

图 5-21　"新建"窗口

2）从 Office Online 下载模板。如果没有合适的模板可以使用，可以搜索联机模板和主题进行下载使用。

3）保存"个人模板"。当遇到喜欢的模板，希望将其保存以备下次使用时，可以利用"另存为"命令，在打开的"另存为"窗口中选择"浏览"选项，打开"另存为"对话框，在"保存类型"下拉列表中选择"PowerPoint 模板"选项（扩展名为.potx），如图 5-22 所示，保存在默认路径下。以后可以在"新建"窗口的"个人"选项组中找到该模板。

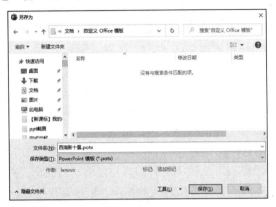

图 5-22　"另存为"对话框

4）设置样式。可以利用"设计"选项卡"主题"选项组中的主题模式功能快速对现有的演示文稿的背景、字体效果等进行设置。

① 快速应用主题。单击"设计"选项卡"主题"选项组中的"其他"按钮，打开主题样式库，如图 5-23 所示，在所有的预览图中选择想要的主题并将其应用在幻灯片中即可。

图 5-23　主题样式库

② 自定义并保存主题样式。如果对主题样式库中的样式不满意，可利用"设计"选项卡"主题"选项组中的主题样式设置工具，设置主题的颜色、字体和效果。对于设置好的主题，如果想要保存并在以后使用，可选择图 5-23 所示的"保存当前主题"选项，在打开的"保存当前主题"对话框中将该主题保存在默认的路径中（主题扩展名为.thmx），以后在主题的预览界面可以看到该主题。

（2）保存演示文稿

PowerPoint 2016 提供了 3 种保存演示文稿的方法。

1）选择"文件"选项卡中的"保存"选项。

2）按 Ctrl+S 组合键。

3）单击快速访问工具栏中的"保存"按钮。

对于新创建的演示文稿，选择"文件"选项卡中的"保存"选项，打开"另存为"窗口，选择"浏览"选项，在打开的"另存为"对话框中输入保存的文件名，默认的保存类型是"PowerPoint 演示文稿"，其扩展名为.pptx。

4．编辑演示文稿

（1）选择幻灯片版式

幻灯片版式是指 PowerPoint 2016 预设的幻灯片页面格式。通过选择"开始"选项卡"幻灯片"选项组中的"版式"下拉列表中的版式，可以为当前幻灯片选择应用一种版式。

演示文稿的第一张幻灯片的版式通常应选择"标题幻灯片"版式，包含一个标题占位符和一个副标题占位符。

（2）输入文本

文本对象是幻灯片的基本内容，也是演示文稿中最重要的部分。合理地组织文本对象可以使幻灯片更好地传达信息。幻灯片中可以输入文本的位置通常有两种：占位符和文本框。

① 在占位符中输入文本。占位符是幻灯片设计模板的主要组成元素，在文本占位符中单击，即可输入或粘贴文本。

② 在文本框中输入文本。如果在占位符以外的其他位置输入文本，则必须在文本框中输入。单击"插入"选项卡"文本"选项组中的"文本框"下拉按钮，在弹出的下拉列表中选择"绘制横排文本框"或"竖排文本框"选项，在幻灯片中插入文本框，然后在文本框中输入文本即可。

（3）设置文本格式

设置文本格式之前，首先选中需要设置格式的文本或段落，也可以选中整个文本框或占位符，对文本框或占位符内所有的文本设置统一的格式。

选中编辑的文本，在"开始"选项卡中可以设置选中文本的字体，并对字体格式、对齐方式、行距、项目符号和编号进行设置。其中，演示文稿中的项目符号和编号按照层次关系可以分为 5 个级别。例如，对于横排文本框或占位符而言，最靠左边的项目符号为一级项目符号，每向右缩进一次就降低一个级别。选中需要升、降级的段落，将光标定位到段落最前面（项目符号之后），按 Tab 键可以实现项目符号和编号的降级；按 Shift+Tab 组合键可以实现项目符号和编号的升级。

（4）创建新幻灯片

在演示文稿中，默认情况下幻灯片的数量只有一张，如果需要多张幻灯片，用户可以按照以下方法创建新幻灯片。

1）单击"开始"选项卡"幻灯片"选项组中的"新建幻灯片"下拉按钮，在弹出的下拉列表中选择要添加的幻灯片版式。

2）在幻灯片窗格中，单击当前幻灯片，然后按 Enter 键。

3）使用 Ctrl+M 组合键。

（5）编辑幻灯片

1）选择幻灯片。进行复制、移动、删除幻灯片之前，首先应选择相应的一张或多张幻灯片。选择一张只需单击相应的幻灯片即可。选择多张不连续的幻灯片需配合 Ctrl 键，单击第一张幻灯片，按 Ctrl 键的同时单击其他幻灯片；选择多张连续的幻灯片需配合 Shift 键，单击第一张幻灯片，按住 Shift 键的同时单击最后一张幻灯片。

2）移动幻灯片。移动幻灯片就是将幻灯片的次序进行调整，更改幻灯片放映时的播放顺序。在普通视图或幻灯片浏览视图中，单击需要移动的幻灯片，拖动鼠标，并将其放到需要插入的位置，释放鼠标左键，该幻灯片即可移动到新的位置。也可以用剪贴板来完成移动幻灯片的操作。

3）复制幻灯片。先选择需要复制的幻灯片，然后使用"复制"和"粘贴"命令，完成复制幻灯片的操作。

4）隐藏幻灯片。在放映幻灯片时为了节省时间，可把一些非重点的幻灯片隐藏起来，被隐藏的幻灯片仅仅是在放映时不显示。隐藏幻灯片的操作方法：单击"幻灯片放映"选项卡"设置"选项组中的"隐藏幻灯片"按钮，或右击需要隐藏的幻灯片，在弹出的快捷菜单中选择"隐藏幻灯片"选项。

5）删除幻灯片。删除幻灯片操作可在普通视图或幻灯片浏览视图中进行，选择要删除的幻灯片，右击，在弹出的快捷菜单中选择"剪切"选项，即可删除所选择的幻灯片；或选中要删除的幻灯片，然后按 Delete 键，同样可删除所选择的幻灯片。

（6）插入多媒体对象

在制作幻灯片的过程中，通过"插入"选项卡中的按钮，可在幻灯片中插入表格、图片、剪贴画、图表、SmartArt 图形、页眉和页脚、视频等对象，如图 5-24 所示。

图 5-24 "插入"选项卡

1）插入图像。在幻灯片中，插入图片可以使演示文稿形象生动、图文并茂。幻灯片中图像的来源有图片、剪贴画、屏幕截图和相册。

2）插入 SmartArt 图形。在编辑幻灯片时，通常会插入多媒体元素以协助演示文稿说明演示内容，如插入形状、SmartArt 图形、图表等，其中，SmartArt 图形可以把单一的列表变成色彩斑斓的有序列表、组织图或流程图。单击"插入"选项卡"插图"选项组中的"SmartArt"按钮，打开如图 5-25 所示的"选择 SmartArt 图形"对话框，在该对话框中选择相应的图形即可。

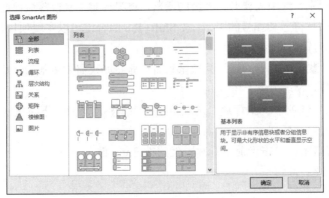

图 5-25 "选择 SmartArt 图形"对话框

3）插入表格。单击"插入"选项卡"表格"选项组中的"表格"下拉按钮，在弹出的下拉列表中拖动鼠标选择需要的行、列数，即可在当前的幻灯片上插入表格。

4）插入视频或音频。利用"插入"选项卡"媒体"选项组中的"视频"或"音频"按钮，可以在演示文稿中插入影音文件。

以插入音频为例，单击"音频"按钮，在弹出的下拉列表中选择"PC 上的音频"，打开"插入音频"对话框，选择插入的音频文件，单击"插入"按钮，在"音频工具-播放"选项卡"音频选项"选项组中，可以设置音频的播放起止时间，如图 5-26 所示。

图 5-26 "音频工具-播放"选项卡

5）插入页眉和页脚。在幻灯片中插入页眉和页脚，可以使幻灯片更易于阅读。单击"插入"选项卡"文本"选项组中的"页眉和页脚"按钮，打开"页眉和页脚"对话框。在该对话框中进行设置，单击"应用"按钮，可应用于当前幻灯片；单击"全部应用"按钮，可应用于整个演示文稿。

5．美化演示文稿

设计和美化演示文稿时，可参照以下几个原则：主题鲜明、文字简练，结构清晰、逻辑性强，和谐醒目、美观大方，生动活泼、引人入胜。

要使演示文稿的风格一致，可以通过设置统一的外观来实现。PowerPoint 2016 提供的主题、背景和母版的功能，可方便地对演示文稿中的幻灯片外观进行调整和设置。

（1）应用主题

对幻灯片应用主题即对幻灯片的整体样式进行设置，包括幻灯片中的背景和文字等对象。PowerPoint 2016 提供了许多主题样式，应用主题后的幻灯片会被赋予更专业的外观，从而改变整个演示文稿的格式。此外，还可以根据自己的需要自定义主题样式。

① 打开应用了画廊主题的演示文稿，如图 5-27 所示。单击"设计"选项卡"变体"选项组中的"其他"下拉按钮，在弹出的下拉列表中选择"颜色"中的"自定义颜色"选项，如图 5-28 所示，单击"文字/背景-浅色 2"下拉按钮，在弹出的下拉列表中选择"红色，个性色 1，淡色 40%"选项，如图 5-29 所示。

图 5-27 画廊主题

图 5-28 "自定义颜色"选项　　　图 5-29 "新建主题颜色"对话框

② 单击"保存"按钮，完成设置，效果如图 5-30 所示。单击"设计"选项卡"变体"选项组中的"其他"下拉按钮，在弹出的下拉列表中选择"字体"中的"自定义字体"选项，在打开的如图 5-31 所示的"新建主题字体"对话框中设置"标题字体"和"正文字体"均为"幼圆"，在"名称"文本框中输入文本。

③ 单击"保存"按钮，完成设置。单击"设计"选项卡"变体"选项组中的"其他"下拉按钮，在弹出的下拉列表中选择"效果"中的"棱纹"选项，如图 5-32 所示，可自定义主题样式。

图 5-30 新建主题效果

图 5-31 "新建主题字体"对话框

图 5-32 "效果"下拉列表

（2）设置幻灯片背景

设置幻灯片的背景，既可以为单张幻灯片设置背景，也可以为演示文稿中的所有幻灯片设置相同的背景。

1）使用内置样式。打开需更改背景的幻灯片母版或演示文稿，选择"设计"选项卡"变体"选项组"其他"中的"背景样式"选项，弹出如图 5-33 所示的"背景样式"列表框。单击相应的样式，可将其应用于整个演示文稿；右击选中的背景样式，在弹出的快捷菜单中可将其应用于当前幻灯片或整个演示文稿。

2）自定义背景样式。单击"设计"选项卡"自定义"选项组的"设置背景格式"按钮，在打开的"设置背景格式"窗格中，可设置以填充方式或图片作为背景，如图 5-34 所示。如果选择填充方式，则可以设置"纯色填充"、"渐变填充"和"图片或纹理填充"等。

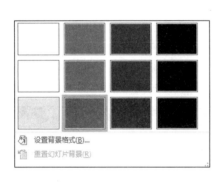

图 5-33 "背景样式"列表框　　　　图 5-34 "设置背景格式"窗格

（3）使用母版

幻灯片的母版是一张特殊的幻灯片，它可以被看作一个用于构建幻灯片的框架。在演示文稿中，所有的幻灯片都基于该母版创建。如果更改了幻灯片母版，则会影响所有基于母版而创建的演示文稿幻灯片。母版视图主要包括幻灯片母版、讲义母版和备注母版 3 种。

PowerPoint 2016 自带一张幻灯片母版，该母版中包括 11 个版式。母版与版式的关系是一张幻灯片可以包括多个母版，而每个母版又可以拥有多个不同的版式。

1）幻灯片母版。幻灯片母版是幻灯片模板载体，使用它不但可以制作不同版式的幻灯片，还可以为幻灯片制作统一的样式。

单击"视图"选项卡"母版视图"选项组中的"幻灯片母版"按钮，可查看幻灯片母版。

在幻灯片编辑区中选择标题占位符中的文本，在"开始"选项卡中分别对"字体"和"字号"进行设置，然后单击"幻灯片母版"选项卡"关闭"选项组中的"关闭母版视图"按钮即可。

2）讲义母版。讲义母版用于设置演示文稿的显示方式，如定义幻灯片数量，设置页眉、页脚、日期、页码、主题和背景等。

单击"视图"选项卡"母版视图"选项组中的"讲义母版"按钮，切换到讲义母版视图，如图 5-35 所示。在"讲义母版"选项卡中可以对讲义母版进行设置。

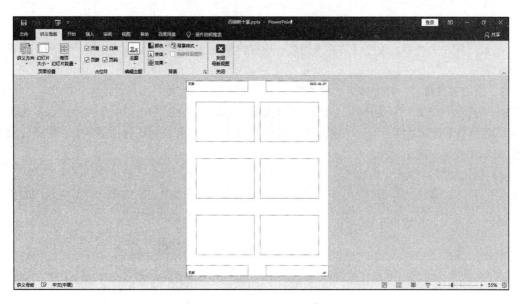

图 5-35　讲义母版

3）备注母版。备注母版主要用于设置备注信息的显示方式，如纸张的大小、排列方向、显示或隐藏相应的内容等。

单击"视图"选项卡"母版视图"选项组中的"备注母版"按钮，切换到备注母版视图，如图 5-36 所示。在"备注母版"选项卡中可以对备注母版进行设置。

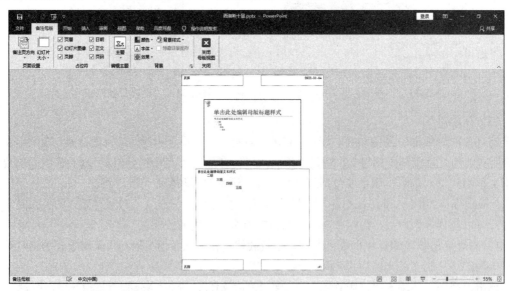

图 5-36　备注母版

（4）设置页眉和页脚

页眉和页脚包含页眉和页脚文本、幻灯片号码或页码及日期。

可以在单张幻灯片或所有幻灯片中应用页眉和页脚。当要更改眉和页脚的字体或更改页眉和页脚的占位符的位置、大小和格式时，可以在母版中做适当的更改。如果误删除了母版中的某个占位符，可以在"幻灯片母版"选项卡中重新应用占位符。

若要将页眉和页脚信息应用到几张而不是所有幻灯片上，则在开始此过程前选择所需的幻灯片，单击"插入"选项卡"文本"选项组中的"页眉和页脚"按钮，打开"页眉和页脚"对话框，在幻灯片选项卡、备注和讲义选项卡中添加页眉和页脚。

若要将所添加的页眉和页脚应用于当前幻灯片或所选幻灯片中，则在"页眉和页脚"对话框中单击"应用"按钮；若要应用于演示文稿中的所有幻灯片，则单击"全部应用"按钮。

如果不想使页眉和页脚出现在标题幻灯片中，则选中"标题幻灯片中不显示"复选框。

实践训练

制作横店影视城景点介绍演示文稿，效果如图 5-37 所示。

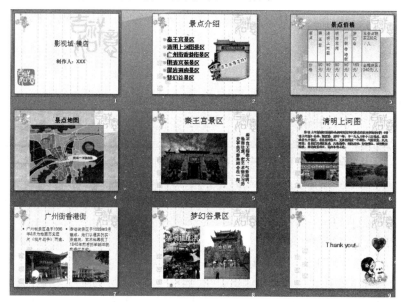

图 5-37　横店影视城景点介绍演示文稿制作效果

1）创建"横店影视城"演示文稿。

① 新建主题为"基础"的演示文稿，并以"横店影视城演示文稿"为名保存在 D 盘中。

② 自行选择一种颜色应用到整个演示文稿中。

2）编辑首张幻灯片。

① 输入标题文字"影视城·横店"。

② 输入副标题文字"制作人：×××"。

3）编辑第二张幻灯片。

① 幻灯片版式为"标题和内容"。

② 输入标题文字"景点介绍"，输入正文文字：秦王宫景区、清明上河图景区、广州街香港街景区、明清宫苑景区、屏岩洞府景区、梦幻谷景区。

③ 插入图片"横店.gif"，并适当调整图片大小。

4）编辑第三张幻灯片。

① 幻灯片版式为"标题和内容"。

② 输入标题文字"景点价格"。

③ 插入一个 2 行 7 列的表格，输入如图 5-38 所示的内容。

图 5-38　第三张幻灯片内容

5）编辑第四张幻灯片。

① 幻灯片版式为"仅标题"。

② 输入标题文字"景点地图"。

③ 插入图片"地图.jpg"，适当调整图片大小。

6）编辑第五张幻灯片。

① 幻灯片版式为"仅标题"。

② 输入标题文字"秦王宫景区"。

③ 插入图片"秦皇宫 1.jpg"，并适当调整图片大小。

④ 插入竖直文本框，输入文字"秦王宫工程浩大、气势磅礴、场面壮观，把艺术魅力与历史事实巧妙地结合在一起。"

7）编辑第六张幻灯片。

① 幻灯片版式为"标题和内容"。

② 输入标题文字"清明上河图"。

③ 插入横排文本框，并输入文字"清明上河图影视拍摄基地参照我国宋代著名画家张择端绘制的《清明上河图》长卷，耗巨资、历时一年，于 1998 年 12 月建造而成。该基地分 9 个景区，各自相对独立，又互相连成一个整体，气势恢宏、风光旖旎，各景区的重要景点风格独特，细细品味，妙趣横生。画舫美丽精致、牌坊高耸林立、花卉争奇斗艳。"

④ 插入图片"清明上河图 1.jpg"和"清明上河图 2.jpg"，适当调整图片大小。

8）编辑第七张幻灯片。

① 幻灯片版式为"两栏内容"。

② 输入标题文字"广州街　香港街"。

③ 分别输入两栏文字："广州街景区于 1996 年 8 月为拍摄历史巨片《鸦片战争》而建。"和"香港街景区于 1998 年 9 月建成，它们以逼真的实景建筑，艺术地再现了 1840 年前后的羊城旧貌和香江风韵。"

④ 插入图片"广州街.jpg"和"香港街.jpg"，并适当调整图片大小。

9）编辑第八张幻灯片。

① 幻灯片版式为"仅标题"。

② 输入标题文字"梦幻谷景区"。

③ 插入图片"梦幻谷 1.jpg"和"梦幻谷 2.jpg"，并适当调整图片大小。

10）编辑第九张幻灯片。

① 幻灯片版式为"空白"。

② 插入横排文本框，输入标题文字"Thank you!"。

③ 插入图片"1.gif"，适当调整图片大小。

11）设置第三张幻灯片的背景渐变效果为"茵茵绿原"，第四张幻灯片的背景纹理效果为"蓝色面巾纸"。

12）将图片素材文件夹中的"2.gif"图片插入演示文稿，用母版完成。

13）将整个幻灯片的宽度设置为 28.8 厘米。

14）保存演示文稿。

任务 5.2　设置西湖新十景动画效果

任务分析

在任务 5.1 中，已经完成了西湖新十景的演示文稿制作工作，为了使演示文稿更加美观及富有感染力，还可以使用 PowerPoint 2016 提供的动画制作功能，为演示文稿添加动画、切换效果等元素，并设置适宜的放映方式，为介绍西湖新十景做好充分的准备。

任务目标

1）熟练设置幻灯片的动画效果。
2）掌握幻灯片切换效果的制作方法。
3）能够为幻灯片中的各个对象设置超链接，了解幻灯片的放映方式，实现交互式放映。

任务实施

步骤 1　设置幻灯片的自定义动画效果

1）选择第一张幻灯片，设置如下自定义动画效果。

① 单击"插入"选项卡"插图"选项组中的"形状"下拉按钮，在弹出的下拉列表中选择"基本形状"下的"太阳形"选项，在第一张幻灯片的右上角绘制太阳形，并自行修改太阳形的颜色。

② 选中主标题，添加动画效果。单击"动画"选项卡"动画"选项组中的"其他"按钮，弹出如图 5-39 所示的下拉列表。PowerPoint 2016 提供了 4 种动画类型：进入、强调、退出、动作路径。选择"更多进入效果"选项，在打开的"更多进入效果"对话框中设置进入动画效果为"玩具风车"，单击"确定"按钮。

图 5-39　动画效果库

③ 选中副标题，添加进入动画效果"缩放"。

④ 选中自选图形太阳形，添加强调动画效果"陀螺旋"，设置动画开始为"单击时"，利用动画窗格"向前移动"按钮，将太阳形的顺序设置为第 1 个。

⑤ 选中文本框，添加进入效果"飞入"，设置动画开始方式为"上一动画之后"，在"效果

选项"下拉列表中设置方向为"自底部"，顺序为最后1个。

⑥ 修改标题和副标题的动画开始方式为"上一动画之后"。

2）选择第二张幻灯片，设置如下自定义动画效果。

① 选中标题文本，选择图5-39所示的"进入"列表中的"翻转式由远及近"选项，然后单击"动画"选项卡"动画"选项组右下角"显示其他效果选项"按钮，打开如图5-40所示的对话框，设置"设置文本动画"为"一次显示全部"、"声音"为"风铃"；再设置动画开始方式为"单击时"，然后单击"确定"按钮。

② 选中文本，选择图5-39所示的"进入"列表中的"随机线条"选项，然后设置"声音"为"风铃"、动画开始方式为"上一动画之后"。

3）设置第三张幻灯片效果。

① 选中标题，添加进入效果"盒状"，并设置动画开始方式为"单击时"。

② 选中文本，添加进入效果"切入"，并设置动画开始方式为"上一动画之后"。

4）在第四张幻灯片中进行如下设置。

① 选中艺术字，添加进入效果"挥鞭式"，并设置动画开始方式为"上一动画之后"、"声音"为"风铃"。

② 添加并选中人物图片，选择图5-39所示的"进入"列表中的"出现"选项。

③ 单击"动画"选项卡"高级动画"选项组中的"添加动画"下拉按钮，添加人物的强调效果"闪烁"。

④ 继续给人物添加动画：选择"动作路径"列表中的"自定义路径"选项，按照地图上的位置，沿着"龙井问茶"—"云栖竹径"—"九溪烟树"—"满陇桂雨"—"虎跑梦泉"自行绘制旅游路线，并设置"声音"为"鼓掌"、"持续时间"为"08:00"。路径效果如图5-41所示。

图5-40 效果选项

图5-41 第四张幻灯片的路径效果

步骤2 设置幻灯片切换效果

1）选择第一张幻灯片，选择"切换"选项卡，在如图5-42所示的"切换到此幻灯片"选项组中，可对幻灯片的切换效果进行设置。

图5-42 "切换"选项卡

2）单击"其他"按钮，可在弹出的如图 5-43 所示的下拉列表中选择想要的效果。

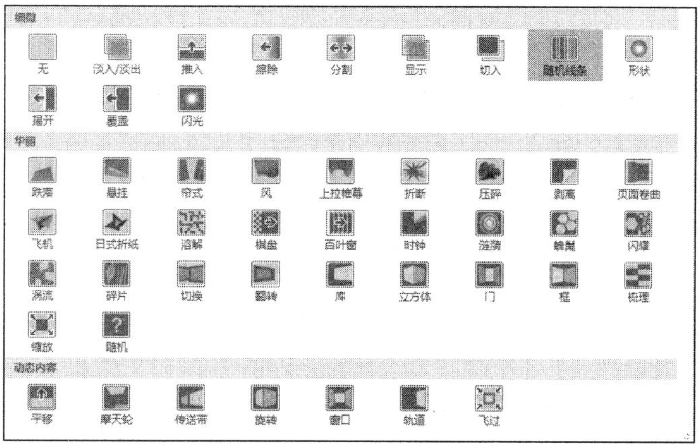

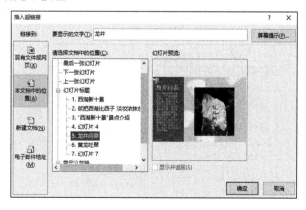

图 5-43　幻灯片切换效果

3）选择"随机线条"切换效果，效果选项为"垂直"，声音为"风铃"。

4）根据所学的幻灯片切换效果的设置方法，自行设置其余幻灯片的切换效果。

步骤 3　控制放映

1）在西湖新十景的演示文稿中，选择第三张幻灯片上的景点名称"龙井问茶"，单击"插入"选项卡"链接"选项组中的"链接"按钮，打开如图 5-44 所示的"插入超链接"对话框。选择"链接到"选项组中的"本文档中的位置"选项，再从"请选择文档中的位置"列表框中选择第五张幻灯片，单击"确定"按钮。

图 5-44　"插入超链接"对话框

2）用以上方法，给第三张幻灯片上的其他景点名称分别创建超链接，分别链接到相对应的幻灯片上。

3）选择最后一张幻灯片，输入并选中文本"更多信息"，在图 5-44 所示的"插入超链接"对话框中选择"链接到"选项组中的"现有文件或网页"选项，再在"地址"文本框中输入网址"http://www.baidu.com/s?wd=西湖十景"，然后单击"确定"按钮。

4）选择最后一张幻灯片，插入并选中剪贴画，在图 5-44 所示的"插入超链接"对话框中选择"链接到"选项组中的"电子邮件地址"选项，再在"电子邮件地址"文本框中输入"tt.teacher@qq.com"，然后单击"确定"按钮。

5）选中最后一张幻灯片，单击"插入"选项卡"插图"选项组中的"形状"下拉按钮，在弹出的下拉列表中选择"动作按钮"中的"转到主页"选项，拖动鼠标将按钮放置在幻灯片的下方即可。

步骤4 设置幻灯片放映方式

1）自定义放映。

① 打开西湖新十景演示文稿，单击"幻灯片放映"选项卡"开始放映幻灯片"选项组中的"自定义幻灯片放映"下拉按钮，在弹出的下拉列表中选择"自定义放映"选项，在打开的"自定义放映"对话框中单击"新建"按钮，弹出"定义自定义放映"对话框，如图5-45所示。

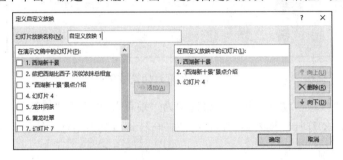

图5-45 "定义自定义放映"对话框

② 在"在演示文稿中的幻灯片"列表中，按 Ctrl 键的同时选择要自定义放映的第一、三、四张幻灯片，单击"添加"按钮。

③ 在"幻灯片放映名称"文本框中，输入放映名称，单击"确定"按钮。

2）设置幻灯片放映方式。单击"幻灯片放映"选项卡"设置"选项组中的"设置幻灯片放映"按钮，在打开的"设置放映方式"对话框中进行各项设置："放映类型"为"演讲者放映（全屏幕）"、"绘图笔颜色"为默认的红色，放映全部幻灯片，"推进幻灯片"为"手动"，如图5-46所示。

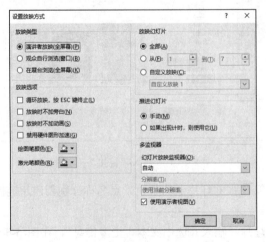

图5-46 "设置放映方式"对话框

相关知识

在制作演示文稿的过程中，除了精心组织内容、合理安排布局外，还需要应用动画效果控制幻灯片中的文本、声音、图像及其他对象的进入方式和顺序。使用 PowerPoint 2016 提供的超链接功能，改变幻灯片放映的次序，实现交互式的播放，使其具有特殊视觉或声音效果，以便突出重点，控制信息的流程，并增加演示文稿的趣味性。

1. 自定义动画

在幻灯片播放的时候，需要根据不同的需求设置幻灯片中对象的动画效果，此时可使用"动画"选项卡中的命令进行设置。选中幻灯片中的某一对象（如文本、图片、形状等）时，选择"动画"选项卡，如图 5-47 所示。在此选项卡中有"预览""动画""高级动画""计时"4 个选项组。

图 5-47 "动画"选项卡

（1）"预览"选项组

单击"预览"按钮，可预览幻灯片播放时的动画效果。

（2）"动画"选项组

在"动画"选项组中可对幻灯片中的对象动画效果进行设置。单击"其他"按钮，可在动画效果库中选择想要的动画效果。

（3）"高级动画"选项组

单击"高级动画"选项组中的"添加动画"下拉按钮，弹出的下拉列表包括进入、强调、退出、动作路径 4 种类型的动画效果。

1）进入动画效果用于设置幻灯片放映对象进入界面时的效果。

2）强调动画效果用于演示过程中对需要强调的部分设置动画效果。

3）退出动画效果用于设置幻灯片放映对象在退出时的动画效果。

4）动作路径动画效果用于指定相关内容放映时动画所通过的运动轨迹。

5）选择"更多进入效果"选项，可打开"添加进入效果"对话框，如图 5-48 所示，然后选择需要的动画效果，单击"确定"按钮即可。

单击"动画窗格"按钮，可在打开的"动画窗格"窗口中对动画效果进行修改、移动和删除等。

当对幻灯片中的多个对象添加了动画效果之后，系统会自动添加动画的先后顺序，在各个对象的左上角显示序号按钮，在播放时也会按照序号播放。选中此序号按钮，则选中了该对象的动画效果，并可以对动画效果进行修改、删除等操作。

图 5-48 "添加进入效果"对话框

（4）"计时"选项组

通过"计时"选项组可更改动画的启动方式，并对动画进行排序和计时操作。动画的启动方式有以下 3 种类型。

1）单击时：通过单击开始播放该动画。

2）与上一动画同时：与前面一个动画一起开始播放。

3）上一动画之后：在前面一个动画之后开始播放。

（5）删除动画

删除动画有以下 2 种方法。

1）选择要删除动画的对象，然后在"动画"选项卡"动画"选项组中选择"无"选项。

2）打开"动画窗格"窗口，在列表区域右击要删除的动画，在弹出的快捷菜单中选择"删除"选项。

（6）设置效果选项

大多数动画选项包含可供选择的相关效果，如在演示动画的同时播放声音，在文本动画中按字母、字/词或整批发送应用效果（使标题每次飞入一个字，而不是一次飞入整个标题）等。

设置动画效果选项的方法：单击"动画窗格"窗口中的动画项目，再单击该动画项目右侧的下拉按钮，在弹出的下拉列表中选择"效果选项"选项，可打开相应的对话框，如图 5-49 所示。

图 5-49　设置动画效果选项

"计时"选项卡中的选项如下：

1）"延迟"：在文本框输入该动画与上一动画之间的延时时间。

2）"期间"：在下拉列表中选择动画的速度。

3）"重复"：在下拉列表中设置动画的重复次数。

2．设置幻灯片切换效果

在演示文稿播放过程中，幻灯片的切换方式是指两张连续的幻灯片之间的过渡效果，也就是由一张幻灯片转到下一张幻灯片时要呈现的效果。PowerPoint 2016 默认的切换方式为手动，即单击完成幻灯片的切换。另外，PowerPoint 2016 也提供了多种切换效果，如细微型、华丽型、动态内容型等。在演示文稿制作过程中，可以为一张幻灯片设计切换效果，也可以为一组幻灯片设计切换效果，增加幻灯片放映时的活泼性和趣味性。

最好在幻灯片浏览视图下添加切换效果。在这种视图下，可以方便地为任何一张、一组或全部幻灯片指定切换效果，以及预览幻灯片切换效果。

1）在幻灯片浏览视图下，选中一张或若干张幻灯片，然后选择"切换"选项卡（图 5-46）。

2）在"切换到此幻灯片"选项组中选择一个幻灯片切换选项即可，如果要查看更多的切换效果，可单击"其他"按钮，在弹出的下拉列表中即可看到更多的切换效果（图 5-47）。

3）在"计时"选项组中设置切换的其他选项。

① 持续时间。在"持续时间"文本框中输入时间值。

② 添加声音。在"声音"下拉列表中选择换页时的声音效果。

③ 换片方式。选中"单击鼠标时"复选框，可单击鼠标切换到下一张幻灯片；"设置自动换片时间"复选框，则可在指定的时间切换到下一张幻灯片。

④ 应用方式：单击"应用到全部"按钮，切换效果将应用于整个演示文稿。

如果在"设置放映方式"对话框中选中了"循环放映，按 ESC 键终止"复选框，则要设置幻灯片切换的时间间隔（s）。例如，设置每隔 00:03s，则幻灯片将按指定的时间间隔自动循环播放。

设置完成后，如果单击"全部应用"按钮，则对演示文稿中的所有幻灯片都增加了所选择的切换效果。

3．控制放映

（1）使用超链接

超链接是控制演示文稿播放的一种重要手段，可以在播放时实时地以顺序或定位方式自由跳转。用户在制作演示文稿时预先为幻灯片对象创建超链接，并将链接的目的位置指向其他地方——演示文稿内指定的幻灯片、另一个演示文稿、某个应用程序，甚至是某个网络资源地址。

超链接本身可能是文本或其他对象，如图片、图形、结构图、艺术字等。使用超链接可以制作具有交互功能的演示文稿。在播放演示文稿时使用者可以根据自己的需要单击某个超链接，进行相应内容的跳转。

PowerPoint 2016 提供了两种方式的超链接：以下画线表示的超链接和以动作按钮表示的超链接。

1）以下画线表示的超链接的插入方法如下。

① 在幻灯片中选择要插入超链接的对象，单击"插入"选项卡"链接"选项组中的"链接"按钮，或右击，在弹出的快捷菜单中选择"超链接"选项，打开"插入超链接"对话框，如图 5-48 所示。

② 在"链接到"选项组中选择要链接的文档类型，根据选择类型的不同，对话框中右侧的窗格也有所不同。

● 现有文件或网页：选择已有文件或输入网址作为超链接的目标。

● 本文档中的位置：选择本演示文稿中的某一张幻灯片或自定义放映作为超链接的目标。

● 新建文档：创建一个新的 Office 文档作为超链接的目标。

● 电子邮件地址：输入电子邮件地址作为超链接的目标。

③ 如果需要创建鼠标指针停留在超链接上时显示的屏幕提示或简短批注，可以单击"屏幕提示"按钮，在打开的"设置超链接屏幕提示"对话框中输入所需文本。如果没有指定提示，则使用默认提示。

④ 单击"确定"按钮完成超链接的设置。对文本设定超链接以后，文本的下方会出现下画线，并显示为配色方案中指定的颜色。

⑤ 如果需要修改超链接，在超链接的文本或对象上右击，在弹出的快捷菜单中选择"编辑链接"选项。如果需要删除超链接，在超链接的文本或对象上右击，在弹出的快捷菜单中选择"删除链接"选项。

2）以动作按钮表示的超链接的插入方法如下。

除了可以选择幻灯片的对象设置超链接外，还可以为幻灯片添加直观方便的动作按钮，操作步骤如下。

① 选择要放置动作按钮的幻灯片，单击"插入"选项卡"插图"选项组中的"形状"下拉按钮，在弹出的下拉列表中选择"动作按钮"中的按钮，如图 5-50 所示。

② 根据需要选定一个动作按钮（如"后退或前一项"、"前进或下一项"、"转到开头"、"转到结尾"或"转到主页"），拖动鼠标在幻灯片适当的位置画出按钮形状，将自动打开"操作设置"对话框，如图 5-51 所示。

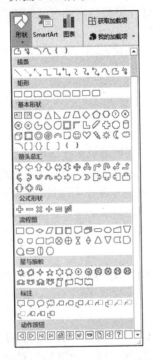

图 5-50　"形状"下拉按钮列表

图 5-51　"操作设置"对话框

③ 在"操作设置"对话框的"单击鼠标"选项卡中选中"超链接到"单选按钮，并在其下拉列表中选择要跳转的目的幻灯片或文件。

④ 如果需要在跳转时播放声音，可选中"播放声音"复选框，并在其下拉列表中选择需要的声音效果，然后单击"确定"按钮。

动作按钮还支持以下 2 种功能。

① 为"自定义"按钮添加文本。右击插入的空白动作按钮，在弹出的快捷菜单中选择"编辑文字"选项，此时，光标位于按钮所在框内，输入按钮文本即可。

② 格式化动作按钮的形状。选定要格式化的动作按钮，在"绘图工具-格式"选项卡"形状样式"选项组中选择一种形状。还可以进一步利用"形状样式"选项组中的"形状填充""形状轮廓""形状效果"按钮，修改按钮的形状。

如果要在每张幻灯片上插入动作按钮，则可在幻灯片母版上插入动作按钮，基于该母版的所有幻灯片便都可以使用该动作按钮。在母版中插入动作按钮的方法如下。

① 单击"视图"选项卡"母版视图"选项组中的"幻灯片母版"按钮，打开幻灯片母版视

图，选择第一张幻灯片母版。

② 单击"插入"选项卡"插图"选项组中的"形状"下拉按钮，在弹出的下拉列表中选择"动作按钮"中的相应按钮，单击该幻灯片母版自动插入一个默认大小的动作按钮，或拖动鼠标绘制一个自定义大小的动作按钮。在打开的"操作设置"对话框中选中"超链接到"单选按钮，并在其下拉列表中选择所需链接的目标，再单击"确定"按钮。

③ 设置完成后单击"幻灯片母版"选项卡"关闭"选项组中的"关闭母版视图"按钮即可。

（2）设置放映时间

设置幻灯片放映时间的方法有两种：手动设置排练时间和排练时记录排练时间。

1）手动设置排练时间。选择需要设置排练时间的幻灯片，选中"切换"选项卡"计时"选项组中的"设置自动换片时间"复选框，再在文本框中输入幻灯片在屏幕上显示的时间。如果希望下一张幻灯片在鼠标单击或时间达到输入的时间时都会显示（无论哪种情况先发生），可以同时选中"单击鼠标时"和"设置自动换片时间"两个复选框。

2）排练时记录排练时间。单击"幻灯片放映"选项卡"设置"选项组中的"排练计时"按钮，激活排练计时。准备播放下一张幻灯片时，单击换页按钮。到达幻灯片末尾时，在自动弹出的信息提示框中单击"是"按钮接受排练时间，单击"否"按钮可以重新排练。

（3）自定义放映

自定义放映可以随意将幻灯片组合成多种不同的自定义放映方式，并为每一种自定义放映方式命名，在放映演示文稿时，可以为特定观众选择自定义放映。

1）创建自定义放映。

① 打开要创建自定义放映的演示文稿，单击"幻灯片放映"选项卡"开始放映幻灯片"选项组中的"自定义幻灯片放映"下拉按钮，在弹出的下拉列表中选择"自定义放映"选项，在打开的"自定义放映"对话框中单击"新建"按钮，打开"定义自定义放映"对话框。

② 在"在演示文稿中的幻灯片"列表框中，可选择要自定义放映的多张幻灯片，然后单击"添加"按钮。

③ 要更改幻灯片的放映顺序，可在"在自定义放映中的幻灯片"列表框中上下移动幻灯片。在"幻灯片放映名称"文本框中输入放映名称，然后单击"确定"按钮。

2）放映自定义放映。当需要放映自定义幻灯片而不是整个演示文稿时，需要放映自定义放映。

① 单击"幻灯片放映"选项卡"设置"选项组中的"设置幻灯片放映"按钮，打开"设置放映方式"对话框。

② 在"放映幻灯片"选项组中选中"自定义放映"单选按钮，然后在其下拉列表中选择需要放映的自定义放映名称，再单击"确定"按钮。另外，在"自定义放映"对话框中，选择一个自定义放映名称，再单击"放映"按钮也可以放映该自定义放映。

（4）设置放映方式

单击"幻灯片放映"选项卡"设置"选项组中的"设置幻灯片放映"按钮，打开"设置放映方式"对话框，各选项说明如下。

1）放映类型。在"设置放映方式"对话框中可以选择相应的放映类型。PowerPoint 2016 演示文稿的放映类型有以下 3 种。

① 演讲者放映（全屏幕）：在全屏显示的方式下放映，这是常用的幻灯片播放方式，也是系统默认的选项。演讲者具有完整的控制权，可以将演示文稿暂停、添加说明细节，还可以在播放

中录制旁白。

② 观众自行浏览（窗口）：在窗口的方式下放映，适用于小规模演示。这种方式提供演示文稿播放时移动、编辑、复制等命令，便于观众自己浏览演示文稿。

③ 在展台浏览（全屏幕）：在全屏显示的方式下循环放映，适用于展览或会议。观众可以更换幻灯片或单击超链接对象，但不允许控制放映和编辑幻灯片，用幻灯片的放映时间来控制切换幻灯片，只能按 Esc 键退出放映。在这种放映方式下，必须先为所有幻灯片设置放映时间。

2）放映选项。

① 循环放映，按 Esc 键终止：可以实现循环放映。

② 放映时不加旁白：可以禁止播放录制的声音。

③ 放映时不加动画：可以禁止播放设置的动画效果。

④ 禁用硬件图形加速：可以提升图形图像的显示效果。

3）放映幻灯片。选择放映类型后，根据需要再设定幻灯片的播放范围：全部、指定范围或自定义放映。

4．打印与打包演示文稿

在将演示文稿进行打印的时候，可以选择不同的打印方式。选择"文件"选项卡中的"打印"选项，如图 5-52 所示，可以设置打印的范围及打印的份数等。同时，还可以选择打印的类型，可供选择的有幻灯片、讲义、备注页和大纲。选择打印讲义类型后，还可以选择每页打印几张幻灯片的内容。

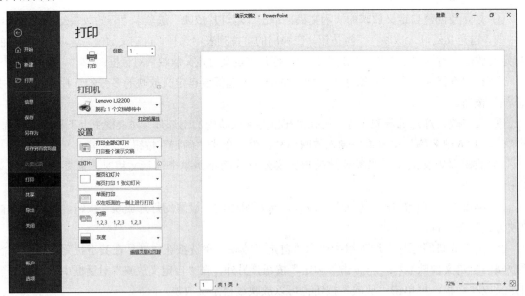

图 5-52　打印界面

（1）打印预览

通过打印设备可以输出多种形式的演示文稿，打印前可以预览打印效果。

1）显示打印预览。选择"文件"选项卡中的"打印"选项，幻灯片的打印预览将显示在屏幕的右侧，若要显示其他页面，可以单击打印预览屏幕底部的"上一页"和"下一页"按钮进行翻页，如图 5-53 所示。

图 5-53 打印预览

2）更改打印预览缩放设置。使用位于打印预览界面右下角的缩放滑块，增加或减少显示大小。单击缩放滑块上的"放大"按钮可以放大显示，单击"缩小"按钮可以缩小显示。

3）退出打印预览。单击"开始"选项卡，可关闭打印预览窗口，返回编辑窗口。

（2）设置演示文稿的页面

打印演示文稿之前，还可以进行页面设置。

单击"设计"选项卡"自定义"选项组中的"幻灯片大小"按钮，在弹出的下拉列表中选择"自定义幻灯片大小"选项，打开"幻灯片大小"对话框中如图 5-19 所示。各选项说明如下。

1）幻灯片大小。在下拉列表中选择幻灯片实际打印的尺寸。设置幻灯片的高度和宽度，可以设置用于打印的幻灯片大小，但通常可以不用设置幻灯片大小而使用默认的幻灯片大小。

2）幻灯片编号起始值。设置打印文稿的编号起始页。如果在页眉和页脚中启用了幻灯片编号，则在此对话框中设置的幻灯片编号起始值将决定第一张幻灯片的编号。若要幻灯片编号始于第二张幻灯片而不是标题幻灯片，并且希望起始编号为 1，则单击"插入"选项卡"文本"选项组中的"页眉和页脚"按钮，在打开的"页眉和页脚"对话框"幻灯片"选项卡中选中"幻灯片编号"复选框，然后选中"标题幻灯片中不显示"复选框，再单击"全部应用"按钮即可。

3）方向。设置幻灯片、讲义、备注或大纲的打印方向，设置完成后单击"确定"按钮。

（3）打印幻灯片

选择"文件"选项卡中的"打印"选项，然后在打印界面的"份数"文本框中输入要打印的份数，在"打印机"下拉列表中选择要使用的打印机，在"设置"下拉列表中选择打印范围，如图 5-54 所示。

1）若要打印所有幻灯片，则选择"打印全部幻灯片"选项。

2）若要打印当前显示的幻灯片，则选择"打印当前幻灯片"选项。

3）若要按编号打印特定幻灯片，则选择"自定义范围"选

图 5-54 打印设置

项，然后输入幻灯片的列表和范围，中间用半角逗号或短线隔开，如"1,3,5-12"。

（4）打包演示文稿

PowerPoint 2016 的一项重要功能是可以将演示文稿打包。打包工具用于将演示文稿和它所链接的声音、影片、文件等组合在一起，成为一个包，这样可以不考虑演讲的地点是否安装了 PowerPoint，只要有一台计算机，就可以随时随地放映自己的幻灯片。

1）选择"文件"选项卡中的"导出"选项，在右侧窗格中选择"将演示文稿打包成 CD"选项，然后单击"打包成 CD"按钮，打开"打包成 CD"对话框，如图 5-55 所示。

2）在"将 CD 命名为"文本框中输入打包后演示文稿的名称，再单击"复制到文件夹"按钮，打开"复制到文件夹"对话框，输入文件夹的名称并选择存放的路径，单击"确定"按钮，如图 5-56 所示。

图 5-55　"打包成 CD"对话框　　　　　图 5-56　"复制到文件夹"对话框

3）在弹出的如图 5-57 所示的"Microsoft PowerPoint"提示框中，提示程序将链接的媒体文件复制到打包的文件夹。单击"是"按钮，完成打包成 CD 的操作（包含所有链接），然后打开"正在将文件复制到文件夹"对话框并复制文件。复制完成后，关闭"打包成 CD"对话框，完成打包操作。此时打开光盘文件，可以看到打包的文件夹和文件。

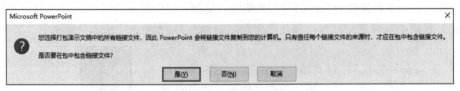

图 5-57　"Microsoft PowerPoint"提示框

实践训练

对横店影视城景点介绍演示文稿进行以下设置。

1）设置自定义动画。

① 设置第一张幻灯片主标题的进入动画效果为"玩具风车"，副标题的进入动画效果为"缩放"。

② 设置第二张幻灯片标题的进入动画效果为"飞入"，方向为"自顶部"。文本进入动画效果为"棋盘"、声音为"推动"。图片进入动画效果为"飞入"，方向为"自右部"。

③ 设置第三张幻灯片标题的进入动画效果为"下浮"，表格的进入动画效果为"出现"。

④ 自行设置其他幻灯片的动画效果。

2）设置幻灯片的切换效果。

① 设置第一张幻灯片的切换效果为"门"，换片方式为"单击鼠标时"。

② 设置第二张幻灯片的切换效果为"时钟"，换片方式为"单击鼠标时"。

③ 自行设置其他幻灯片的切换效果。

3）控制放映。

① 选择第二张幻灯片，为每个景点创建超链接，链接到相应的幻灯片。

② 选择第五张幻灯片，创建一个动作按钮，超链接到第二张幻灯片。

③ 在最后一张幻灯片中插入文本"与我联系"，超链接到 tt.teacher@qq.com（或读者自己的 E-mail 地址）。

项 目 检 测

一、选择题

1. 下列退出 PowerPoint 2016 软件的操作中，不正确的是（   ）。

    A. 按 Alt+F4 组合键   B. 按 Ctrl+Q 组合键

    C. 选择"文件"中的"退出"选项   D. 按 Ctrl+ F4 组合键

2. 下列不是 PowerPoint 2016 视图的是（   ）。

    A. 幻灯片浏览视图   B. 备注页视图

    C. 普通视图   D. 页面视图

3. 在 PowerPoint 2016 中，插入一张新幻灯片的快捷键是（   ）。

    A. Ctrl+N   B. Ctrl+M

    C. Ctrl+O   D. Ctrl+P

4. 在幻灯片浏览视图下，按（   ）键并拖动某张幻灯片，可以完成复制幻灯片的操作。

    A. Ctrl   B. Shift

    C. Alt   D. Delete

5. 在 PowerPoint 2016 中，为了使所有幻灯片具有一致的外观，用户可进入的母版视图有幻灯片母版、讲义母版和（   ）。

    A. 标题母版   B. 普通母版

    C. 备注母版   D. A 和 C

6. 如果希望幻灯片切换时间由放映过程记录下来，则可使用（   ）功能来设置。

    A. 幻灯片切换   B. 幻灯片设置

    C. 幻灯片放映   D. 排练计时

二、操作题

懂得感恩才懂得生活，才能感悟生命的真谛，感受生活的幸福和快乐。班级下周五要召开"感恩父母"主题班会，请你利用网络素材，运用 PowerPoint 2016 为班级制作一个不少于 5 张幻灯片的演示文稿。将文件命名为"感恩父母.pptx"，并保存在 D 盘根目录下。

要求如下。

1）插入一张新幻灯片，版式为"标题幻灯片"，为第一张幻灯片添加艺术字标题和背景音乐，设置音乐播放到最后一张幻灯片。

2）在第二张幻灯片中插入图片，并为所有图片添加进入动画效果，并设置开始播放时间为"之后"。

3）在第三张幻灯片中插入视频。

4）设置所有幻灯片页脚，页脚内容为"谁言寸草心，报得三春晖"，并设置幻灯片编号。

5）为所有幻灯片添加切换效果，并调整到合适的切换速度。

6）注意内容编排要合理，布局美观，协调一致。

计算机网络基础

计算机网络是现代通信技术与计算机技术相结合的产物，是随着社会对信息共享和信息传递日益增长的需求而发展起来的。随着全球信息化进程的加快，计算机网络已成为现代社会的基础设施。随着人民生活水平的不断提高，一个家庭中若拥有两台或两台以上的计算机，在家庭中就可以组建局域网，实现多台计算机同时上网，并实现资源共享，这已经成为一种趋势。

任务 6.1   组配家庭局域网

任务分析

本任务通过对家庭网络的组建，介绍网络的基本知识、网络的硬件组成及其连接和调试的方法。

任务目标

1）了解局域网的基本知识（网络、拓扑结构、连接设备等），会选择适当的联网方式，能够组建简单的家庭局域网，实现数据通信、资源共享。

2）掌握设置路由器的方法，了解网络协议和 IP 地址，学会配置家庭局域网并连接 Internet。

任务实施

步骤 1 选择网络连接

根据目前我国网络的现状，家庭网络连接分为有线网络连接和无线网络连接两大类，对于有固定居所的常住人员，如果所在区域有有线通信线路，则适合选择有线网络连接方式。流动人员或无固定居所的临时居住人员，在无线覆盖的区域可使用无线网络连接方式。

步骤 2 硬件连接（实现家庭台式计算机 PC1、PC2 与笔记本式计算机 PC3 的连接）

（1）硬件准备

当用户申请并拥有了一个因特网服务提供者（Internet service provider，ISP）的账号以后，就可以着手组建家庭局域网，实现多台台式计算机或笔记本式计算机同时上网。需要准备的设备有超五类双绞线、有线或无线路由器，在未组建区域网的区域，还需要调制解调器。

（2）绘制拓扑结构图

根据现有的设备，设计家庭局域网的拓扑结构，如图 6-1 所示。

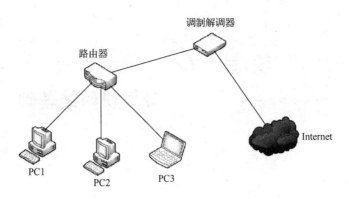

图 6-1 家庭局域网的拓扑结构

（3）硬件连接

对于使用有线通信线路上网的用户，网络的实物连接如图 6-2 所示。通过网线（双绞线）将3 台计算机连接至路由器局域网端口，通过路由器广域网端口连接调制解调器网络端口，再通过调制解调器连接至 Internet。对于小区或单位已经建立局域网的以太网用户，则无须使用调制解调器，可直接通过路由器连接。对于使用无线网卡的计算机，可以使用无线路由器，即计算机到路由器无须有线连接。

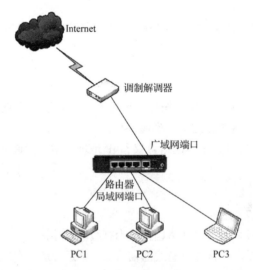

图 6-2 家庭局域网实物连接

步骤 3 检测局域网内的网络连通性

不同型号的调制解调器，其外形结构不完全一样，可参考其产品说明书进行调试。当正确连接好硬件设备后，可以按照下面的步骤对网络进行检测调试。

（1）观察设备指示灯

m1 是接通电源的指示灯，m2 是网络连通的指示灯，LAN 是局域网连接设备指示灯，WAN 是连接宽带调制解调器指示灯。

（2）通过 ping 命令检测

假定 3 台计算机的 IP 地址已配置好，PC1 的 IP 地址为 222.22.99.53，PC2 的 IP 地址为122.207.192.221，PC3 的 IP 地址为 192.168.1.103。

1）打开PC1，进入系统界面，在"搜索"文本框中输入"CMD"，如图6-3所示。

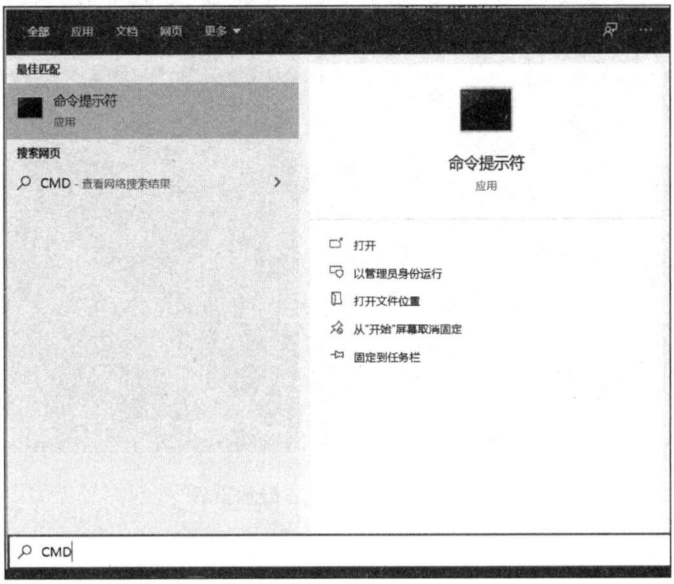

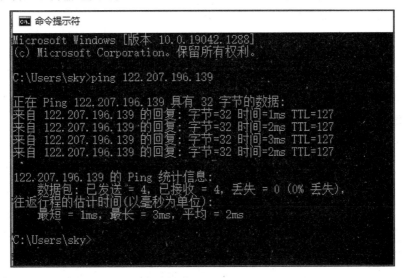

图6-3　系统界面

2）打开命令提示符窗口界面。在命令提示符窗口界面中输入"ping 122.207.196.139"，检测PC1与PC2是否连通，出现如图6-4所示的信息，则表明两台计算机是连通的，能够实现数据通信。其中，"字节=32"表示网络中发送请求的数据包大小；"时间=2ms"表示请求返回的时间，数据越小，表明网络传输速度越快；"TTL=127"表示数据在网络中的生存时间。

图6-4　网络连通提示窗口

如果网络不连通，则显示如图6-5所示的信息。需要检查网络设置并排除故障，直到能够连通为止。

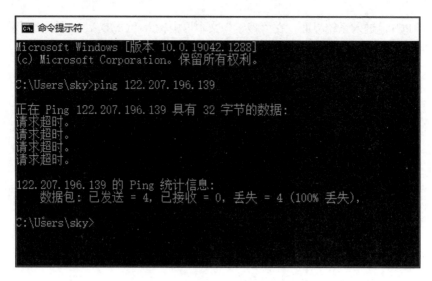

图 6-5   网络不连通提示窗口

相关知识

1. 计算机网络的概念及分类

（1）计算机网络的概念

计算机网络是指利用通信线路和通信设备将处在不同地理位置上具有独立功能的计算机系统连接起来，再配以功能完善的网络软件，以实现资源共享和数据通信为目的的计算机系统。

组建计算机网络的主要目标之一是充分利用计算机系统的资源。资源是指在有限的时间内可为用户提供服务的设备，包括软件（共享数据及某些重要软件）和硬件（如打印机、传真机、高速调制解调器、大容量的存储设备）。

（2）计算机网络的分类

计算机网络的分类有多种方法，如按网络覆盖的地理位置分类、按网络的拓扑结构分类、按互联介质分类、按传输速率分类、按网络的通信协议和网络的应用目的分类等。计算机网络按照规模大小和延伸范围可分为以下 3 类。

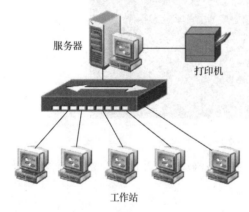

图 6-6   局域网连接

1）局域网（local area network，LAN）一般是指规模相对较小，计算机的硬件设备不大，通信线路不长，距离在几十千米内，采用单一传输介质的网络。局域网的分布范围局限在一个建筑物内或一群建筑物内（如一个工厂内），其连接图如图 6-6 所示。

2）城域网（metropolitan area network，MAN）与局域网相比规模要大一些，通常覆盖一个地区或城市，地域范围可达几十千米到上百千米。城域网通常由不同的硬件、软件和通信传输介质构成，其连接图如图 6-7 所示。

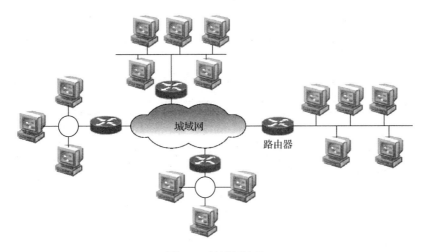

图 6-7　城域网连接

3）广域网（wide area network，WAN）也称远程网，其分布范围可达数百千米至数千千米，可覆盖一个地区、一个国家，甚至全球。广域网的连接图如图 6-8 所示。

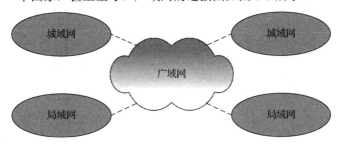

图 6-8　广域网连接

2．网络的拓扑结构

在计算机网络中，把服务器、工作站等网络单元抽象为"点"，把网络中的电缆等通信介质抽象为"线"，这样以拓扑学的观点看，就形成了点和线的几何图形，从而抽象了网络的具体结构，这种连接方式称为计算机网络的拓扑结构。目前，常见的网络拓扑结构有总线型、星形、环形、树状等。

（1）总线型

总线型拓扑结构中的所有工作站和其他共享设备（如文件服务器、网络打印机等）直接与总线相连，如图 6-9 所示。总线型拓扑结构的优点是结构简单、可靠性高、组网费用低、安装使用方便；它的主要缺点是实时性较差、故障诊断困难。

（2）星形

星形拓扑结构中的各工作站结点通过一个网络集中设备（如集线器或交换机）连接起来，如图 6-10 所示。星形拓扑结构中任何两结点之间的通信都要通过中心结点进行转发，中心结点通常为集线器。星形拓扑结构的优点是网络结构简单、建网容易、网络易于扩展、系统稳定性好、故障率低。由于任何两个结点之间的通信都要经过中心结点，导致网络的中心结点负担过重，当中心点出现故障时，整个网络就会瘫痪。

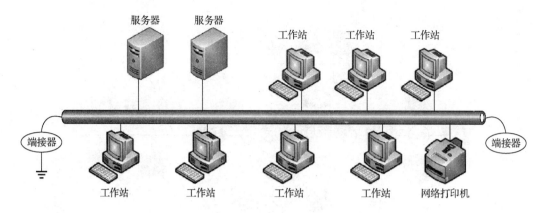

图 6-9　总线型拓扑结构

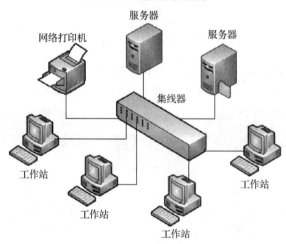

图 6-10　星形拓扑结构

（3）环形

在环形拓扑结构中，工作站、共享设备（如服务器、网络打印机等）通过通信线路将设备构成一个闭合的环，如图 6-11 所示。网络上的任何结点均可以请求发送信息。环形网络的优点是结构简单、可靠性高，其主要缺点是增加和删除结点较困难。

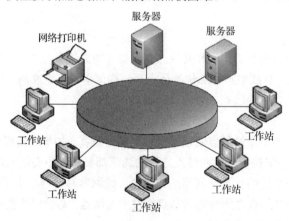

图 6-11　环形拓扑结构

（4）树状

在建造一个较大型网络时，往往采用多级星形网络，将多级星形网络按层次方式排列，即形成了树状网络。树状网络可以看成星形网络拓扑的扩展，其拓扑结构如图6-12所示。

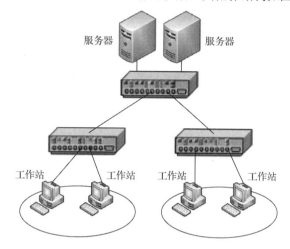

图6-12　树状拓扑结构

3. 组网和联网的硬件设备

（1）计算机

计算机是一种必不可少的构件，网络中应至少有一台服务器和若干台工作站。

（2）传输介质

传输介质可以是同轴电缆、双绞线、光缆等，如图6-13所示。

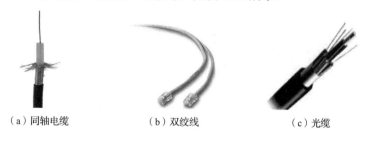

（a）同轴电缆　　　　　（b）双绞线　　　　　（c）光缆

图6-13　传输介质

（3）网卡

网卡也称为网络适配器，是计算机联网必不可少的部件，可以将用户计算机与网络相连接，负责将用户要传递的数据转换为网络上其他设备能够识别的格式。网卡按接收数据的方式，一般可分为有线网卡和无线网卡，如图6-14所示。

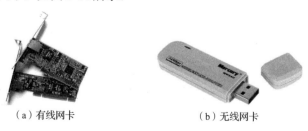

（a）有线网卡　　　　　　　（b）无线网卡

图6-14　网卡

（4）交换机

交换机是一种用于电信号转发的网络设备，是局域网中信息传递的重要设备，它可以为接入交换机的任意两个网络结点提供独享的电信号通路。

（5）路由器

路由器是一台用于完成网络互连工作的专用设备，可用来连接多个同类或不同类的网络。路由器处于开放系统互连（open system interconnection，OSI）参考模型的网络层，它会根据信道的情况自动选择和设定路由，对信息进行存储与转发，具有强大的处理能力。路由器包括有线路由器和无线路由器两类。

（6）网关

网关是用于实现不同体系结构网络之间互连的设备。它工作在 OSI 参考模型的传输层及其以上层次，是网络层以上的互连设备的总称，支持不同协议之间的转换，实现不同协议网络之间的通信和信息共享。

（7）网桥

网桥是一种在 OSI 参考模型的数据链路层实现局域网互连的设备，用于将两个相同类型的局域网连接在一起。

（8）调制解调器

调制解调器是通过电话线拨号接入 Internet 的硬件设备，其作用是将计算机输出的数字信号转换为模拟信号，这个过程称为调制；把电话线路中接收到的模拟信号转换为数字信息并输入计算机，这个过程称为解调。调制解调器通常分为内置式调制解调器和外置式调制解调器两类，如图 6-15 所示。

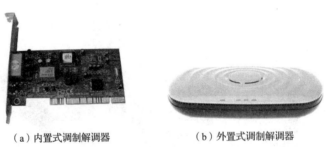

（a）内置式调制解调器　　　　　　（b）外置式调制解调器

图 6-15　调制解调器

网络互连通常是指将不同的网络或相同的网络使用互连设备连接在一起而形成一个范围更大的网络。网络互连的类型包括局域网与局域网、局域网与广域网、广域网与广域网等的互连，这些网络通常不能简单地直接相连，需要通过一个中间设备进行连接，常见的互连设备有路由器、网关和网桥等，如图 6-16 所示。

（a）路由器　　　　　　　　　（b）网关　　　　　　　　　（c）网桥

图 6-16　局域网互连设备

4．计算机网络体系结构

（1）网络体系结构的概念

计算机网络的各层及各层上协议的集合，称为网络体系结构。网络中各结点都有相同层次的体系结构。同一结点内相邻层之间通过接口互相访问，每一层使用其下层所提供的服务，同时又为其上层提供服务。

（2）OSI 参考模型

20 世纪 70 年代末，ISO 制定了开放系统互连参考模型（open systems interconnection reference model，OSI-RM），旨在使异种计算方便互连，构成网络。

OSI 参考模型是一种具有指导作用的抽象模型，并不是计算机网络协议的具体实例。它将网络抽象地划分为 7 个层次，从低到高依次是物理层、数据链路层、网络层、传输层、会话层、表示层和应用层，如图 6-17 所示。

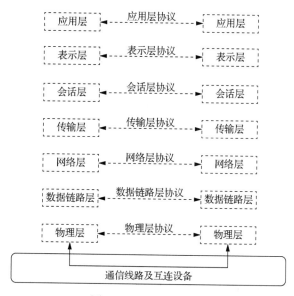

图 6-17　OSI 参考模型

OSI 参考模型中各层的主要功能如下。

1）物理层：解决数据终端设备与通信设备之间的物理连接问题。

2）数据链路层：交换数据帧，在相邻两结点间无差错地传输数据帧。

3）网络层：网络寻址，并将报文分组从物理连接的一端传输到另一端。

4）传输层：屏蔽其下各层的复杂性，保证无差错地传输报文。

5）会话层：管理联网的计算机上进程之间的数据通信。

6）表示层：网络翻译者，定义联网计算机之间交换信息的格式和语法。

7）应用层：提供访问网络服务的手段，如文件传输、电子邮件等。

（3）TCP/IP 体系结构

传输控制协议/网际协议（transmission control protocol/Internet protocol，TCP/IP）产生于 1969 年，基本的 TCP/IP 就是在高级研究计划局网络（Advanced Research Project Agency Network，ARPANET）可供使用后开发的。

TCP/IP 将网络简单地划分为 4 个层次，从低到高依次是网络接口层、网际层、传输层和应用层，如图 6-18 所示。

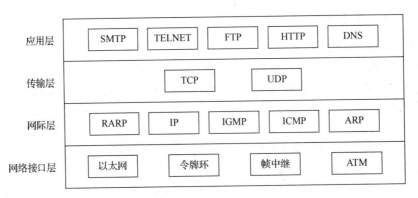

图 6-18　TCP/IP 体系结构

TCP/IP 各层的主要功能如下。

1）网络接口层：负责与物理网络的连接，它包含所有现行的网络访问标准。

2）网际层：又称互联网层，负责不同网络或同一网络中计算机之间的通信，网际层的核心是 IP。

3）传输层：提供可靠的端到端的数据传输服务，提供 TCP 与用户数据报协议（user datagram protocol，UDP）。

4）应用层：提供一组网络服务协议，如远程登录（Telnet）协议、文件传输协议（file transfer protocol，FTP）、域名服务（domain name service，DNS）、超文本传输协议（hyper text transport protocol，HTTP）、邮局协议第 3 版（post office protocol version 3，POPv3）、简单邮件传输协议（simple mail transfer protocol，SMTP）等。

实践训练

某家庭在中国电信申请了一个宽带账号，现家中有一台台式计算机、两台笔记本式计算机，其中一台需要无线上网。现请运用所学知识进行如下练习。

1）了解中国电信网络连接情况和家中计算机情况，选择相应的互连设备。

2）进行设备的连接（设备端口的功能说明）。

3）进行设备的参数配置。

4）进行台式计算机的 IP 设置。

任务 6.2　搜 索 信 息

任务分析

互联网重要的用途之一是搜索信息，即在浏览器中使用搜索引擎在网络上搜索需要的信息。Windows 10 环境下默认的浏览器是 Edge。本任务以"全国职业院校技能大赛"为主题，使用 Edge 浏览器搜索与比赛相关的通知文件、历年比赛情况及用户参赛的资料并保存下载。

任务目标

1）能够正确使用 Edge 浏览器。

2）能够使用常用搜索引擎进行探索。

3）能够进行 Internet 常用选项的设置。

任务实施

步骤1 启动 Edge 浏览器

当用户需要访问网络上的资源时，可以使用浏览器。双击 Edge 浏览器图标，打开 Edge 浏览器窗口界面，如图 6-19 所示。

图 6-19　Edge 浏览器窗口界面

Edge 浏览器的窗口与一般的应用程序窗口类似，由标题栏、菜单栏、工具栏、地址栏、状态栏等组成。

步骤2 浏览网页

1）在浏览器的地址栏中输入要访问的地址 http://www.chinaskills-jsw.org/，按 Enter 键或单击"转至"按钮，打开"全国职业院校技能大赛"的主页面，如图 6-20 所示。

图 6-20　"全国职业院校技能大赛"主页面

2）单击主页导航栏中的"申报方案"超链接，即可访问相应的网页信息，如图 6-21 所示。

图 6-21 "申报方案"的相关信息

步骤 3 使用收藏夹功能

在浏览网页的过程中，如果访问到感兴趣的站点，可以利用 Edge 提供的收藏夹功能，把喜欢的站点添加到收藏夹中，以便下次快速访问该站点。

1）单击主页导航栏中的"网站首页"超链接，返回网站主页面。单击"收藏夹"按钮，如图 6-22 所示，在弹出的下拉列表中选择"添加到收藏夹"选项，打开"添加收藏"对话框。

图 6-22 "收藏夹"选项

2）单击"创建位置"下拉按钮，在弹出的下拉列表中选择文件夹，或单击"新建文件夹"按钮，创建新的收藏夹，并确定新的收藏位置。

3）单击"添加"按钮，以默认的网名将访问的网址保存到浏览器的收藏夹中，也可自定义网页名称，然后保存。

当收藏的站点过多时，可通过"管理收藏夹"选项（图 6-23）对收藏的站点进行分类整理，可将站点放至自定义的文件夹中，也可将站点收藏到已有的指定文件夹中。

图 6-23 "管理收藏夹"选项

步骤 4 使用搜索引擎

Internet 是一个巨大的信息资源库，网络信息变化万千，用户如何才能迅速有效地查找到想要的信息呢？网络上有一个叫作搜索引擎的搜索工具，它们的主要功能就是使用专门软件在 Internet 中搜索其他站点的信息，并将这些信息进行分类整理，形成一个可供查询的大型数据库。用户在搜索特定信息时，实际上是借助搜索引擎在这个数据库中进行查找。

目前，国内常用的中文搜索引擎主要有百度（http://www.baidu.com）、360 综合搜索（http://www.so.com）、搜狗（http://www.sogou.com）等。

搜索引擎的使用方法十分简单，下面以百度为例，介绍以"全国职业院校技能大赛"作为关键字搜索相关信息的方法。

1）在 Edge 浏览器的地址栏中输入地址"http://www.baidu.com"，按 Enter 键打开百度搜索引擎的主页面，如图 6-24 所示。

图 6-24 百度搜索引擎主页面

2）在百度主页的文本框中输入要搜索的关键字"全国职业院校技能大赛"，单击"百度一下"按钮，即可显示包含关键字的网页链接，如图 6-25 所示。

图 6-25　百度搜索结果

3）从列出的网页中单击任意一个网页链接，即可访问相应的页面。如果单击第一个网页链接，显示结果如图 6-26 所示。

图 6-26　打开链接后的页面

步骤5 设置浏览环境和参数

Windows 10 环境下的 Edge 浏览器提供了较强的设置功能,用户可以根据自己的需要配置各项参数,使 Edge 浏览器更符合个性化需要。按 Alt+F 组合键或选择浏览器最右侧的选项,可以对浏览器进行环境和参数设置,如图 6-27 所示。

图 6-27 Edge 浏览器的设置功能

步骤6 使用软件下载资料

一般情况,直接下载时速度比较慢,借助第三方软件下载,可达到快速下载的目的,并且能够实现断点续传,下载网络中比较大的文件时特别有效。

相关知识

1. IP 地址

IP 地址是给每个连接在 Internet 上的主机分配的一个唯一的标识符。在 Internet 中,每台联网计算机都是由这个分配的标识符来定位的。用户在网络中是用 IP 地址来标识主机或服务器的,如果要访问服务器上的资源,就必须记住其 IP 地址。常见的 IP 地址分为 IPv4 和 IPv6 两个版本,目前广泛使用的是 IPv4 地址。

(1)IPv4 地址

IPv4 地址的长度为 32 位二进制数,分成 4 个 8 位二进制组,由"."分隔,每 8 位二进制组用十进制数 0~255 表示。在每个长度为 32 位的 IP 地址中,分别由网络类别、网络号(网络 ID)、主机号(主机 ID)3 部分构成,代表在整个 Internet 中属于哪类网络、该类网络能够包含的网络号和每个网络号能容纳多少台主机。IP 地址的分类如表 6-1 所示。

表 6-1 IP 地址的分类

分类	位																															
	0	1	2	3	4	5	6	7	8	9	10	11	12	13	14	15	16	17	18	19	20	21	22	23	24	25	26	27	28	29	30	31
A 类	0	网络号 0～127							主机号																							
B 类	1	0	网络号 128.0～191.255														主机号															
C 类	1	1	0	网络号 192.0.0～233.255.255																					主机号							
D 类	1	1	1	0	组播地址																											
E 类	1	1	1	1	保留地址																											

1）常用的 IPv4 地址。

目前，常用的 IPv4 地址为 A 类、B 类、C 类、D 类和 E 类，下面重点介绍前 3 类地址。

① A 类地址。A 类地址主要用于世界上少数的具有大量主机（$>2^{16}$）的网络，仅很少的国家和网络组织才可获得此类地址。任何一个 0～127 的网络地址（不包括 0、127）均是一个 A 类地址。

② B 类地址。B 类地址用于规模适中的网络，此类地址的最高两位必须为二进制数"10"，接下来的 14 位表示网络号，剩下的 16 位表示主机号。也就是说，最多有 2^{14}（即 16 384）个网络地址组合，每个网络中可以有 2^{16}（即 65 536）个唯一主机标识符，任何一个 128～191 的网络地址（包括 128、191）均是一个 B 类地址。

③ C 类地址。C 类地址主要用于网络数多、主机数相对较少的网络。C 类地址的最高 3 位必须为二进制数"110"，接下来的 21 位表示网络号，剩下的 8 位表示主机号。也就是说，最多有 2^{21}（即 2 097 152）个网络地址组合，每个网络中可以有 2^8（即 256）个唯一主机标识符，任何一个 192～223 的网络地址（包括 192、223）均是一个 C 类地址。

2）特定的专用 IPv4 地址。

对于 Internet IP 地址中特定的专用地址不做分配，具体包括以下 4 种情形。

① 主机地址全为"0"。无论哪一类网络，主机地址全为"0"表示指向本网，常用在路由表中。

② 主机地址全为"1"。主机地址全为"1"表示广播地址，向所在特定网上的所有主机发送数据包。

③ 4 字节 32 位全为"1"。若 IP 地址 4 字节 32 位全为"1"，表示仅在本网内进行广播发送。

④ 网络号 127。TCP/IP 规定网络号 127 不可用于任何网络。其中，有一个特别地址 127.0.0.1，称其为回送地址，它将信息通过自身的接口发送后返回，可用来测试端口状态。

（2）IPv6 地址

IPv6 是下一版本的 Internet 协议。随着互联网的迅速发展，IPv4 定义的有限地址空间将被耗尽，为了扩大地址空间，拟通过 IPv6 重新定义地址空间。IPv6 采用 128 位地址长度，即 2^{128} 个 IP 地址，如此庞大的地址空间，足以保证地球上每个人拥有一个或多个 IP 地址。

1）IPv6 地址的类型。

① 单点传送：这种类型的地址是单个接口的地址，发送到一个单点传送地址的信息包只会送到这个地址的接口。

② 任意点传送：这种类型的地址是一组接口的地址，发送到一个任意点传送地址的信息包只会发送到这组地址中的一个接口。

③ 多点传送：这种类型的地址是一组接口的地址，发送到一个多点传送地址的信息包会发

送到属于这个组的全部接口。

2）IPv6 地址的表示。对于 128 位（16 字节）的 IPv6 地址，可以写成 8 个 16 位的无符号整数，每个整数用 4 个十六进制数表示，这些数之间用冒号 ":" 分开，如 3efe:3201:1501:1:280:ceff: fe4d:db39。

3）IPv6 与 IPv4 相比，具有以下优点。

① 更大的地址空间。IPv4 中规定 IP 地址长度为 32，即有 $2^{32}-1$ 个地址；而 IPv6 中 IP 地址的长度为 128，即有 $2^{128}-1$ 个地址。

② 更小的路由表。IPv6 的地址分配使路由器能在路由表中用一条记录表示一片子网，极大地减小了路由器中路由表的长度，提高了路由器转发数据包的速度。

③ 增强了组播支持及对流的支持。这使网络上的多媒体应用有了长足发展的机会，为服务质量控制提供了良好的网络平台。

④ 加入对自动配置的支持。对动态组织配置协议（dynamic host configuration protocol，DHCP）的改进和扩展，使网络管理更加方便和快捷。

⑤ 更高的安全性。在使用 IPv6 地址的网络中，用户可以对网络层的数据进行加密并对 IP 报文进行校验，这极大地增强了网络的安全性。

2. 域名地址

如果用户要访问服务器上的资源，就必须记住其 IP 地址。由于 IP 地址是纯数字格式，人们很难记忆，因此人们采用一种简单易记的英文简写——域名地址来代替 IP 地址。

Internet 在 1985 年开始采用域名管理系统的方法。当输入某个域名时，这个信息首先到达提供此域名解析的服务器上，再将此域名解析为相应网站的 IP 地址。完成这一操作的过程称为域名解析，其域名类似于如下结构：计算机主机名.机构名.网络名.顶级域名，如 www.hnzj.edu.cn（河南职业技术学院），域名中每一标号后面的各标号称为域。例如，上述域名最低级域名为 www，表示一台 Web 服务器；第三级域名为 hnzj，表示河南职业技术学院；第二级域名为 edu 表示教育机构；第一级域名即顶级域名为 cn，表示国家区域为中国。本例中的域既是根据管理上的组织机构来划分的，又与地理位置有关。

通常，顶级域名表明该域名的机构性质或地理位置。机构性域名表明这个机构的性质，地理性域名表明该域名源自的国家或地区。常见的地理性域名和机构性域名分别如表 6-2 和表 6-3 所示。

表 6-2　地理性域名

顶级域名	含义
cn	中国
ca	加拿大
kr	韩国
uk	英国
jp	日本
us	美国
sg	新加坡

表 6-3　机构性域名

顶级域名	含义
gov	政府部门
edu	教育机构
com	商业机构
mil	军事机构
net	网络组织
int	国际机构
org	其他非营利组织

3．Internet 概述

Internet 是全世界最大的计算机网络，它起源于美国国防部高级研究计划局于 1968 年用于支持军事研究的计算机实验网。

Internet 是由世界上的各种网络连接而成的。这种连接包括两个方面：使用路由器将两个或更多个网络物理连接起来，这种路由器称为 IP 网关；在路由器上运行 IP，在各网络的主机上运行 TCP/IP，从而实现不同网络的逻辑连接。TCP/IP 将不同网络编制成一个整体，在用户看来，Internet 是一个单一网络，而实际上它是由不同物理网络连接起来的。路由器使不同网络实现了互联；TCP/IP 屏蔽了不同物理网络的差异性，使不同网络中的计算机之间可以相互传送数据，真正实现了互通。

4．Internet 的基本应用

Internet 的主要应用就是 Internet 提供给用户的服务，如万维网（world wide web，WWW）、统一资源定位地址（uniform resource locator，URL）、远程登录、FTP、电子邮件（E-mail）等。

（1）万维网

1）万维网是 Internet 上最受欢迎、最为流行的多媒体信息查询服务系统。用户使用万维网可以很容易地从 Internet 上获取文本、声音、视频及图像信息。浏览 Web 就是以超文本传输协议在 Internet 上传送以超文本标记语言（hyper text markup language，HTML）编写的网页内容，从而进行信息交流。在万维网中浏览，就是向万维网中的多个服务器发出请求，观看主页，获得有用的信息。因此，万维网可以提供世界范围的超级文本服务，可以通过 Internet 从全世界查找所需要的文本、图像（包括活动影像）和声音等信息。

另外，万维网还可以提供传统的 Internet 服务，如远程登录、文件传输协议和 Internet 的电子公告牌服务等。

2）在万维网上一般用 URL 来唯一确定 Internet 上资源位置的地址。例如，用户想要上网访问某个网站，在 IE 浏览器或其他浏览器的地址栏中输入的就是 URL。URL 的语法结构如下：

Internet 资源类型://域名[:端口地址/存放目录/文件名]

（2）远程登录

远程登录主要用于 Internet 会话，它的基本功能是允许用户登录远程主机系统。起初，它只是让用户的本地计算机与远程计算机连接，从而成为远程主机的一个终端，在本地执行更多的处理任务，提供更好的响应，并且减少了通过链路发送到远程主机的信息数量。用户通过远程登录命令使自己的计算机暂时成为远程计算机的终端，可直接调用远程计算机的资源和服务。

目前，鉴于用户对于远程登录的需求和用户偏于应用型的特征，很多软件公司研发了远程共享和远程控制软件来实现远程登录，如国外的 Mikogo、Teamviewer、Netviewer、pcanywhere，以及国内的网络远程控制软件等，Windows 操作系统远程桌面也能实现相似的操作。

（3）FTP

FTP 工作在服务器/客户机方式下。FTP 客户机通常是指用户自己的计算机，FTP 服务器是存在于 Internet 上的提供 FTP 服务的计算机。

一般可以认为，一个 FTP 服务器相当于用户计算机上的一个硬盘，只不过这个硬盘是通过远程登录操作的，而不是通过计算机内部的数据总线来传送文件的，因而文件交换速度比较慢。为了加以区分，通常将用户计算机上的硬盘称为本地硬盘，将 FTP 服务器上的硬盘称为远程硬盘。从远程硬盘上复制文件到本地硬盘上称为下载，从本地硬盘上复制文件到远程硬盘上称为上载或上传。与使用自己的硬盘不同，FTP 服务器并不是可以随意使用的，上传和下载通常只对部分用户服务，而不是对所有用户服务。因此，登录 FTP 服务器需要用户账号和口令。

目前，Internet 上有很多匿名的 FTP 服务器，这些服务器向全世界所有用户开放，用户可以公开访问。这些 FTP 服务器在登录时使用"anonymous（匿名）"作为用户名，而将电子邮件地址作为口令进行登录，有的甚至不用口令。使用 FTP 还需要注意端口号，FTP 服务器使用端口 21。

（4）电子邮件

电子邮件是指 Internet 上或常规计算机网络上的各个用户之间，通过电子信件的形式进行通信的一种通信方式，是 Internet 中基本的功能之一。电子邮件的特点是发送速度快、信息多样化、收发方便、成本低廉等。

5．浏览器

浏览器是指可以显示网页服务器或文件系统的 HTML 文件内容，并让用户与这些文件交互的一种软件。网页浏览器主要通过 HTTP 协议与网页服务器交互并获取网页，这些网页由 URL 指定，文件格式通常为 HTML。当用户需要访问万维网时，可以使用浏览器来浏览万维网上的资源。

（1）常见的浏览器

1）IE 浏览器。IE 浏览器是 Windows 操作系统的一个组成部分。IE 浏览器由 Windows XP 操作系统的 IE 6.0 发展到以后的 IE 7.0、IE 8.0、IE 9.0、IE 10.0、IE 11 等版本。

2）360 浏览器。360 浏览器采用恶意网址拦截技术，可自动拦截黑马、欺诈、网银仿冒等恶意网址。它拥有独创的沙箱技术，在隔离模式下计算机即使访问被木马感染的文件也不会被感染，360 浏览器使用的是谷歌及 IE 浏览器的内核。

（2）浏览器软件界面

IE 浏览器是使用较广泛的网页浏览器。下面以 IE 浏览器为例，介绍其主界面及功能。

IE 浏览器的窗口与一般的应用程序窗口类似，由标题栏、地址栏、工具栏等组成，如图 6-28 所示。

标题栏　　　地址栏　　　　　　　　　　　　　　　　　　　　　　　　　工具栏

图 6-28　IE 浏览器界面

6．接入 Internet 的方式

目前可供选择的接入 Internet 的方式主要有 9 种，分别是公用电话交换网（public switched telephone network，PSTN）、综合业务数字网（integrated service digital network，ISDN）、数字数据网（digital data network，DDN）、非对称数字用户线（asymmetric digital subscriber line，ADSL）、甚高比特率数字用户线（very high-bit-rate digital subscriber line，VDSL）、线缆调制解调器、无源光网络（passive optical network，PON）、本地多点分配接入系统和局域网。

（1）PSTN

PSTN 是指通过调制解调器拨号实现用户接入的方式。这种接入方式是用户非常熟悉的一种接入方式，也是最容易实施的方式，并且价格低廉，只要一根连接 ISP 的电话线和一个账号即可。其缺点是传输速度低、线路可靠性差。PSTN 适用于对可靠性要求不高的办公室及小型企业。如果用户较多，可用多条电话线共同工作以提高访问速度。随着宽带的发展和普及，这种接入方式几乎被淘汰。

（2）ISDN

ISDN 采用数字传输和数字交换技术，将电话、传真、数据、图像等多种业务综合在一个统一的数字网络中进行传输和处理。用户使用一条 ISDN 用户线路，就可以在上网的同时拨打电话、收发传真，就像两根电话线一样。

（3）DDN

DDN 是随着数据通信业务发展而迅速发展起来的一种新型网络，主要面向集团企业。DDN 的主干网传输媒介有光纤、数字微波、卫星信道等，用户端多使用普通电缆和双绞线。DDN 将数字通信技术、计算机技术、光纤通信技术及数字交叉连接技术有机地结合在一起，提供了高速度、高质量的通信环境，可以向用户提供点对点、点对多点透明传输的数据专线出租电路，为用户传输数据、图像、声音等信息。DDN 的通信速率可根据用户的需要来选择，其速度越快，租用费用也就越高。

（4）ADSL

ADSL 是一种能够通过普通电话线提供宽带数据业务的接入技术。ADSL 有"网络快车"之美誉，曾因其下行速率高、频带宽、性能优、安装方便、不需交纳电话费等特点而深受广大用户的喜爱。

（5）VDSL

VDSL 是一种比 ADSL 还要快的接入技术。VDSL 使用的介质是一对铜线，有效传输距离可超过 1km。

（6）线缆调制解调器

线缆调制解调器是近年来开始试用的一种超高速调制解调器，它利用现成的有线电视网进行数据传输，已是一种比较成熟的技术。随着有线电视网的发展壮大和人们生活质量的不断提高，通过线缆调制解调器利用有线电视网访问 Internet 已成为越来越受业界关注的一种高速接入技术。

（7）PON

PON 技术是一种点对多点的光纤传输和接入技术，下行采用广播方式，上行采用时分多址方式，可以灵活地组成树状、星形、总线型等多种拓扑结构，在光分支点不需要结点设备，只需安装一个简单的光分支器即可，具有节省光缆资源、带宽资源共享、节省机房投资、设备安全性高、建网速度快、综合建网成本低等优点。

（8）本地多点分配接入系统

本地多点分配接入系统是 20 世纪 90 年代发展起来的一种宽带无线点对多点接入技术，1998 年被美国电信界评选为十大新兴通信技术之一。这是一种用于社区宽带接入的无线接入技术。

（9）局域网

局域网利用以太网技术，采用光缆+双绞线的方式对社区进行综合布线。以太网技术成熟、成本低、结构简单、稳定性和可扩充性好、便于网络升级，同时可实现实时监控、智能化物业管理、小区/大楼/家庭保安、家庭自动化（如远程遥控家电、可视门铃等）、远程抄表等，可提供智能化、信息化的办公与家居环境，满足不同阶层的人们对信息化的需求，且比其他的接入网方式要经济许多。

实践训练

1）选择常用的搜索引擎，以"Windows 10 操作系统的特点"为关键字进行搜索，将搜索到的结果保存为.TXT 文本文件。

2）利用网络收集数据，针对当代大学生计算机专业的就业现状进行数据整理，绘制图表，并制作 PPT 演示文稿。

任务 6.3　收 发 邮 件

任务分析

随着 Internet 的普及，电子邮件已经成为人们日常工作和生活中传递信息的主要方式。电子邮件不仅可以收发文本，还可以收发声音、影像等多媒体资料。

任务目标

1）能够熟练申请电子邮箱。

2）能够正确完成邮件的收发。

任务实施

步骤 1 申请免费电子邮箱

免费电子邮箱是为方便用户应用电子邮箱业务而提供的免费使用的一种 Internet 服务，目前比较有影响力的是网易、新浪等企业提供的免费电子邮箱服务。

在此，以申请 TOM 邮箱为例进行演示讲解。

1）打开浏览器，在地址栏中输入 https://www.tom.com，按 Enter 键进入 TOM 首页。

2）单击"进入邮箱"|"免费邮箱"按钮，打开如图 6-29 所示的页面。

3）单击"立即注册"按钮，进入注册页面。根据提示，填写个人相关信息，输入验证码，如图 6-30 所示。单击"提交注册"按钮，邮箱注册成功，如图 6-31 所示。

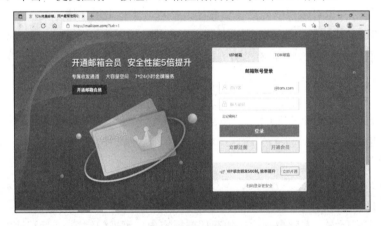

图 6-29 TOM 免费邮箱申请注册页面

图 6-30 输入验证码

图 6-31 邮箱注册成功

步骤2　使用邮箱收发电子邮件

成功注册邮箱账号后，单击"马上进入邮箱"按钮即可进入 TOM 邮箱界面，进行邮件的收发，如图 6-32 所示。

（1）收信

单击"收信"按钮，在右侧的界面中出现所有收信信息，单击相关的链接，即可阅读邮件内容，如图 6-33 所示。

（2）写信

单击"写信"按钮，在右侧的界面中出现写信的界面，填写收件人地址、主题、正文，单击"发送"按钮即可，如图 6-34 所示。

1）对于包含文字以外的信息，如图片、视频、文档等，可以以附件的形式发送，单击"上传附件"按钮，如图 6-35 所示，进入添加附件的页面，单击"浏览"按钮，选择附件所在的具体路径位置，然后单击"粘贴"按钮，等待数秒后，附件内容中出现了附件的文件名及文件大小，如图 6-36 所示。

图 6-32　TOM 邮箱界面

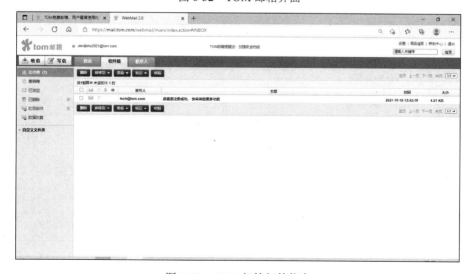

图 6-33　TOM 邮箱邮件信息

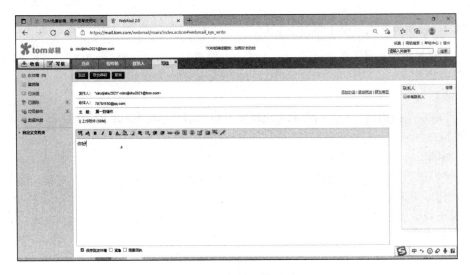

图 6-34　邮件写信界面

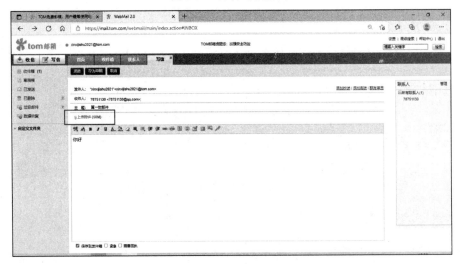

图 6-35　添加附件

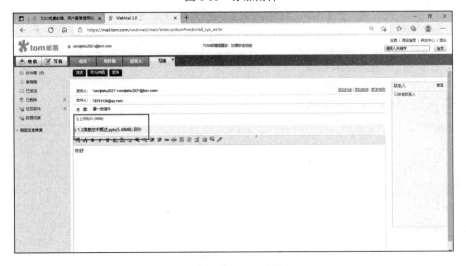

图 6-36　附件添加成功

2）返回写信的首页，可补充信息，如抄送地址、正文内容。确认信息无误后，单击"发送"按钮，即可看到发送成功确认页面，如图6-37所示。

图6-37　邮件发送成功

相关知识

1. 电子邮件

电子邮件是通过 Internet 传送的邮件，是用户使用 Internet 进行信息传递的主要途径。电子邮件像一般书信一样，能传达大量的信息，既可以在一个电子邮件中输入一般书信的内容，也可以将一本书的内容通过电子邮件发送给对方。

（1）电子邮件地址和账号

在 Internet 的电子邮件系统中，每个用户可以有一个（或几个）电子邮件地址，电子邮件地址的一般格式为用户名@服务器名称。中间的@读作 at，@之前是用户名，@之后是提供接收邮件并寄存的服务器名称，如 shoujianren@fuwuqi.com 表示的就是在 fuwuqi.com 服务器上的 shoujianren 用户。

与电子邮件地址紧密相关的概念还有电子邮件账号。电子邮件账号是为了使用电子邮件地址接收和发送电子邮件而用来登录到电子邮件服务器上的用户名和密码。

（2）电子邮件服务器

在 Internet 上有很多处理电子邮件的计算机，它们就像是一个个的邮局，从用户计算机发出的邮件要经过多个这样的"邮局"的中转，才能到达最终目的地。这些 Internet 上的"邮局"叫作邮件服务器。邮件服务器要遵循同样的规则才能正确地互相转达信息，这样的规则称为协议。

接收邮件服务器是将别人发送给自己的电子邮件暂时寄存，直到从邮件服务器上将邮件接收到自己的计算机上查看。发送邮件服务器的作用是将用户撰写的电子邮件交到收信人手中。发送邮件服务器遵循的协议是 SMTP，在应用中，尤其是邮件软件的设置中称其为 SMTP 服务器；而多数接收邮件服务器遵循的协议是 POPv3，因此称其为 POPv3 服务器或 POP 服务器。

（3）邮件客户软件

在电子邮件系统中，邮件客户软件是按照客户机/服务器的模式工作的。一般所说的邮件软件实际上就是邮件客户软件，它是运行在用户计算机和 Internet 上的、为用户处理电子邮件的软件。常用的邮件客户软件有 Outlook Express、Eudora、Foxmail 等。

有了邮件客户软件，就可以将要发送的电子邮件通过 SMTP 协议发送给 SMTP 服务器，再由服务器将邮件传递到目的地。邮件客户软件也可以通过 POPv3 协议和 POPv3 服务器建立网络连接，从 POPv3 服务器上将其他人发送给用户的邮件传送到用户的计算机上，并存储在硬盘上。

2．即时通信

即时通信是指能够即时发送和接收互联网消息等的业务。随着计算机网络的迅速发展，即时通信的功能日益丰富，逐渐集成了电子邮件、博客、音乐、电视、游戏和搜索等多种功能。即时通信不再是一个单纯的聊天工具，它已经发展成集交流、资讯、娱乐、搜索、电子商务、办公协作和企业客户服务等为一体的综合信息平台。

3．博客与微博

1）博客又称为网络日志、部落格或部落阁等，是一种由个人管理、不定期张贴新文章的网站。博客上的文章通常根据张贴时间，以倒序的方式由新到旧排列。

一个典型的博客结合了文字、图像、其他博客或网站的链接，以及其他与主题相关的媒体。博客是社会媒体网络的一部分。

2）微博是微博客的简称，是博客的缩略版，它是一个基于用户关系的信息分享、传播及获取的平台，其字数较少（140 字以内）、编辑功能较少，但由于微博的随意性和互动传播，深受诸多网友喜欢。

3）博客与微博的区别如下。

① 字数限制：微博必须在 140 字以内，这是为了使用手机发布和阅读方便；博客没有字数限制，用户主要是在计算机上发表和阅读信息。

② 被动阅读：看博客必须去对方的首页看；而对于微博来说，在自己的首页上就能看到别人的微博。

③ 发布简便：微博可以通过手机、计算机等多种方式发布；而对于博客来说，用手机发布比较麻烦。

④ 自传播速度快：博客要靠网站推荐带来流量；而微博则通过粉丝转发来增加阅读量。

4．电子商务

电子商务是一种运用信息技术的现代商业经营方法，可满足企业、商贸、消费者的需求，以达到降低成本、改进产品和服务质量、提高服务传递速度的目的。

电子商务是以商务活动为主体，以计算机网络为基础，以电子化方式为手段，在法律许可的范围内所进行的商务活动过程，包括电子交易、电子购物、电子签约、电子支付、转账与结算等活动。

实践训练

申请一个免费的电子邮箱账户，发送一张元旦主题的电子贺卡给班级的同学。

任务 6.4 个人计算机安全防护

任务分析

随着计算机技术的迅速发展，计算机信息安全受到严峻的考验。对于个人来说掌握基本的安全防护方法、避免个人信息的丢失是非常重要的。

任务目标

1）了解计算机信息及信息安全的概念、特点，以及相关的条例法规等基本知识。

2）学会采取一些重要的信息安全措施，对计算机系统进行安全设置。

3）能够使用第三方软件（如杀毒软件）进行计算机病毒防护。

任务实施

步骤 1 为操作系统修补漏洞

（1）在线升级操作系统

搜索"Windows 更新设置"，选择"Windows 更新"选项，进入"Windows 更新"窗口，如图 6-38 所示。在线检查系统并更新安装，修复系统漏洞，完成系统性能在线升级，也可通过单击"高级选项"按钮进行其他更新设置，如图 6-39 所示。

图 6-38　Windows 10 操作系统在线升级

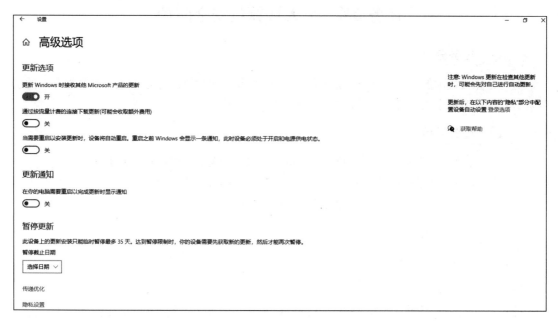

图 6-39　更改系统的更新设置

（2）开启系统安全防护功能

选择"开始"|"Windows 设置"选项，进入如图 6-40 所示的窗口。单击"更新和安全"按钮，打开"Windows 安全中心"窗口如图 6-41 所示。单击"防火墙和网络保护"按钮，在打开的"防火墙和网络保护"窗口中，开启相应的功能防护即可，如图 6-42 所示。

图 6-40　"Windows 设置"窗口

图 6-41 "Windows 安全中心"窗口

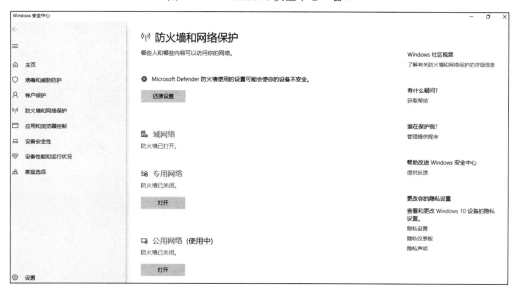

图 6-42 "防火墙和网络保护"窗口

步骤 2 改变管理员账户安全设置

在 Windows 10 操作系统中，Administrator 是最高级的账户，俗称管理员账户，在正常的登录模式下是无法看到的，因此很容易忽略由 Administrator 用户带来的安全问题。

Administrator 账户的初始密码是空的，如果没有安装防火墙，黑客很容易通过 Administrator 账户进入计算机。因此，应通过多种途径来提高管理员账户的安全级别。

1）在"运行"对话框中的"打开"文本框中输入"lusrmgr.msc"，如图 6-43 所示，单击"确定"按钮。

2）打开"本地用户和组（本地）"窗口，如图 6-44 所示，单击"用户"文件夹展开计算机用户列表，选择 Administrator

图 6-43 "运行"对话框

用户并右击，在弹出的快捷菜单中选择"设置密码"选项，如图 6-45 所示，即可为管理员账户设置密码。

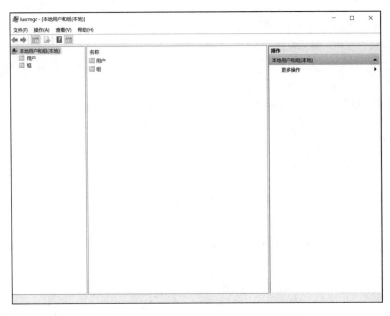

图 6-44 "本地用户和组（本地）"窗口

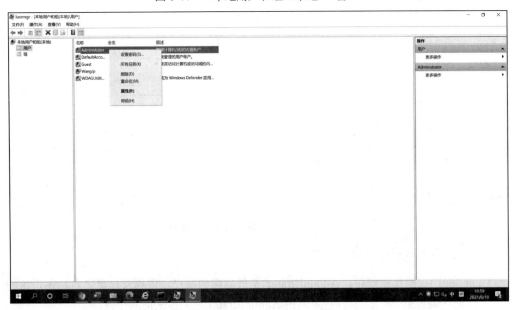

图 6-45 设置密码

相关知识

1．信息、信息社会及信息安全的概念

（1）信息

信息是描述客观事物运动状态及运动方式的数据，是具有一定结构的数据集合。信息按照生成领域分类，可分为宇宙信息、地球自然信息、人类社会信息 3 类；按照地位分类，可分为客观信息和主观信息；按照应用部门分类，可分为工业信息、农业信息、军事信息、医学信息、政治信息、科技信息、经济信息和管理信息等；按照携带信息的信号形式分类，可分为连续信息、离散信息等。

信息有多种表现形式，它可以以数字、文本、语音、图形、图像、图表、视频等形式展现在人们面前。

（2）信息社会

信息社会也称信息化社会。在农业社会和工业社会中，物质和能源是主要资源，人们所从事的是大规模的物质生产。在信息社会中，信息成为比物质和能源更为重要的资源，以开发和利用信息资源为目的的信息经济活动迅速扩大，逐渐取代了工业生产活动而成为国民经济活动的主要内容。

（3）信息安全

信息安全是指信息网络的硬件、软件及其系统中的数据受到保护，不因偶然的或恶意的原因而遭到破坏、更改、泄露，系统连续、可靠、正常地运行，信息服务不中断。信息安全主要包括 5 个方面的内容，即需保证信息的保密性、真实性、完整性、未授权复制和所寄生系统的安全性。

2．计算机病毒的定义

计算机病毒是指编制或者在计算机程序中插入的、破坏计算机功能或者破坏数据、影响计算机使用、能自我复制的一组计算机指令或者程序代码。

计算机病毒是一种人为特制的计算机程序，而不是一般生物学意义上的病毒。它具有自我复制或繁殖的能力，感染性强、破坏性大，严重危害计算机的正常使用。计算机感染病毒后，通常会有一些表现，如经常无故死机、运行速度明显变慢、程序运行异常、操作系统无故频繁打开错误对话框、磁盘无故频繁读写、出现奇怪的陌生文件等。

3．计算机病毒的分类

计算机病毒的分类方法有很多，以下是几种常用的分类方法。

1）按照病毒的破坏程度，可以将计算机病毒分为良性病毒和恶性病毒。良性病毒入侵不会破坏系统，只是占用一定的空间和 CPU 处理时间，或者显示一些图片或发出一种声音。

2）按照病毒发作的时间，可以将计算机病毒分为定时病毒和随机病毒。

3）按照病毒的传染方式，可以将计算机病毒分为文件型病毒、引导型病毒和网络型病毒。

4．计算机病毒的传播途径

计算机病毒的主要传播途径有计算机网络、光盘、硬盘和移动存储器等。能够在计算机上使用的移动存储器很多，如 U 盘、移动硬盘、手机、数码照相机、MP3 等，它们都是病毒青睐的传染对象。随着无线通信技术的发展和应用，无线信道也成为计算机病毒传播的新途径。

5．计算机病毒的特点

计算机病毒具有隐蔽性、潜伏性、传染性、破坏性和可触发性等特点。

（1）隐蔽性

计算机病毒一般是具有较高编程技巧、短小的程序，附在其他程序中，具有很强的隐蔽性。

有的计算机病毒可以通过杀毒软件检测出来，有的则很难检测出来，特别是变异病毒，其变种很多且变化无常，这类病毒处理起来通常很困难。

（2）潜伏性

计算机感染病毒后，病毒通常并不是立即发作产生破坏作用，而是潜伏起来等待条件满足时才起破坏作用。计算机病毒程序可以潜伏几周、几个月，甚至几年不会被人发现。例如，CIH病毒在每年的4月26日发作；PETER-2病毒在每年的2月27日发作；黑色星期五病毒在逢13日的星期五发作。这些病毒在平时会隐藏得很好，只有在发作日才会显现出来。

（3）传染性

计算机病毒一旦发作，就会搜寻其他符合其传染条件的文件或存储介质以实现自我复制，还可能会发生变异，被感染的文件和存储介质又成了新的传染源，继续进行传染。

（4）破坏性

破坏性是计算机病毒最基本的特征，通常会破坏计算机上的数据、程序和软件系统，特殊情况下还会破坏计算机的硬件。计算机感染病毒后，轻者可能会播放音乐、显示无聊的语句，或占用系统资源空间降低计算机效率；重者可能会导致正常的程序无法运行，系统的某些功能失效，计算机中的文件被删除或受到不同程序的损坏，还可能产生很多奇怪的陌生文件。

（5）可触发性

病毒必须潜伏起来才能更好地隐蔽自己，但它不可能一直潜伏。计算机病毒需要等待条件满足时才实施感染和起破坏作用的特性称为可触发性。病毒具有某些预定的触发条件，可能是时间、文件类型或某些特定数据，还有可能是用户的某些操作。

6．计算机病毒的防护

（1）预防计算机病毒

计算机一旦感染病毒，总会在一定程度上受到破坏。大多数计算机病毒会永久性地破坏被感染程序，如果没有备份将无法恢复，因此，对待计算机病毒应采用积极、合理、有效的方法，即以预防为主。

预防是指在计算机病毒尚未入侵或刚刚入侵时，就预防或拦截以阻止其入侵。预防计算机病毒要从以下几个方面入手。

1）提高预防计算机病毒的思想意识，这是预防计算机病毒的关键。

2）不要随意打开陌生的邮件及附件。

3）不要浏览非法网站。

4）经常对重要的信息和文件进行备份，最好是异地备份。

5）不使用来历不明的软件、U盘、光盘及网上的程序和文件。

6）尽量避免在计算机病毒发作的日期开机，或事先调整系统日期，以避开计算机病毒发作的日期。

7）不要未杀毒就运行下载的文件。

8）安装专业的计算机病毒实时监控软件，并定期更新计算机病毒库。安装计算机病毒监控软件并非可以一劳永逸，但却是必需的。计算机病毒实时监控软件能够监控计算机的运行，在病毒开始感染计算机时或开始发作时就实施阻击，并向用户发出警报。用户必须定期更新计算机病毒库以监控新的计算机病毒和变种病毒。

9）及时安装操作系统的补丁包，以修补系统漏洞，减少感染计算机病毒的机会。

（2）查杀计算机病毒

查杀计算机病毒的方法主要有两种：一种是使用专业的杀毒软件进行自动查杀；另一种是人工手动查杀。人工手动查杀计算机病毒不仅要求用户需要有一定的计算机专业知识，而且操作非常复杂，操作不当还会人为地造成更大的损失，如造成计算机系统崩溃。下面主要介绍使用专业的杀毒软件进行自动查杀计算机病毒的方法。

1）安装专业的杀毒软件。

2）更新杀毒软件的计算机病毒库。只有不断地更新杀毒软件的计算机病毒库，它才能发挥有效的作用。如果安装的杀毒软件仍在授权使用期内，只要连通网络，就可以按照杀毒软件的提示完成计算机病毒库更新，建议至少每星期更新一次。

3）运行杀毒软件全面扫描计算机。虽然计算机病毒实时监控软件能够帮助用户有效地阻止计算机病毒的入侵，但用户仍然有必要手动运行杀毒软件全面扫描计算机，这个过程花费的时间可能会比较长，其取决于用户磁盘中的文件数量和大小。

杀毒软件会自动处理计算机病毒和受感染文件，如清除、隔离、删除，并记录相关信息；对于不能处理的计算机病毒和受感染文件，也会发出警报，由用户手工处理。

4）在安全模式下查杀计算机病毒。如果杀毒软件能够发现计算机病毒或受感染文件，但无法处理。此时用户可以尝试在安全模式下全面扫描计算机以查杀计算机病毒，大多数情况下该方法是有效的。

启动安全模式的方法：重新启动计算机，在屏幕显示自检信息时（尚未进入系统引导界面）迅速按F8键，在出现的"Windows高级选项菜单"界面中选择"安全模式"。

7．计算机犯罪

随着计算机技术的飞速发展和计算机应用领域的不断扩大，计算机犯罪的类型也不断地增加，计算机犯罪是指利用计算机及其装置进行犯罪或将计算机信息作为直接侵害目标的犯罪行为的总称。

8．防范互联网诈骗

随着网络功能越来越强大，通过互联网进行诈骗的案件呈上升趋势。互联网诈骗虽然主要是通过互联网进行的，但其主要利用的不是计算机的漏洞或病毒等黑客技术，而是通过精心编制的骗局，利用人本身的一些弱点或疏忽来进行诈骗。在学习相关网络安全知识的同时，也要加强网络安全防范意识，提高警惕，保护自身的信息和财产安全。

实践训练

1）为个人计算机新建一个账户，并设置相应的登录密码。

2）为个人计算机安装一款合适的杀毒软件。

项 目 检 测

1．网络按照规模大小和延伸范围可以分为（　　　）。

　　A．城域网、局域网和远程网　　　　　　B．城域网、局域网和广域网

　　C．远程网、广域网和以太网　　　　　　D．局域网、以太网和广域网

2. 电子邮件地址的格式为 tt.zhang@QQ.com，其中的 QQ.com 为（　　　）。

    A. 用户名   B. ISP 某台主机的域名

    C. 某公司名   D. 某国家名

3. 下面关于计算机病毒的说法中，正确的是（　　　）。

    A. 计算机病毒是一种危害计算机系统的程序

    B. 计算机病毒是一种计算机文件

    C. 计算机病毒可使计算机硬件分解

    D. 计算机病毒是设计不完善的程序

4. 下列选项中，属于计算机病毒特点的是（　　　）。

    A. 传染性、潜伏性和破坏性   B. 传播性、潜伏性和易读性

    C. 潜伏性、破坏性和易读性   D. 传播性、潜伏性和安全性

项目 *7*

大数据技术

当下人类正置身于数据的海洋，数字金融、工业互联网、健康医疗大数据与各行各业的发展息息相关，密不可分。数据潜在的巨大价值，得到了社会各界的广泛关注。我们有理由也有必要了解、学习、认识大数据，作为当代大学生，更应该将学习和掌握大数据技术作为一项必备技能。

本项目通过"认识大数据"和"实现大数据"两个任务来帮助读者认识大数据技术的相关知识。

任务 7.1 认识大数据

任务分析

大数据的应用激发了一场思想风暴，也悄然改变了人们的生活方式和思维习惯。大数据正以前所未有的速度改变人们探索世界的方法，因此，在当前大数据浪潮的冲击下，人们迫切需要充实和完善自己原有的信息技术知识结构，掌握大数据基本技术与应用，使大数据变成能为我们所用的技能。

任务目标

1）掌握大数据的概念。
2）了解大数据的来源。
3）掌握大数据的特征。
4）熟悉大数据的表现形态。
5）知悉大数据的产生方式。
6）了解大数据的应用场景。

任务实施

步骤 1 掌握大数据的概念

传统数据库技术在数据处理的能力上有着难以逾越的局限性，处理超过 100TB 量级的数据，或者效率急剧下降，或者成本十分昂贵。大量的历史数据，按照传统的 IT 技术，既无法存储，也无法处理。大数据技术的出现引领人们从对数据简单地理解和一成不变的处理方法，走向探索多极和无穷数据的奥秘，不再满足于用传统的方法认识和处理数据，即形成一种崭新的认识和处理数据信息的宇宙观。最终将人们身边无所不在、形态各异的隐秘数据信息可视化地呈现，并充分地加以利用。"数据"变身"大数据"，开启了一次重大的时代转型。

早在 1980 年，未来学家阿尔文·托夫勒在其所著的《第三次浪潮》中就提到"大数据"一词。

从"数据"到"大数据"这一概念的形成，有如下 3 个标志性事件。

① 2008 年 9 月，美国《自然》杂志专刊——*The next google*，第一次正式提出"大数据"概念。

② 2011 年 2 月 1 日，《科学》杂志专刊——*Dealing with data*，通过社会调查的方式，第一次综合分析了大数据对人们生活造成的影响，详细描述了人类面临的"数据困境"。

③ 2011 年 5 月，麦肯锡研究院发布报告——*Big data: The next frontier for innovation，competition，and productivity*，第一次给大数据做出相对清晰的定义："大数据是指其大小超出了常规数据库工具获取、储存、管理和分析能力的数据集。"

2012 年 1 月，在瑞士达沃斯召开的世界经济论坛上，大数据是主题之一，会上发布的报告《大数据，大影响》（Big Data, Big Impact）宣称，数据已经成为一种新的经济资产类别，就像货币或黄金一样。

2017 年，为配合实施国家大数据战略，推动大数据产业持续、健康、快速发展，我国大数据"十三五"规划出台。规划涉及的内容包括：推动大数据在工业研发、制造、产业链全流程各环节的应用；支持服务业利用大数据建立品牌、精准营销和定制服务等。

（1）大数据的定义

研究机构 Gartner 给出的定义：大数据指的是只有运用新的处理模式才能具有更强的洞察发现力、决策力和流程优化能力的海量、多样化和高增长率的信息资产。

麦肯锡给出的定义：大数据是指用传统的数据库软件工具无法在一定时间内对其内容进行收集、存储、管理和分析的数据集合。

维基百科给出的定义：大数据指的是所涉及的资料量规模十分庞大，以至于无法通过当前主流的软件工具，在适当时间内达到选取、管理、处理并且整理成为有助于企业经营决策的信息。

不管在哪种定义下，大数据既不是一种新的技术，也不是一种新的产品，大数据只是一种出现在数字化时代的现象。大数据可以认为是以多元形式，自许多来源搜集而来的庞大数据组，往往具有实时性。

（2）大数据的支撑技术

随着互联网的高速发展，大量的事实强有力地说明，21 世纪是大数据的时代，是智能信息处理的黄金时代。一个时代的来临，必然需要相关技术的发展为其作为支撑，没有技术的革新，就不会有第三次信息化浪潮和大数据时代的到来。

存储成本的下降、计算速度的提高和人工智能水平的提升，是全球数据高速增长的重要支撑。可以认为存储、计算、智能这三方面技术的发展推动了大数据产业的发展。

1）存储：存储设备的性价比越来越高。数据被存储在磁盘、磁带、光盘、闪速存储器等各种类型的存储介质中，随着科学技术的进步，存储设备制造工艺不断升级，容量大幅增加，速度不断提升，价格却在不断下降。早期的存储设备容量小、价格高、体积大，例如，IBM 在 1956 年生产的一个早期的商业硬盘，容量只有 5MB，不仅价格昂贵，而且体积有一个冰箱那么大。现在一般的家用电脑，硬盘容量都以 T 为计量单位，体积小巧且价格优惠。廉价、高性能的硬盘存储设备，不仅提供了海量的存储空间，同时大大降低了数据存储成本。

数据量和存储设备容量二者之间是相辅相成、互相促进的。一方面，随着数据的不断产生，需要存储的数据量不断增加，对存储设备的容量提出了更高的要求，促使存储设备制造商生产更大容量的产品满足市场需求；另一方面，更大容量的存储设备，进一步加快了数据量增长的速度，在存储设备价格高昂的年代，考虑成本问题，一些不必要或当前不能明显体现价值的数据往往会被丢弃，但是，随着单位存储空间价格的不断降低，人们开始倾向于把更多的数据保存起来，以期在未来某个时刻可以用更先进的数据分析工具从中挖掘价值。

云计算出现之前，公司要建设网站，需要购置和部署服务器，安排专门的技术人员维护服务器，保证数据存储的安全性和数据传输的畅通性，还要定期清理数据，腾出空间以便存储新的数据，机房整体的人力和管理成本都很高。云计算出现后，数据存储服务衍生出了新的商业模式，数据中心的出现降低了公司的计算和存储成本，公司建设网站，不需要购买服务器，不需要雇用技术人员维护服务器，可以通过租用硬件设备的方式解决问题。存储成本的下降，也改变了人们对数据的看法，人们更加愿意把更久远的历史数据保存下来。有了历史数据的沉淀，才可以通过对比，发现数据之间的关联和价值。正是由于存储成本的下降，才能为大数据搭建更好的基础设施。

大数据与云计算的关系就像一枚硬币的正反面一样密不可分，云存储与云计算技术的成熟应用，为大数据的存储和处理提供了技术可能性。但是大数据和云计算又存在显著的区别：首先，大数据和云计算在概念上不同，云计算改变了 IT，而大数据改变了业务；其次，大数据和云计算的目标受众不同，如在一家公司中，云计算就是技术层，大数据就是业务层。大数据对云计算有一定的依赖性。

2）计算：运算速度越来越快。CPU 处理速度的提升是促使数据量不断增加的重要因素。性能不断提升的 CPU，大大提高了处理数据的能力，使得人们可以更快地处理累积的海量数据。从 20 世纪 80 年代至今，CPU 的制造工艺不断提升，晶体管数量不断增加，运行频率不断提高，核心数量逐渐增多，同等价格所能获得的 CPU 处理能力呈几何级数上升。

单台计算机的能力是有限的，而需要处理的问题规模在不断地增长。从技术层面来看，大数据无法使用单台计算机进行处理，必须采用分布式计算架构。分布式处理系统可以将不同地点的、具有不同功能的、拥有不同数据的多台计算机用通信网络连接起来，在控制系统的统一管理下，协调完成信息处理任务。

海量数据从原始数据源到产生价值，其间会经过存储、清洗、分析、挖掘等多个环节，如果计算速度不够快，很多事情是无法实现的。因此，在大数据的发展过程中，计算速度是非常关键的因素。

分布式系统基础架构 Hadoop 的出现，为大数据带来了新的曙光，Hadoop 分布式文件系统（Hodoop distributed file system，HDFS）为海量的数据提供了存储，MapReduce 则为海量的数据提供了并行计算，从而大大提高了计算效率。同时，Spark、Storm、Impala 等各种各样的技术进入人们的视野。

3）智能：机器拥有理解数据的能力。大数据带来的最大价值就是"智慧"，今天人们能够看到的谷歌 AlphaGo 大胜世界围棋冠军李世石、iPhone 上智能化语音机器人 Siri、房住不炒的空置房分析、精准广告投放等，背后都是由海量数据挖掘分析支撑的。换句话说，大数据让机器变得有智慧，同时人工智能进一步提升了处理和理解数据的能力。

除了上述 3 个方面，网络带宽的不断增加，使得信息传输不再受网络传输技术瓶颈的制约；数据分析与挖掘技术能够从海量的数据中提取有价值的信息，帮助人们进行决策。大数据可视化技术将数据分析的结果用更友好、更直观的方式展示，帮助人们发现数据变化趋势，深度挖掘隐藏在数据背后的价值。

（3）大数据的意义

纵观人类科技发展史，没有哪一次科技革命像大数据这样，从酝酿萌动到蔓延爆发仅仅经历短短的数年时间。大数据作为一种技术、工具、方法，对现代社会生活的影响和冲击日益凸显，在某些领域甚至是革命性与颠覆式的。大数据作为一种重要的战略资产，已经不同程度地渗透到各个行业领域。在国家层面，大数据技术在 3 个方面给社会经济带来重大意义。

1）推动信息互联。当今世界，信息化浪潮席卷全球，地球村从概念变成现实，大数据在其中起到了关键作用。

随着互联网、移动互联网产业的快速发展，信息的快速流通与交互拉近了人与人之间的距离。国家之间的快速连通，使得地球村的概念快速落地。这其中，大数据的助力作用不容忽视。

大数据将成为社会创新发展的动力源泉。大数据正在推动科学研究范式、产业发展模式、社会组织形式、国家治理方式的转型与变革。"数据可以治国，还可以强国。""得数据者，得天下。""谁掌握了先机，谁就掌握了未来。"

随着创新技术的快速发展，大数据在中国大有可为。中国是一个人口大国、制造业大国、互联网大国，数十亿人在生成数据、加工数据、处理数据，数据将成为巨大的新资源。充分利用我国的数据规模优势，实现数据规模、质量和应用水平同步提升，发掘和释放数据资源的潜在价值，有利于更好地发挥数据资源的战略作用，增强网络空间数据主权保护能力，维护国家安全，有效提升国家竞争力。依靠大数据、云计算、物联网所代表的新一代创新技术，将发展新经济作为主要方向，从依赖自然资源到依赖人力资源，实现可持续发展。

2）实现产业变革。创新技术的快速迭代带来了新兴产业的兴起。伴随着国家"互联网+"战略的逐步深入，传统产业转型升级的步伐也在不断向前迈进。大数据带来了深刻影响，同时带动了产业变革。以货运行业为例，一家货运企业拥有会员货车 170 多万辆，通过大数据技术进行信息收集、数据交互，极大地降低了空驶率。把大数据与传统行业的工匠精神结合起来，就能融合虚拟世界和现实世界，实现新旧动能转换，实现价值链、产业链和供应链的变革。

随着互联网的兴起，像大数据这种针对海量数据的处理技术很快在众多行业领域得到了大范围的应用，并取得了巨大的成功。在电子商务领域，大数据技术可以用于定向投放广告和智能推荐；在金融领域，企业可以应用大数据技术来做基于客户行为分析的大数据营销和供应链管理，满足管理者的分析决策及定位预测的需求，从而进行风险预测；在医疗领域，大数据技术可以提高医疗和研发质量，优化机器和设备性能；在公共安全领域，大数据技术可用于改善执法和打击犯罪；在交通领域，大数据技术可以基于城市实时交通信息，利用社交网络和天气数据来优化最新的交通情况等。在产业创新方面，简单数据运用就已催生出许多新型产业。例如，打车平台、线上线下一体化（online to offline，O2O）、共享经济等，这些都是数据驱动的产业创新。事实上，大数据本身就是新技术、新业态、新产业、新模式。这些应用取得的成功启发全社会开始重新审视数据的巨大价值。

3）带动经济增长。当今中国，在推进供给侧改革的进程中，需要不断提升劳动生产力，通过发展新经济推动产业转型升级。

数据可以把互不相连的"信息孤岛"连接起来。也正因为有共享，数据的价值才能无限放大。共享经济正作为新的经济增长点，带动中国经济进入一个新的发展周期。共享经济可以利用闲置资源和过剩产能，提高效率，缩小区域之间的差距。以数据流引领技术流、物质流、资金流、人才流，促进生产组织方式的集约和创新。大数据能够推动社会生产要素的网络化共享、集约化整合、协作化开发和高效化利用，能够改变传统的生产方式和经济运行机制，可显著提升经济运行水平和效率。大数据能够持续激发商业模式创新，不断催生新业态，成为互联网等新兴领域促进业务创新增值、提升企业核心价值的重要驱动力。大数据产业正在成为新的经济增长点，将对未来信息产业格局产生重要影响。

全球范围内，运用大数据提升科学和工程领域的创新速度和水平、推动经济发展、完善社会治理和民生服务、提升政府服务和监管能力正成为趋势，未来一个国家的竞争力很大程度上取决于整体数据能力。

步骤 2　了解大数据的来源

英特尔创始人戈登·摩尔（Gordon Moore）在 1965 年提出了著名的摩尔定律，即当价格不变时，集成电路上可容纳的晶体管数目约每隔 18 个月会增加一倍，性能也将提升一倍。1998 年，图灵奖获得者杰姆·格雷（Jim Gray）提出著名的新摩尔定律，即人类有史以来的数据总量，每过 18 个月就会翻一番。

从图 7-1 中可以看出，2004 年，全球数据总量是 30EB（1EB=1024PB）；2005 年达到了 50EB，2006 年达到了 161EB；到 2015 年达到了惊人的 7900EB；到 2020 年达到 35000EB。

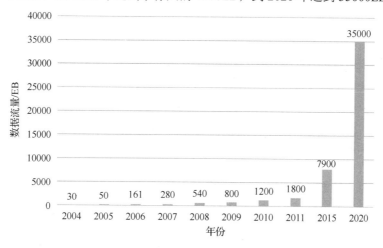

图 7-1　全球数据总量

为什么会产生如此海量的数据？

大数据的"数据"不仅指互联网上各种活动所产生的信息数据，还包括装配在全世界的工业设备、仪器电表及遍布地球各个角落的各种各样的传感器测量和传递的位置、温度、光线强度、天气数据、空气质量变化等数据。这些传感器不停地产生并传递着数据，这些数据中蕴含的信息能够被人类获取并带来价值。移动设备、可穿戴设备、互联网、物联网、车联网及云计算，无一不是数据来源或者承载的方式。例如，射频识别（radio frequency identification，RFID）、传感器网络、智能家居、呼叫记录、短信记录、医疗记录，以及其他复杂的或跨学科的科研领域、互联网文本和文件、搜索索引、博客、日志和大规模的电子商务数据等。

按照数据来源划分，大数据的三大主要来源为商业数据、互联网数据与物联网数据。

（1）商业数据

商业数据是指来自企业资源计划（enterprise resource planning，ERP）系统、各种销售终端（point of sale，POS）及网上支付系统等业务系统的数据，是现在主要的数据来源渠道。

亚马逊（Amazon）公司拥有全球零售业先进的数字化仓库，通过对数据的采集、整理和分析，可以优化产品结构，实现精确营销和快速发货。另外，Amazon 的 Kindle 电子书城中积累了上千万本图书的数据，Amazon 能够从中得到哪类读者对哪些内容感兴趣，从而给读者做出准确的图书推荐。

（2）互联网数据

互联网数据是指网络空间交互过程中产生的大量数据，包括通信记录及 QQ、微信、微博等社交媒体产生的数据，其数据复杂且难以被利用。例如，社交网络数据所记录的大部分是用户的当前状态信息，同时还记录着用户的年龄、性别、所在地、教育、职业和兴趣等。互联网数据具有大量化、多样化、快速化等特点。

1）大量化。在信息化时代背景下网络空间数据增长迅猛，数据集合规模已实现从 GB 到 PB 的飞跃，互联网数据则需要通过 ZB 表示。在未来互联网数据还会实现近 50 倍的增长，服务器数量也将随之增长，以满足大数据存储的需要。

2）多样化。互联网数据的类型多样化，例如，结构化数据、半结构化数据和非结构化数据。互联网数据中的非结构化数据正在飞速增长，非结构化数据的产生与社交网络及传感器技术的发展有着直接联系。

3）快速化。互联网数据一般情况下以数据流形式快速产生，具有动态变化性特征，其时效性要求用户必须准确掌握互联网数据流才能更好地利用这些数据。

互联网是大数据信息的主要来源，能够采集什么样的信息、采集到多少信息及哪些类型的信息，直接影响着大数据应用功能最终效果的发挥。信息数据采集需要考虑采集量、采集速度、采集范围和采集类型，信息数据采集速度可以达到秒级以上；采集范围涉及微博、论坛、博客、新闻网、电商网站、分类网站等各种网页；采集类型包括文本、数据、统一资源定位系统（uniform resource locator，URL）、图片、视频、音频等。

（3）物联网数据

物联网是指在计算机互联网的基础上，利用射频识别、传感器、红外感应器、无线数据通信等技术，构造一个实现物物相连的互联网络。

物联网数据是除了人和服务器之外，在射频识别、物品、设备、传感器等结点产生的大量数据，包括射频识别装置、音频采集器、视频采集器、传感器、全球定位设备、办公设备、家用设备和生产设备等产生的数据。物联网数据具有以下特点。

1）物联网中的数据量更大。物联网的主要特征之一是结点的海量性，其数量规模远大于互联网；物联网结点的数据生成频率远高于互联网，如传感器结点多数处于全时工作状态，数据流是持续的。

2）物联网中的数据传输速率更高。由于物联网很多情况下需要实时访问、控制相应的结点和设备，因此需要高数据传输速率来支持。

3）物联网中的数据更加多样化。物联网涉及的应用范围广泛，包括智慧城市、智慧交通、智慧物流、商品溯源、智能家居、智慧医疗、安防监控等；在不同领域、不同行业，需要面对不同类型、不同格式的应用数据，因此物联网中数据的多样性更为突出。

4）物联网对数据真实性的要求更高。物联网是真实物理世界与虚拟信息世界的结合，其对数据的处理以及基于此进行的决策将直接影响物理世界，物联网中数据的真实性显得尤为重要。

以智能安防应用为例，智能安防行业已从大面积监控布点转变为注重视频智能预警、分析和实战，利用大数据技术从海量的视频数据中进行规律预测、情境分析、串并侦查、时空分析等。在智能安防领域，数据的产生、存储和处理是智能安防解决方案的基础，只有采集到足够有价值的安防信息，并通过大数据分析及综合研判模型，才能制定智能安防决策。

步骤3　掌握大数据的特征

大数据呈现出 4V 特征。

（1）体量大（volume）

大数据，顾名思义，"大"是其首要特征，包括采集、存储和计算的数据量非常大。大数据的起始计量单位至少是 100TB。通过各种设备产生的海量数据，其数据规模极为庞大，远大于目前互联网上的信息流量，PB 级别将是常态。

（2）种类多（variety）

大数据与传统数据相比，数据来源广、维度多、类型杂，各种机器仪表在自动产生数据的同时，人自身的活动行为也在不断创造数据。除数字、符号等结构化数据外，更有大量包括网络日志、音频、视频、图片、地理位置信息等非结构化数据，且占数据总量的 90% 以上。

多信息源并发形成大量的异构数据，多样化的数据对数据的处理能力提出了更高的要求，在编码方式、数据格式、应用特征等多个方面都存在显著差异。

（3）价值密度低（value）

大数据有巨大的潜在价值，但与其呈几何指数爆发式增长的数量相比，某一对象或模块数据的价值密度较低，这无疑给人们开发海量数据增加了难度和成本。例如，一天 24h 的监控录像，可用的关键数据也许仅为 1~2s。每天数十亿的搜索申请中，只有少数固定词条的搜索量会对某些分析研究有用处。

随着互联网和物联网的广泛应用，信息感知无处不在，信息量大，但价值密度较低，需要很多的过程才能挖掘出来。如何结合业务逻辑并通过强大的机器算法挖掘数据价值，是大数据时代最需要解决的问题。

（4）速度快（velocity）

随着互联网、计算机技术的发展，数据生成、存储、分析、处理的速度远远超出人们的想象力，时效性要求也更高，这是大数据区别于传统数据或小数据的显著特征。例如，搜索引擎要求几分钟前的新闻能够被用户查询到，个性化推荐算法要求实时完成推荐；欧洲核子研究中心（CERN）的离子对撞机每秒运行生成的数据高达 40TB；1 台波音喷气式发动机每 30min 就会产生 10TB 的运行数据；Facebook 每天有 18 亿张照片上传或被传播。

除了 4V 这 4 个业界公认的特征外，大数据还有一个显著的特征——On-Line（数据在线）表示数据必须随时能调用和计算。现在谈到的大数据不仅数量大，更重要的是数据是在线的，这是互联网高速发展的特点和趋势。

步骤4　熟悉大数据的表现形态

大数据产生的过程中存在诸多的不确定性，使得大数据的表现形态多种多样。

1）多源性：网络技术的迅猛发展使得数据产生的途径多样化；大数据结构的复杂性，使得非结构化数据的格式多样化。

2）实时性：大数据的实时性，体现在数据更新的实时性。

3）不确定性：原始数据的不准确及数据采集、集成时的不精确，使得数据在不同尺度、不同维度上都有不同程度的不确定性。

步骤5　知悉大数据的产生方式

总体而言，人类社会的数据产生方式大致经历了3个阶段：运营式系统阶段、用户原创内容阶段和感知式系统阶段。

（1）运营式系统阶段

人类社会最早大规模管理和使用数据是从数据库的诞生开始的。大型零售超市销售系统、银行交易系统、股市交易系统、医院医疗系统、企业客户管理系统等大量运营式系统，都是建立在数据库基础之上的，数据库中保存了大量结构化的企业关键信息，用来满足企业各种业务需求，数据库的出现使得数据管理的复杂度大大降低。在这个阶段，数据的产生方式是被动的，只有当实际的企业业务发生时，才会产生新的记录并存入数据库。例如，对于股市交易系统而言，只有当发生一笔股票交易时，才会有相关记录生成。

（2）用户原创内容阶段

互联网的出现使得数据传播更加快捷，不需要借助磁盘等物理存储介质传播数据，网页的出现进一步加速了大量网络内容的产生，使数据量呈现井喷式增长。但是，互联网真正的数据爆发产生于以"用户原创内容"为特征的 Web 2.0 时代。Web 1.0 时代主要以门户网站为代表，强调内容的组织与提供，大量上网用户本身并不参与内容的产生。Web 2.0 技术以 Wiki、博客、微博、微信等自服务模式为主，强调自服务，大量上网用户本身就是内容的生成者，尤其是随着移动互联网和智能手机终端的普及，人们更是可以随时随地使用手机发微博、传照片。

（3）感知式系统阶段

物联网的发展最终导致人类社会数据量的第三次跃升。物联网中包含大量传感器，视频监控摄像头也是物联网的重要组成部分。物联网中的这些设备每时每刻都在自动产生大量数据，与 Web 2.0 时代的人工数据产生方式相比，物联网中的自动数据产生方式将在短时间内生成更密集、更大量的数据。

步骤6　了解大数据的应用场景

大数据的应用场景包括各行各业对大数据处理和分析的应用，其中核心的还是用户个性需求。下面通过对各个行业如何使用大数据进行梳理，借此展现大数据的应用场景。

（1）零售行业大数据应用

零售行业大数据应用有两个层面。一个层面是零售行业可以了解客户的消费喜好和趋势，进行商品的精准营销，降低营销成本。例如，记录客户的购买习惯，将一些日常的必备生活用品，在客户即将用完之前，通过精准广告的方式提醒客户进行购买，既帮助客户解决了问题，又提升了客户的体验。另一个层面是依据客户购买的产品，为客户提供可能购买的其他产品，扩大销售额，也属于精准营销范畴。例如，通过客户购买记录，了解客户关联产品购买喜好，提高相关产品销售额。另外，零售行业可以通过大数据掌握未来的消费趋势，有利于热销商品的进货管理和过季商品的处理。产品生产厂家的生产计划高度依赖零售行业的数据，零售商的数据信息有助于资源的有效利用，降低产能过剩，厂商依据零售商的信息按照实际需求进行生产，减少不必要的生产浪费。

（2）金融行业大数据应用

金融行业拥有丰富的数据，并且数据维度和数据质量较好，因此，应用场景较为广泛。典型的应用场景有银行数据应用场景、保险数据应用场景、证券数据应用场景等。

1）银行数据应用场景。银行的数据应用场景比较丰富，基本集中在用户经营、风险控制、产品设计和决策支持等方面。银行数据可以分为交易数据、客户数据、信用数据、资产数据等，大部分数据集中在数据仓库，属于结构化数据，可以利用数据挖掘来分析一些交易数据背后的商业价值。例如，利用银行卡刷卡记录，寻找财富管理人群，银行参考 POS 机的消费记录定位这些高端财富管理人群，为其提供定制的财富管理方案，吸收其成为财富管理客户，增加存款和理财产品销售；银行利用客户刷卡、存取款、网银转账、微信评论等行为数据进行分析，每周给客户发送针对性广告信息，里面有顾客可能感兴趣的产品和优惠信息；金融市场的零售商、银行使用大数据进行交易前决策支持分析、预测分析等方面的交易分析。

该行业还严重依赖大数据进行风险分析，包括反洗钱、企业风险管理和减少欺诈等。

2）保险数据应用场景。保险数据应用场景主要是围绕产品和客户进行的，典型的有：利用客户行为数据来制定车险价格；利用客户外部行为数据了解客户需求，向目标客户推荐产品。例如，依据个人数据、相关 App 数据为保险公司找到车险客户；依据个人数据、移动设备位置数据为保险企业找到商旅人群，推销意外险和保障险；依据家庭数据、个人数据、人生阶段信息为客户推荐财产险和寿险等。用数据来提升保险产品的精算水平，提高利润水平和投资收益。

在索赔管理方面，大数据的预测分析已被用于提供更快的服务，因为大量的数据可以在承保阶段进行特别分析，欺诈检测也得到了加强。通过数字渠道和社交媒体的大量数据，索赔周期内的索赔实时监控已被用于为保险公司提供服务。

3）证券数据应用场景。证券行业拥有的数据类型有个人属性数据（含姓名、联系方式、家庭地址等）、资产数据、交易数据、收益数据等，证券公司可以利用这些数据建立业务场景，筛选目标客户，为客户提供适合的产品。对客户交易习惯和行为进行分析可以帮助证券公司获得更多的信息。

证券交易委员会可以使用大数据监控金融市场活动，通过网络分析和自然语言处理器捕捉金融市场的非法交易活动。

（3）医疗行业大数据应用

医疗行业是除了互联网公司以外最早应用大数据技术的传统行业之一。医疗行业拥有大量的病例、病理报告、治愈方案、药物报告等，通过对这些数据进行挖掘和分析将会极大地帮助医生诊断病情，提出切实有效的治疗方案，帮助患者早日康复。医院可以构建大数据平台来收集不同病例和治疗方案，以及患者的基本特征，建立针对疾病特点的数据库，帮助医生进行疾病诊断。

大数据高效的计算能力能够在几分钟内解码整个 DNA，随着基因技术的发展成熟，可以根据患者的基因序列特点进行分类，建立医疗行业的患者分类数据库，帮助医生结合患者的基因特点制订行之有效的治疗方案。患者的基因、年龄、身体情况等数据也有利于医药行业开发更加有效的药物和医疗器械。

在医疗领域中，物联网的重大作用就表现在大数据上。大数据技术目前已经应用于医院监视早产婴儿和患病婴儿的情况，通过记录和分析婴儿的心跳，医生针对婴儿的身体可能会出现的不适症状做出预测，这样可以帮助医生更好地救助婴儿。

医疗行业的大数据应用一直在进行，但是数据并没有完全联通，大多是孤岛数据，没办法进行大规模的应用。未来可以将这些数据统一采集起来，纳入统一的大数据平台，为人类健康造福。

（4）教育行业大数据应用

信息技术已在教育领域有了越来越广泛的应用，教学、考试、考勤、师生互动、校园安全、日常管理、家校关系等，只要技术达到的地方，各个环节都被数据包裹。大数据在教育领域已有非常多的应用，如慕课、在线课程、学习通、翻转课堂等就应用了大量的大数据工具。

在课堂上，数据不仅可以帮助改进教育教学，在重大教育决策制定和教育改革方面，大数据更能发挥用武之地。例如，可以利用数据诊断处在辍学危险期的学生，探索教育开支与学生学习成绩提升的关系，探索学生缺课与成绩的关系。大数据还可以帮助家长和教师甄别孩子的学习差距和有效的学习方法。

通过大数据的分析优化教育机制，也可以做出更科学的决策，这将带来潜在的教育革命。个性化学习终端将会更多地融入学习资源云平台，根据每个学生的不同兴趣爱好和特长，推送相关领域的前沿技术、资讯、资源乃至未来职业发展方向等，并贯穿每个人终身学习的全过程。

（5）农业大数据应用

大数据在农业上的应用主要是指依据未来商业需求的预测进行农副产品生产，合理生产农副产品对农民非常重要。借助大数据提供的消费能力和趋势报告，政府可对农业生产进行合理引导，依据需求进行生产，降低"菜贱伤农"的概率。

通过大数据的分析，能够更精确地预测未来的天气，帮助农民做好自然灾害的预防工作。在数据驱动下，结合无人机技术，农民可以采集农产品的生长信息、病虫害信息，有效降低成本，提高信息采集精度。

农业关乎国计民生，科学的规划有助于社会整体效率的提升。大数据技术可以帮助政府实现农业的精细化管理，实现科学决策。

（6）气象大数据应用

气象对社会的影响涉及方方面面，传统上依赖气象的主要是农业、林业和水运等行业部门，借助大数据技术，天气预报的准确性和实效性将会提高，预报的及时性将会提升，同时对于重大自然灾害如龙卷风，通过大数据计算平台，人们将会更加精确地了解其运动轨迹和危害的等级，有利于帮助人们提高应对自然灾害的能力。天气预报准确度的提升和预测周期的延长有利于农业生产的安排。

（7）智慧城市大数据应用

城市公共交通规划、公共管网规划、便民设施选址、教育资源配置、医疗资源配置、商业中心建设、房地产规划、城市建设等都可以借助大数据技术进行良好的规划和动态调整，使城市里的资源得到良好配置，既不出现由于资源配置不平衡而导致的效率低下，又可避免不必要的资源浪费而导致的财政支出过大，有效帮助政府实现资源科学配置，精细化运营城市，打造智慧城市。

相关知识

1. 三次信息化浪潮

信息化发展经历了三次浪潮：数字化、网络化和智能化。

第一次浪潮，20 世纪 80 年代，IBM 公司制定了全球的 PC 标准（个人电脑标准：鼠标、键盘、主机），PC 开始普及，促进了人们生产、生活效率的提高。为数字化奠定了基础，实现了数据资源的获取和积累。

第二次浪潮，1995 年前后，以互联网的普及为主要标志，互联网在这个时间段开始在全世界范围内普及，中国在 1995 年接入国际互联网。互联网的普及把世界变成了地球村，每个人都可以自由徜徉于信息的海洋。信息化迎来了蓬勃发展的第二次浪潮，即以互联网应用为主要特征的网络化阶段。互联网的快速发展及延伸，加速了数据的流通与汇聚，促使数据资源体量呈指数级增长，数据呈现出海量、多样、时效、低价值密度等一系列特征。网络化构造平台促进数据资源的流通和汇聚。

第三次浪潮，2010 年前后，人们迎来了以物联网、云计算和大数据为标志的信息化浪潮。通过多源数据的融合分析呈现信息应用的类人智能，帮助人类更好地认知事物和解决问题。随着互联网向物联网（含工业互联网）的延伸，"人机物"三元融合的发展态势已然成型。

2．大数据的发展历程

从大数据的发展历程来看，总体上可以划分为 3 个重要阶段：萌芽期、成熟期和大规模应用期。具体发展阶段如表 7-1 所示。

表 7-1 大数据的发展阶段

阶段	时间	内容
第一阶段：萌芽期	20 世纪 90 年代至 21 世纪初	随着数据挖掘理论和数据库技术的逐步成熟，一批商业智能工具和知识管理技术开始被应用，如数据仓库、专家系统、知识管理系统等
第二阶段：成熟期	21 世纪前十年	Web 2.0 应用迅猛发展，非结构化数据大量产生，传统处理方法难以应对，带动了大数据技术的快速突破，大数据解决方案逐渐走向成熟，形成了并行计算与分布式系统两大核心技术，谷歌的 GFS 和 MapReduce 等大数据技术受到追捧，Hadoop 平台开始大行其道
第三阶段：大规模应用期	2010 年以后	大数据应用渗透各行各业，数据驱动决策，信息社会智能化程度大幅提高

实践训练

下载并安装部署大数据魔镜软件，进行数据分析，并将分析结果可视化呈现。

任务 7.2 实现大数据

任务分析

大数据无处不在，社会各行各业都已经融入了大数据的印迹。熟悉大数据技术，使形态各异的隐秘数据信息可视化地呈现，最大限度地为人所用至关重要。

任务目标

1）了解大数据的架构。

2）熟悉大数据采集及预处理方法。

3）熟悉大数据存储方法。

4）了解大数据分析处理技术。

5）了解大数据可视化技术。

任务实施

步骤 1 了解大数据的架构

大数据可以采用 4 层堆栈技术架构。

（1）基础层

基础层为大数据技术架构的最底层，其特点是虚拟化、网络化，其作用是将过去的存储孤岛发展为具有共享能力的高容量存储池。

（2）管理层

管理层主要负责数据的存储、管理和计算，可处理结构化数据和非结构化数据，具有并行处理和线性可扩展性。大数据架构中需要一个管理平台，使得结构化数据和非结构化数据能够被一体化管理，并具备实时传递、查询和计算功能。

（3）分析层

分析层主要用于大数据分析，其特点是可提供自助服务和实时协作。分析层提供基于统计学的数据挖掘和机器学习算法，用于分析和解释数据集，帮助用户获得对数据价值深入的认知度。

（4）应用层

应用层主要提供实时决策功能，内置预测能力，利用数据驱动经济，使数据信息等同货币流通。大数据应用对其技术不断推出新的要求，而大数据技术也在逐渐成熟。

步骤 2　熟悉大数据采集及预处理方法

大数据处理一般包括大数据采集、大数据预处理、大数据存储及管理、大数据分析及挖掘、大数据展现和应用（大数据检索、大数据可视化、大数据应用、大数据安全等）。下面主要介绍大数据采集和大数据预处理。

（1）大数据采集

数据采集是大数据产业的基石。如何从大数据中采集有用的信息是大数据发展的关键因素之一。传统的数据采集与大数据的数据采集对比如表 7-2 所示。

表 7-2　传统的数据采集与大数据的数据采集的区别

数据情况	数据来源	数据类型	数据处理
传统的数据采集	来源单一，数据量相对较小	结构单一	关系数据库和并行数据库
大数据的数据采集	来源广泛，数据量巨大	数据类型丰富，包括结构化、半结构化、非结构化	分布式数据库

大数据的采集通常采用多个数据库接收终端数据，包括智能硬件端、多种传感器端、网页端、移动 App 应用端等，并且可以使用数据库进行简单的处理工作。

大数据采集过程的主要特点和挑战是并发数高，因为同时可能会有成千上万的用户在进行访问和操作，如火车票售票网站的并发访问量在峰值时可达到上百万，所以在采集端需要部署大量数据库才能支撑其正常运行，同时还需考虑在这些数据库之间进行负载均衡和分片。

根据数据源的不同，大数据采集方法也不相同。为了满足对大数据采集的需要，大数据采集时都使用了大数据的处理模式，即 MapReduce 分布式并行处理模式或基于内存的流式处理模式。大数据采集的类型如下。

1）数据库采集。传统企业会使用传统的关系型数据库 MySQL 和 Oracle 等存储数据。随着大数据时代的到来，Redis、MongoDB 和 HBase 等 NoSQL 数据库也常用于数据的采集。企业通过在采集端部署大量数据库，并在这些数据库之间进行负载均衡和分片来完成大数据采集工作。

2）系统日志采集。系统日志采集主要收集公司业务平台日常产生的大量日志数据，供离线和在线的大数据分析系统使用。

很多互联网企业都有自己的海量数据采集工具，如 Hadoop 的 Chukwa、Facebook 的 Scribe 等，这些系统采用分布式架构，能满足日志数据采集和传输需求。例如，Scribe 是 Facebook 开源的日志收集系统，能够从各种日志源上收集日志，存储到一个中央存储系统上，可以是网络系统文件（network file system，NFS）、分布式文件系统等，便于进行集中统计分析处理。它为日志的"分布式收集，统一处理"提供了一个可扩展的、高容错的方案。

高可用性、高可靠性、可扩展性是日志收集系统所具有的基本特征。

3）网络数据采集。网络数据采集是指通过网络爬虫或网站公开应用程序接口（application programming interface，API）等方式从网站上获取数据信息的过程，并从中抽取所需要的属性内容。网络爬虫会从一个或若干个初始网页的 URL 开始，获得各个网页上的内容，并且在抓取网页的过程中，不断从当前页面上抽取新的 URL 放入队列，直到满足设置的终止条件为止。互联网网页数据处理，就是对抽取的网页数据进行内容和格式上的处理、转换和加工，使之能够适应用户的需求，并将其存储供后续使用。这样可将非结构化数据、半结构化数据从网页中提取，以结构化的形式存储在本地的存储系统中。此方式支持图片、音频、视频等文件或附件的采集，附件与正文可以自动关联。

4）感知设备数据采集。感知设备数据采集是指通过传感器、摄像头和其他智能终端自动采集信号、图片或图像来获取数据。

大数据智能感知系统需要实现对结构化、半结构化、非结构化的海量数据的智能化识别、定位、跟踪、接入、传输、信号转换、监控、初步处理和管理等，其关键技术包括针对大数据源的智能识别、感知、适配、传输、接入等。

5）其他数据采集方法。对于企业生产经营数据或学科研究数据等保密性要求较高的数据，可以通过与企业或研究机构合作，使用特定系统接口等相关方式采集数据。

（2）大数据的预处理

对海量数据进行有效的分析，需要将这些数据导入一个集中的大型分布式数据库或者分布式存储集群中，同时，在导入的基础上完成数据清洗和预处理工作。

数据大体上是不完整、不一致的源数据，而大数据的多样性决定了经过多种渠道获取的数据种类和数据结构非常复杂，这就给之后的数据分析和处理带来了极大的困难。为了提高数据挖掘的质量，产生了数据预处理技术。

通过大数据的预处理，将这些结构复杂的数据转换为单一的或便于处理的数据结构，为以后的数据分析打下良好的基础。

由于获得的数据规模太过庞大，数据不完整、重复、杂乱，在一个完整的数据挖掘过程中，数据预处理时间占整个大数据处理时间的 60%。

数据预处理过程主要包括数据清洗、数据集成、数据转换和数据消减，如图 7-2 所示。

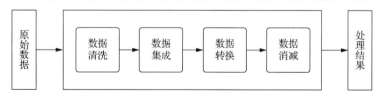

图 7-2　大数据预处理流程图

1）数据清洗。数据清洗是在汇聚多个维度、多个来源、多种结构的数据之后，对数据进行抽取、转换和集成加载。在这个过程中，除了更正、修复系统中的一些错误数据之外，更多的是对数据进行归并整理，并存储到新的存储介质中，主要完成数据格式标准化、异常数据清除、数据错误纠正、重复数据的清除等任务。

2）数据集成。数据集成是指将不同来源、格式、特点的数据合并到一起统一存储，构成一个完整的数据集。在进行数据集成时，同一数据在系统中多次重复出现，需要消除数据冗余，针对不同特征或数据之间的关系进行相关性分析。

3）数据转换。数据转换是通过平滑聚集、数据概化、规范化等方式将数据转换成适用于数据挖掘的形式。

4）数据消减。数据消减（又称数据规约）是指在对数据本身内容理解的基础上，寻找数据的有用特征，以缩减数据规模，从而在尽可能保持数据原貌的前提下，最大限度地精简数据量，目的就是缩小所挖掘数据的规模，但却不会影响（或基本不影响）最终的分析结果。现有的数据消减方法有数据聚合、消减维数、数据压缩、数据块消减。

数据预处理方法并不是相互独立的，而是相互关联的。例如，消除数据冗余既可以看成一种数据清洗的方式，也可以认为是一种数据消减的方式。

步骤 3　熟悉大数据的存储方法

随着大数据应用的爆发性增长，它已经衍生出了自己独特的架构，而且也直接推动了存储、网络及计算机技术的发展。结构化、半结构化和非结构化海量数据的存储和管理，轻型数据库无法满足其存储及复杂的数据挖掘和分析操作的要求，通常使用分布式文件系统、NoSQL 数据库、云存储等。

（1）分布式系统

分布式系统包含多个自主的处理单元，通过计算机网络互连协作完成分配的任务，其分而治之的策略能够更好地处理大规模数据分析问题，主要包含以下两类。

1）分布式文件系统：存储管理需要多种技术的协同工作，其中文件系统为其提供最底层存储能力的支持。分布式文件系统是一个高度容错性系统，适用于批量存储数据。

2）分布式键值系统：分布式键值系统用于存储关系简单的半结构化数据。典型的分布式键值系统有 Amazon Dynamo，被广泛应用的对象存储技术也可以视为键值系统，其存储和管理的是对象而不是数据块。

（2）NoSQL 数据库

NoSQL 数据库有如下优点：易扩展、大数据量、高性能、数据库结构简单。

（3）云存储

云存储是伴随着云计算技术的发展而衍生出的一种新兴的网络存储技术，它是云计算的重要组成部分，也是云计算的重要应用之一。它不仅是数据信息存储的新技术、新设备模型，也是一种创新的服务模型。

云存储的本质是一种可扩展、低成本的基于 Web 的特殊形式的实用型服务，是一种服务理念。它提供了多个用户通过互联网连接访问共享存储池的服务。用户不需要了解系统是如何构成的，也不需要了解系统如何提供存储，所有设备对用户来说都是完全透明的，任何一个经授权的合法用户，无论在何处都可以通过网络与云存储连接，享用云服务。

云数据库的特征包括：动态可扩展、高可用性、易用性、高性能、免维护、安全。

步骤 4　了解大数据分析处理技术

在解决了大数据的存储问题之后，需要关注的是如何分析大数据，以期实现数据价值的最大化。

（1）分布式处理

分布式处理提供了一种解决方案，它把数据分配给不同的计算机，一个或几个任务就可以同时执行，达到了快速且高效处理数据的目的。在此介绍当前比较主流的用于大数据处理的两种软件框架——Hadoop 与 Spark。

1）Hadoop。Hadoop 是一个能够对大量数据进行分布式处理的软件框架，是一个能够让用户轻松架构和使用的分布式计算平台。它的特点是扩展性高、成本低、效率高、可靠性强。

Hadoop 利用不断增加结点的方式处理不断增加的数据，以此保持高效、稳定的处理水平及快速、准确的处理结果。Hadoop 是完全免费开源的程序，由开源的 Java 程序编写。Hadoop 采用了一种更先进的数据存储与处理技术。使用 Hadoop 无须了解系统的底层细节，同时也无须购买价格昂贵的软硬件平台，可以在价格低廉的商用 PC 上无限制地搭建所需规模的大数据分析平台。

Hadoop 适合处理对时间要求不高的大规模数据集，通过低成本的组件即可搭建完整功能的 Hadoop 集群。

2）Spark。Spark 由加州大学伯克利分校 AMP 实验室开发，是用 Scala 语言实现的开源集群计算环境。

Hadoop 中的子项目 MapReduce 的数据是在磁盘上存储的，在进行迭代计算时需要反复读写磁盘，因此效率较低。Spark 是一个基于内存计算的开源集群计算系统，Spark 的数据处理工作全部在内存中进行，运算速度较快，可以进行更快的数据分析。

由于内存通常比磁盘空间（硬盘）价格更高，因此相比基于磁盘的系统，Spark 成本更高。

（2）统计分析

数据分析是指用适当的统计分析方法对收集来的大量数据进行分析，提取有用信息，从而对数据加以详细研究和概括总结的过程。大数据的统计与分析主要是利用分布式数据库或分布式计算集群对存储于其内的海量数据进行分析和分类汇总。

（3）数据挖掘

很多的数据挖掘模型（如聚类、分类、关联规则等）从原理来说，正是以统计学原理作为基础。数据挖掘模型不能独立于统计分析方法，毕竟数据的预处理过程、数据抽取、转换和加载（extract-transform-load，ETL）过程都需要统计学方法和工具作为关键支撑。统计分析是数据分析的初级阶段，而数据挖掘是数据分析的高级阶段，二者都是数据分析的工具，彼此没有严格的从属和依赖关系。

在数据存储与处理的平台上，需要对数据进行分析，挖掘有意义的信息，才能将数据的价值变现。数据挖掘就是对海量数据进行精加工，找出事物运行规律的过程。数据挖掘常用的分析方法有分类、聚类、关联规则、预测模型等。

1）分类。分类是一种重要的数据分析形式，根据重要数据类的特征向量值及其他约束条件，构造分类函数或分类模型，目的是根据数据集的特点把未知类别的样本映射到给定类别中。

2）聚类。聚类分析的目的在于将数据集内具有相似特征属性的数据聚集在一起，同一个数据群中的数据特征要尽可能相似，不同的数据群中的数据特征要有明显的区别。

3）关联规则。关联规则是指搜索系统中的所有数据，找出所有能够将一组事件或数据项与另一组事件或数据项联系起来的规则，以获得预先未知的和被隐藏的、不能通过数据库的逻辑操作或统计方法得出的信息。

4）预测模型。预测模型是一种统计或数据挖掘的方法，包括可以在结构化与非结构化数据中使用以确定未来结果的算法和技术，可被预测、优化、预报和模拟等许多业务系统使用。

步骤 5　了解大数据可视化技术

（1）大数据可视化概念

可视化是利用计算机图形学和图像处理技术，将数据转换成图形或图像，并进行交互处理的理论、方法和技术。数据信息可视化过程中充分运用人类对图像、图形等可视模式快速识别的能力，通过有效的可视画面观察、研究、分析、过滤和理解大量的数据，进而能够实现直接的解释和分析，形象地表现和模拟大规模数据，以此来发现或探求数据内部隐藏的特征及规律。大数据可视化是一个新的领域，数据可视化系统不是为了显示用户已知数据之间的模式，而是为了帮助用户理解数据，发现数据背后蕴含的信息。

柱状图、饼图、直方图、散点图等是原始的统计图表，也是数据可视化基础的、常见的应用。

这些原始统计图表只能呈现基本的信息，当面对复杂或大规模结构化、半结构化和非结构化数据时，数据可视化的流程要复杂很多，具体实现的流程如下：首先经历包括数据采集、数据分析、数据管理、数据挖掘在内的一系列复杂数据处理；然后由设计师设计一种表现形式，如立体的、二维的、动态的、实时的或者交互的；最终由工程师创建对应的可视化算法及技术实现手段，包括建模方法、处理大规模数据的体系架构、交互技术等。一个大数据可视化作品或项目的创建，需要多领域专业人士的协同工作才能完成。

（2）大数据可视化工具

传统的数据可视化工具仅仅是将数据加以组合，通过不同的展现方式提供给用户，用于帮助用户发现数据之间的关联信息。随着云计算和大数据时代的来临，数据可视化产品已经不再满足于使用传统的数据可视化工具对数据库中的数据进行抽取、归纳并简单地展现。

1）数据可视化产品必须满足互联网的大数据需求，快速地收集、筛选、分析、归纳、展现用户所需要的信息，并根据新增的数据进行实时更新。因此，在大数据时代，数据可视化工具必须具有以下特性。

① 实时性。数据可视化工具必须适应大数据时代数据量的爆炸式增长需求，快速地收集分析数据并对数据信息进行实时更新。

② 易于操作。数据可视化工具满足快速开发、易于操作的特性，能够满足互联网时代信息多变的特点。

③ 展现方式丰富。数据可视化工具需要具有更丰富的展现方式，能够充分满足数据展现的多维度要求。

④ 支持方式多样。数据的来源不仅仅局限于数据库，数据可视化工具需支持团队协作数据、数据库、文本等多种方式，并能够通过互联网进行展现。

2）大数据可视化工具的类型具体如下。

① 入门级工具。入门级工具是较简单的数据可视化工具，只需对数据进行简单操作，选择所需的图表类型，即可完成可视化工作。常见的入门级工具就是 Excel。

Excel 是快速分析数据的理想工具，其优点包括操作简单、能够快速生成图表。但是 Excel 的图形化功能并不强大，在颜色、线条和样式上可选择的范围有限，这也意味着用 Excel 很难制作出能够符合专业出版物和网站需要的数据图。

② 在线工具。很多网站提供在线的数据可视化工具，为用户提供在线的数据可视化操作。常见的有 Google Chart API、数据驱动文档（data driven documents，D3）。

Google Chart API 工具集中取消了静态图片功能，目前只提供动态图表工具。能够在所有支持 SVG\Canvas 和 VML 的浏览器中使用，其优点是功能丰富，提供很多图表类型，对动画和用户交互控制进行了内置；其缺点是图表在客户端生成，这意味着那些不支持 JavaScript 的设备将无法使用，此外，也无法离线使用或者将结果另存为其他格式。

D3 是支持 SVG 渲染的另一种 JavaScript 库。D3 能够提供大量线性图和条形图以外的复杂图表样式，例如，Voronoi 图、树形图、圆形集群和单词云等。

③ 互动图形用户界面（graphics user interface，GUI）控制。随着在线数据可视化的发展，按钮、下拉列表和滑块都在进化成更加复杂的界面元素，如能够调整数据范围的互动图形元素，推拉这些图形元素时输入参数和输出结果，数据会同步改变，在这种情况下，图形控制和内容已经合为一体，数据可视化的互动性强大到可以作为 GUI 界面。常见工具有 Crossfilter。Crossfilter 是互动图形用户界面的小程序。当调整一个图表中数据的输入范围时，其他关联图表的数据也会随之改变。

④ 地图工具。地图工具是一种非常直观的数据可视化方法，常见的工具有 Google Maps。Google Maps 是基于 JavaScript 和 Flash 的地图 API，提供多种版本，让所有的开发者都能在自己的网站中植入地图功能。

⑤ 进阶工具。进阶工具通常提供桌面应用和编程环境。常见的进阶工具有 Processing。Processing 是数据可视化的招牌工具，轻量级的编程环境，只需要编写一些简单的代码，就可以制作编译成 Java 的动画和交互功能的图形。由于端口支持 Objective-C，也可以在 iOS 上使用 Processing。虽然 Processing 是一个桌面应用，但可以在大部分平台上运行。

⑥ 专家级工具。如果进行专业的数据分析，就必须使用专家级的工具。SPSS 和 SAS 是数据分析行业的标准工具，但是这些工具的费用较高，常见的免费的可替代工具有 R 语言。

R 语言是一套完整的数据处理、计算和制图软件系统。R 语言作为用来分析大数据集的统计组件包，是一个非常复杂的工具，需要较长的学习实践。但是 R 语言拥有强大的社区和组件库，而且还在不断成长。

（3）大数据可视化的未来

传统的显示技术已经难以实现大规模、高纬度、非结构化数据的完美显示。增强现实（augmented reality，AR）、混合现实（mixed reality，MR）、全息投影这些热门的技术已经应用到游戏、房地产、教育等行业，可以预见，数据可视化也可以激发有趣的技术，如更逼真的感官体验和更真实的互动模式，使用户能够完全"沉浸"到数据中。在不久的将来，触觉、嗅觉甚至味觉都可能成为人们感知数据和信息的方式。

相关知识

大数据未来发展的主要领域具体包括以下 4 方面。

1. 大数据存储

大数据通常可达到 PB 级的数据规模，因此，海量数据存储系统需要有相应等级的扩展能力。与此同时，存储系统的扩展一定要简便，可以通过增加模块或磁盘柜来增加容量。当前互联网中的数据向着异质异构、无结构趋势发展，图像、视频、音频、文本等异构数据每天都在以惊人的速度增长。不断膨胀的信息数据使系统资源消耗量日益增大，运行效率显著降低。海量异构数据资源规模巨大，新数据类型不断涌现，用户需求呈现多样性。目前海量异构数据一般采用分布式存储技术。目前的存储架构仍不能解决数据的爆炸性增长带来的存储问题，静态的存储方案满足不了数据的动态演化所带来的挑战。因而在海量分布式存储和查询方面仍然需要进一步研究。

2. 大数据计算

海量数据的数据量和分布性特点使得传统的数据管理技术不适合处理海量数据。海量数据对分布式并行处理技术提出了新的挑战，开始出现以 MapReduce 为代表的一系列研究工具。MapReduce 是 2004 年由谷歌公司提出的一个用来进行并行处理和生成大数据集的模型。MapReduce 作为典型的离线计算框架，无法满足许多在线实时计算需求。目前在线计算主要基于两种模式研究大数据处理问题：一种基于关系型数据库，研究提高其扩展性、增加查询通量来满足大数据处理需求；另一种基于新兴的 NoSQL 数据库，通过提高其查询能力和丰富其查询功能来满足有大数据处理需求的应用。

3. 数据安全与隐私保护

数据安全是互联网中大数据管理的重要组成部分。然而随着互联网规模不断扩大，数据和应用呈指数级增长，给动态数据安全监控和隐私保护带来了极大挑战。大数据分析往往需要多类数据相互参考，而在过去并不会有这种数据混合访问的情况，因此，大数据应用也催生出一些新的、需要考虑的安全性问题。

4. 大数据与云计算

云计算是指通过网络"云"将巨大的数据计算处理程序分解成无数个小程序，然后通过多部服务器组成的系统进行处理和分析这些小程序得到结果并返回给用户。云是网络、互联网的一种比喻说法。狭义云计算是指 IT 基础设施的交付和使用模式，是指通过网络以按需、易扩展的方式获得所需资源；广义云计算是指服务的交付和使用模式，是指通过网络以按需、易扩展的方式获得所需服务。这种服务可以与 IT 和软件、互联网相关，也可以是其他服务。它意味着计算能力可作为一种商品通过互联网进行流通。

云计算由一系列可以动态升级和被虚拟化的资源组成，这些资源被所有云计算的用户共享并且可以方便地通过网络访问，用户无须掌握云计算的技术，只需要按照个人或者团体的需要租赁云计算的资源。

实践训练

打开文件素材"数据预处理及数据分析"，完成以下操作。

1）在"今日校园打卡数据"工作表中，使用函数法实现对于重复数据的识别和删除。

2）在"迎新系统数据"工作表中增加一列，该列标题为：判断性别是否合理，借助函数判断学生的性别字段是否正确。

3）在"迎新系统数据"工作表中，使用数据抽取中的菜单法，提取学生出生年份、月份和日期列信息。

4）在"迎新系统数据"工作表中，使用函数判断学生类别（学号第 3 位为类别字段：1 为普招，2 为对口，3 为单招，5 为 3+2）。

5）使用函数，统计已在"今日校园"完成打卡，但是在迎新系统中未能完成预报到的学生信息。

6）在"迎新系统数据"工作表中，新增一列并输入"联系方式"，使用函数从"今日校园打卡数据"工作表中获取已打卡学生的联系方式。

7）在"迎新系统数据"工作表中，使用数据透视表，分专业、学生类别统计分析学生预报到情况。

项 目 检 测

1. 下列选项中，不属于大数据"4V"特征的是（ ）。

    A．volume（大量）   B．velocity（高速）

    C．value（低价值密度）   D．veracity（真实）

2. 下列选项中，（ ）不是大数据的表现形态。

    A．大数据的多源性   B．大数据的变化性

    C．大数据的实时性   D．大数据的不确定性

3. 大数据的起源是（ ）。

    A．金融   B．互联网   C．电信   D．公共管理

4. 当前社会中，最为突出的大数据环境是（ ）。

    A．互联网   B．自然环境   C．综合国力   D．物联网

5. 大数据的核心是（ ）。

    A．告知与许可   B．预测   C．匿名化   D．规模化

6. 第一个将大数据上升为国家战略的国家是（ ）。

    A．中国   B．美国   C．英国   D．法国

7. 数据清洗的方法不包括（ ）。

    A．缺失值处理   B．噪声数据清除

    C．一致性检查   D．重复数据记录处理

参 考 文 献

陈本辉，杨锦伟，2014. 大学计算机基础[M]. 北京：北京师范大学出版社.

教育部考试中心，2021. 全国计算机等级考试一级教程：计算机基础及 MS Office 应用（2021 年版）[M]. 北京：高等教育出版社.

刘畅，2020. 大学信息技术基础教程[M]. 北京：科学出版社.

上海市教育委员会，2019. 大学信息技术[M]. 上海：华东师范大学出版社.

汤发俊，2018. 计算机应用基础[M]. 3 版. 北京：科学出版社.

姚志鸿，郑宏亮，张也非，2021. 大学计算机基础（Windows 10+Office 2016）[M]. 北京：科学出版社.

章晓英，王红，2011. Office 办公软件案例教程[M]. 北京：科学出版社.